W0264264

Harry Feldmann

Einführung
in ALGOL 68

Skriptum für Hörer
aller Fachrichtungen ab 1. Semester

Vieweg

CIP-Kurztitelaufnahme der Deutschen Bibliothek

Feldmann, Harry:
Einführung in ALGOL 68 [achtundsechzig]:
Skriptum für Hörer aller Fachrichtungen ab
1. Semester. — 1. Aufl. — Braunschweig:
Vieweg, 1978.
    (Uni-Texte: Skripten)

Verlagsredaktion: *Alfred Schubert*

1978

ISBN 978-3-528-03329-3   ISBN 978-3-322-85513-8 (eBook)
DOI 10.1007/978-3-322-85513-8

Vorwort

Das vorliegende Skriptum entstand aus Vorlesungen über ALGOL 68, die der Verfasser von 1973 bis 1977 an der Universität Hamburg für Studierende aller Fachrichtungen gehalten hat.

ALGOL 68 (algorithmic language, herausgegeben für 1968 von A. van Wijngaarden u.a.m., revised 1975) ist Nachfolger von ALGOL 60 (herausgegeben für 1960 von P. Naur, revised 1963) und enthält Weiterentwicklungen bewährter Sprachkonstruktionen aus LISP, PASCAL, PL1, SIMULA u.a.m. wie z.B. Zeichentextverarbeitung, flexibel expandierende Feldlänge, Teilfelder, Strukturen und Verweistechnik.

Außerdem wird in (revised) ALGOL 68 erstmalig der Zusammenhang von Vereinbarung und Aufruf insbesondere bei Prozedur-, Parameter-Vereinbarungen, Prioritäten von Operationen und Einführung neuer Arten grammatisch exakt dargestellt.

Dazu hat man die kontexfreie Grammatik (Chomsky-Typ 2) von ALGOL 60 verlassen und eine zweischichtige Grammatik (i.a. Chomsky-Typ 0) eingeführt, in der prinzipiell jede algorithmisch beschreibbare Eigenschaft einer Sprache darstellbar ist, und die dennoch, zumindest für den formalsprachlich talentierten Leser, leicht lesbar ist. Die Entscheidbarkeit der zweischichtigen Grammatik für ALGOL 68 hat der Verfasser nachgewiesen (Kurzvortrag auf der GI-Tagung 1976, ausführlich im Rechenzentrums-Bericht Nr. 7610).

Es ist eine Frage der Didaktik, wie man möglichst viele Leser mit deduktiver grammatischer Darstellungsweise erreicht. Man wird insbesondere denjenigen (mündigen) Leser ansprechen, der bei Einarbeitung in ein umfangreiches Gebiet nach einer ersten Übersicht, klarem Aufbau und folgerichtigen Regeln verlangt.

Für alle wichtigen grammatischen Komplexe (wie z.B. den zentralen Begriff „Geklammerte Klausel") hat der Verfasser — wie schon in seiner „Einführung in ALGOL 60" (Vieweg 1972) — eigene Übersichtsschemata angegeben, die auf die Regeln der zweischichtigen Grammatik vorbereiten sollen (Nummern — Hinweise).

Um Sprachbarrieren abzubauen, wurden alle grammatischen Formulierungen von Englisch in Deutsch übersetzt (mit Angabe des englischen Originals), zuweilen sprachlich frei, wenn dadurch die grammatische Bedeutung besser zum Ausdruck gebracht werden konnte.

Schließlich hat der Verfasser alle Regeln der zweischichtigen Grammatik ihrer Zusammengehörigkeit nach neu geordnet und Schachtelung von Regeln im Schriftbild durch Einrücken kenntlich gemacht (Schemata im Anhang).

4

Dieses Skriptum soll aber auch demjenigen Leser offenstehen, der ALGOL 68 nur für bestimmte abgegrenzte Vorhaben und möglichst induktiv anhand von Beispielen erlernen will. Dazu wurden die Regeln der zweischichtigen Grammatik als Anhang an den Schluß des Skriptums gestellt und die möglichst kurzen und doch instruktiven Beispiele so ausführlich erklärt, als gäbe es keine Grammatik.

Die Kapitel 0 (Einleitung), 1 (Objekte), 2 (Felder und Strukturen) und 8 (Standard-Vereinbarungen) werden dem Leser zur Einarbeitung und ersten Übersicht empfohlen. Im Kapitel 2 muß zum Teil auf spätere ausführliche Darstellungen vorgegriffen bzw. verwiesen werden, jedoch erübrigt dies die Vorab-Definition eines ALGOL 68-Auszugs und führt den Leser schneller an die neuen interessanten Sprachmöglichkeiten heran.

Am Schluß jedes Kapitels findet der Leser eine Zusammenstellung von Testfragen, die entsprechend der Gliederung des Kapitels angeordnet und beziffert sind und dem Leser eine Kontrolle über seinen im Kapitel erarbeiteten Wissensstand ermöglichen. Rechts neben den Fragen sind die Antworten notiert, die der Leser zunächst mit einem Blatt Papier abdecken und nur zu Kontrollzwecken einsehen sollte. Falls ein Fragenkomplex schwieriger sein oder gar aus knifflig formulierten „Aufsitzern" bestehen sollte, möge sich der Leser anhand der Antwort zur ersten Frage über Zielrichtung der übrigen Fragen informieren.

Außerdem sind im Kapitel 10 über 100 Übungsaufgaben (Varianten mitgezählt) zu finden, darunter auch „nichtnumerisch eingekleidete" Aufgaben. Als Musterlösungen mögen die in den Kapiteln 0 bis 9 behandelten über 50 größeren Beispiele und etwa 200 Kurzbeispiele dienen.

ALGOL 68 Programme sind weitgehend in üblicher mathematischer Formelschreibweise abgefaßt und werden wegen ihrer kurzen, übersichtlichen und präzisen Darstellung nicht nur zum Programmieren, sondern auch zur Kommunikation und Dokumentation, insbesondere in wissenschaftlichen Veröffentlichungen, verwendet. Für mathematisch-technische Probleme einerseits, wie andererseits für allgemeine Listen-Strukturen (Dokumentations-Systeme), Zeichentextverarbeitung und sonstige nichtnumerische Probleme, für Ein-Ausgabe-Vorhaben (z.B. Handhabung von Sichtgerätebildern) und schließlich für rechnernahe Systemprogrammierung (Parallelarbeit, Dateien, Kanäle, Geräte) ist ALGOL 68 bestens geeignet.

Die Weiterentwicklung von ALGOL 68 zielt ab auf mögliche Definition von Sprachteilen durch den Programmierer selbst (z.B. 'FOR'-Schleifen nach eigenem Zuschnitt). Diese Möglichkeit ist zum Teil bereits verwirklicht in der Einführbarkeit neuer Arten und bei Prozedurtexten. Mit etwas Humor kommt man zu der Einsicht, daß den immer weitergehenderen Wünschen nach „Programmierkomfort" schließlich nur entsprochen werden kann, indem man die formalen Programmiersprachen bis zu ihrem Ausgangspunkt, dem Maschinencode, „weiterentwickelt".

Meinen Hörern und insbesondere den studentischen Mitarbeitern Frau S. Zöller und den Herrn R. Fürstenberg, M. Kniebel und T. Fricke bin ich für die kritische Durchsicht des zugrundegelegten Vorlesungs-Skriptums und für Änderungsvorschläge zu Dank verpflichtet.

Für klärende Diskussionen auftretender Fragen danke ich Herrn A. van Wijngaarden (Amsterdam), Herrn S.G. van der Meulen (Utrecht), den Herren R. Fisker, C.H. Lindsey (Manchester), den Herren W. Koch, P. Kühling (Berlin), Frau U. Hill, Herrn H. Wössner (München) und Herrn H.-D. Adler (Hamburg).

Frau J. Kaeselau und Frau A. Nehls möchte ich danken für ihre Mühe beim Ablochen der Tabellen.

H. Feldmann

Hamburg, 1978

Inhaltsverzeichnis

0   EINLEITUNG

Da Grundbegriffe der Programmierung von Rechenanlagen heute
bereits zur Allgemeinbildung zählen, braucht in dieser Einleitung
darauf nicht eingegangen zu werden. Wir beginnen mit
einfachen "sich selbst erklärenden" ALGOL 68- Beispielen.

0.1   Entwicklung von ALGOL 68

Das folgende kurze Programm gibt dem Leser eine Übersicht
über die historische Entwicklung von ALGOL 68.
Jede Größe AO,''',SI ist so strukturiert (engl. 'STRUCT'ure),
daß sie ihren Namen, ihren Editor, ihr Erscheinungsjahr und
Verweise (engl. 'REF'erence) auf ihre drei Ahnen - falls nicht
vorhanden auf 'NIL' - bei sich trägt (siehe Strukturen 2.2).

```
| 'CO'AHNENTAFEL VON ALGOL 68 ALS (TRANSITIVE) STRUKTUR'CO'
|
|  'BEGIN'
|   'MODE''TAFEL'='STRUCT'('STRING''CO'SPRACH-'CO'NAME,EDITUR,
|                          'INT''CC'ERSTERSCHEINUNGS-'CO'JAHR,
|                          'REF''TAFEL'AHNE1,AHNE2,AHNE3)$
|   'CO'REF'CO''TAFEL'AO,A8,CO,EU,FO,LI,PA,PL,SI;
|   AO:=("ALGOL 60","P.NAUR U.A."                ,60,FO   ,'NIL','NIL');
|   A8:=("ALGOL 68","A.VAN WIJNGAARDEN U.A.",68,PA   ,SI    ,'NIL');
|   CO:=("COBOL"    ,"CO(NF)DA(T)SY(ST)L(AG)",60,FO   ,'NIL','NIL');
|   EU:=("EULER"    ,"N.WIRTH U.A."           ,66,PL   ,'NIL','NIL');
|   FO:=("FORTRAN" ,"J.W.BACKUS U.A."          ,57,'NIL','NIL','NIL');
|   LI:=("LISP"     ,"J.MC CARTHY U.A."        ,60,FO   ,'NIL','NIL');
|   PA:=("PASCAL"  ,"N.WIRTH"                  ,71,EU   ,A8    ,'NIL');
|   PL:=("PL1"     ,"IBM-ORG.SHARE U.GLICE" ,64,CO   ,LI   ,AO  );
|   SI:=("SIMULA"  ,"O.J.DAHL U.A."           ,66,PL   ,'NIL','NIL');
|
|   PRINT((NAME'OF'AHNE3'OF'AHNE1'CF'AHNE1'OF'AHNE1'OF'A8,
|          " IST AHNE VON ",NAME'OF'A8,NEW LINE,
|          NAME'OF'A8," WURDE ",JAHR'OF'A8,
|          " VON ",EDITOR'OF'A8," HERALSGEGEBEN"))
|  'END'
```

```
| Ausgabe
+-----------------------------------------------------------------
|ALGOL 60 IST AHIE VON ALGOL 68
|ALGOL 68 WURDE 68 VON A.VAN WIJNGAARDEN U.A. HERAUSGEGEBEN
```

```
Graph der Struktur A8:                FC                  (1957)
                                      |
                           .----------+------.
                           |          |      |
                           CO         LI     AO            (1960)
                           |          |      |
                           '----------+------'
                                      |
Der Leser sollte zu jedem             PL                  (1964)
Namen in diesem Graph die             |
:= Verweisung im Programm   .---------+------.
aufsuchen und die           |                |
Verweise auf die Ahnen      EU               SI           (1966)
nachkontrollieren.          |                |
                            PA---------------A8           (1968-)
```

0.2   Einführende Beispiele

    Die ersten drei Beispiele sollten dem Leser mit etwas
Erfahrung in Algorithmen ohne weiters verständlich sein.
    Das vierte Beispiel über Turingmaschinen ist nur für
Informatiker von Interesse und sollte von anderen Lesern zunächst
zurückgestellt werden.

0.2.1 Anzahl der Buchstaben e in einem Text

```
'CO'ANZAHL DER BUCHSTABEN E IM TEXT'CC'

'BEGIN'MAKETERM(STANDIN,".");
 'STRING'TEXT;READ(TEXT);'INT'ANZE:=0;

 'FOR'I'TO''UPB'TEXT'DO''IF'TEXT[I]="E"'THEN'ANZE+:=1'FI''OD';

 PRINT(ANZE)
'END'
```

Eingabe	Ausgabe
BADEN VERBOTEN.	+3

    Der TEXT hat als flexibel wachsendes Feld einen Index,der
von 1 bis zur jeweils oberen Grenze (engl.upper bound d.h. 'UPB')
läuft (siehe Felder 2.1). ANZE+:=1 ist die Operatorschreibweise
(siehe Standard- Operationen 8.5) für   ANZE:=ANZE+1 .

0.2.2 Fakultät für nichtnegativ ganzzahliges Argument

```
'CO'FAKULTAET(I) FUER I NICHTNEGANZ, VERSION OHNE REKURSION'CO'

'BEGIN'

 'PROC'FAK=('INT'I)'INT':('INT'F:=1;'FOR'K'TO'I'DO'F*:=K'OD';F);

 'INT'IO;READ(IO);PRINT(FAK(IO))
'END'
```

Eingabe	Ausgabe
3	+6

    Die Routine- Vereinbarung legt fest,daß die Routine FAK
mit einem (nichtnegativ vorausgesetzten) ganzzahligen
('INT'eger) Argument aufrufbar ist und ein ganzzahliges Ergebnis
liefert, das durch den letzten ,hier F, der durch ";" getrennten
Bestandteile der nach ":" stehenden geklammerten seriellen Klausel
(siehe 4.2) bestimmt wird.

f*:=k ist die Operatorschreibweise (siehe Standard- Operationen
8.5) für f:=f*k .

```
.-------------------------------------------------------------------.
|                                                                   |
|  'CO'FAKULTAET(I) FUER I NICHTNEGANZ, VERSION MIT REKURSION'CO'   |
|                                                                   |
|  'BEGIN'                                                          |
|                                                                   |
|   'PROC'FAK=('INT'I)'INT':'IF'I=0'THEN'1'ELSE'I*FAK(I-1)'FI';     |
|                                                                   |
|   'INT'IO;READ(IO);PRINT(FAK(IO))                                 |
|  'END'                                                            |
|                                                                   |
'-------------------------------------------------------------------'
```

| Eingabe | Ausgabe
+---------+------------
| 3 | +6

   Mathematisch-logisch bietet rekursiver Aufruf keine Schwierigkeiten, sofern durch " Abbruchkriterien" dafür gesorgt ist, daß
der Gesamt- Algorithmus nach endlich vielen Schritten abbricht.
(Theoretisch läßt sich nach der Turing'schen These jeder in
ALGOL 68 geschriebene rekursive Algorithmus simulieren durch das
nachfolgend in 0.2.3 gebrachte nichtrekursive ALGOL 68 Programm.)

 Rekursiver Aufruf verkürzt im allgemeinen die Programme statisch,
z. B. kommt im obigen Programm (mit Rekursion) die Variable F (aus
dem Programm ohne Rekursion) nicht mehr vor, und macht den zu-
grundeliegenden Algorithmus deutlicher erkennbar ("strukturiertes
Programmieren").
Jedoch ist zu prüfen, ob das Programm auch dynamisch kürzer wird.
Nach bisheriger Erfahrung ist die für mehrfachen Unterprogramm-
Aufruf benötigte Maschinenzeit zuungunsten rekursiv programmierter
Algorithmen in Rechnung zu stellen (siehe Prozeduren 7.2.5).

0.2.3 Definition einer Turingmaschine in ALGOL 68
      ===
    Feldmann, Oberquelle, Ortlieb (" Eine einfache universelle
Turingmaschine in ALGOL 60 - Simulation", Computing 8 (1972),
S.241-249) simulierten eine Turingmaschine mit festen Bandgrenzen
in ALGOL 60 .

   Das unten angegebene ALGOL 68 - Programm simuliert eine
Turingmaschine ohne Einschränkungen (einschließlich
Bandexpansion und Bandkontraktion) und kann daher als Definition
der Turingmaschine (Turing 1936) gelten.

   Da das vorliegende ALGOL 68 - Programm ohne Änderung jede
spezielle Turingmaschine simuliert und dabei das spezielle
Programm als Datensatz eingelesen wird, stellt dies ALGOL 68-
Programm (in einem anderen Sinn als in der Literatur üblich)
eine (minimale) universelle Turingmaschine dar.

```
'CO'TURINGMASCHINE BESTEHEND AUS
    BAND B              FLEXIBEL EXPANDIEREND UND (BEIM DRUCK)
                        KONTRAHIEREND (ELIMIN.AEUSS.LEERZEICHEN) ,
    PROGRAMM P          TABELLE AUS TRIPELN X1V2Z3 IN ABH. VON Z,X,
    ZEICHEN X           ZWISCHEN 0(LEERZEICHEN) UND N ,
    VERSCHIEBUNG V (VON I) IST -1 BZW 0 BZW +1 ,
    STELLE I            ZWISCHEN LWB B UND UPB B, I(ANFANG) IST 1,
                                               I(HALT)    IST 1,
    ZUSTAND Z           ZWISCHEN 1(ANFANG) UND M, Z(HALT)    IST 0
'CO'
'BEGIN'
 'INT'I:=1,IR,M,N,X,Z:=1;READ((IR,M,N));
 [1:M,0:N,1:3]'INT'P;READ(P);
 'MODE''EXPANSIV'='FLEX'[1:IR]'INT';'EXPANSIV'B;READ(B);

 'PROC'KONTRAKTION=('EXPANSIV'B)'VOID':
  'BEGIN''INT'IL:='LWB'B,IR:='UPB'B;'INT'JL:=IL,JR:=IR;
   'FOR'I'FROM'IL'BY' 1'TO'IR'WHILE'B[I]=0'DO'JL+:=1'OD';
   'FOR'I'FROM'IR'BY'-1'TO'JL'WHILE'B[I]=0'DO'JR-:=1'OD';
   'FOR'J'FROM'JL'TO'JR'DO'PRINTF(($QC$,B[J]))'OD'
  'END';

 'DO'
  X:='IF''LWB'B<=I^I<='UPB'B'THEN'B[I]'ELSE'B[I]:=0'FI';
  'IF'Z=0'THEN'KONTRAKTION(B);STOP'FI';
  B[I]:=P[Z,X,1];I+:= P[Z,X,2];Z:=P[Z,X,3]
 'OD'

'END'
```

Eingabe	Ausgabe	" Nachfolgerfunktion"
2 1 1	1 1 1	berechnet aus 11 (2)
		der Nachfolger 111 (3)
1 0 0 1 -1 1		
1 1		

Eingabe	Ausgabe	" Addition"
6 2 1	1 1 1 1 1	berechnet aus 110111 (2+3)
		die Summe 11111 (5)
0 0 0 0 1 2		
1 0 0 1 1 2		
1 1 0 1 1 1		

Der Rücklauf auf die Stelle I(Halt)=1 braucht nicht
im Turingprogramm P enthalten zu sein, da nach Ausdrucken
des Ergebnisses die (nichtausgedruckte) Stelle I per
Definition auf 1 gesetzt ist. Falls expliziter Ausdruck von
I(Halt)=1 und z(Halt)=0 gewünscht wird, könnte dies in
KONTRAKTION einprogrammiert werden.

Durch Vorsetzen von 'FLEX' wird vereinbart,
daß beim Beschreiben des Feldes B mit Werten außerhalb der
bisherigen Grenzen die Indexgrenzen automatisch mitwachsen.

0.3   Schreibweisen

     Die Endzeichen, aus denen ein (eigentliches) Programm besteht,
sind die im Anhang A4 aufgestellten Darstellungszeichen,

     z. B. 'REAL'   (ALGOL 60-traditionelle " Apostrophierung")

und deren dort genannte Ersatzdarstellungen.
Andere Darstellungen bzw. Ersatzdarstellungen sind möglich,

     z. B. real x (für Handschrift) oder
     z. B. real x (für Fett- Druck).

     Gemäß Standard Hardware Representation (siehe Literaturver-
zeichnis L1) werden vor allem folgende Darstellungen empfohlen:

     z. B. .REAL X (" Punkt- Strophierung") oder
     z. B. REAL x (" Großtypen- Strophierung") oder
     z. B. REAL X (" Strophierung mittels reservierter Worte").

     Zwischenraum, neue Zeile oder neue Seite sind nur relevant bei
den letztgenannten drei Darstellungen, im Übrigen in Texten (Texteigennamen 1.3), aber sonst nicht im (eigentlichen) Programm.

0.3.1 Lineare Anordnungen

     Für   die in der Grammatik und im (eigentlichen) Programm häufig
vorkommenden sogenannten "linearen Anordnungen" wird in diesem
Skriptum folgende (nichtrekursive) Notation verwendet:

     E t'''t E sei gleichbedeutend mit E bzw EtE bzw EtEtE etc.

     Mögliche Spezialfälle sind:

```
           |lineare Anordnung| E t'''t E   |                 Trenner t
           ------------------+-------------+---------------------------
           Katenation        | E  '''  E   |"leere Wort"    Trenner ^
           Liste             | E ,''', E   | kollaterale    Trenner ,
           Serie             | E ;''';  E  | serielle       Trenner ;
           Alternative       | E a'''a E   | alternative    Trenner a
                             .---------^--------.
                             'EXIT'GRUNDNAME:
```

     Im folgenden ALGOL 68- Programm- Beispiel sind alle
Spezialfälle   linearer Anordnungen enthalten:

```
                    Liste: E1 ist M / E2 ist N:=123
              .^-----.
              |          Katenation: E1 ist 1 / E2 ist 2 / E3 ist 3
              |    .^.
'BEGIN''INT'M,N:=123;READ(M);(M>N|E);PRINT(N)'EXIT'E:PRINT(M)'END'
         |                                     |v----------------------'
         |                                     Alternative:           |
         |                                     E1 ist PRINT(N)        |
         |                                     E2 ist PRINT(M)        |
         'v-------------------------------------------------------------'
         Serie:
         E1 ist 'INT'M,N:=123
         E2 ist READ(M)
         E3 ist (M>N | E) ausführlich  'IF'M>N'THEN''GO TO'E'FI'
         E4 ist PRINT(N)'EXIT'E:PRINT(M)
```

Die Bedeutung der verschiedenen Formen linearer Anordnungen
wird erst im Laufe des Skriptums erklärt. In etwa wird
"kollateral" (siehe 4.3) gleichbedeutend sein mit "dem Rechner über-
lassene Reihenfolge" und "seriell" (siehe 4.2) mit "nacheinander".

0.3.2 Verwendete Schemata- Notation

Die von uns gewählte graphische grammatische Notation,
Feldmann: " Einführung in ALGOL 60", Braunschweig: Vieweg 1972,
nutzt die Vorteile zweidimensionaler Darstellung, verwendet bewußt
nur herkömmlich bekannte typographische Hilfsmittel und strebt
zugleich kompakte Schreibweise und unmittelbare Lesbarkeit an.

```
Schemazeichen          | Schema  |      Bedeutung
                       |(- Teil) | ("bzw" bedeute "entweder - oder")
-----------------------+---------+-------------------------------------
Strich                 |    A    |für  A setze B
                       |    |    |
                       |    B    |
                       |         |
liegende               |    A    |für  A setze BC    ( Katenation 0.3.1)
geschweifte            |    |    |
Klammer                |  .^~.   |
                       |   BC    |
                       |         |
verzweigter Strich|    A    |für  A setze B bzw C
                       |    |    |
                       | .~+~ C  |
                       |  |      |
                       |  B      |
                       |         |
Paar                   |  ( B )  |      setze B bzw C
geschweifter           |  <   >  |
Klammern               |  ( C )  |
                       |         |
Trenner t und          |E t'''t E|      setze E bzw EtE bzw EtEtE etc
Punkte in              |         |      (lineare Anordnung 0.3.1 ,
mittlerer Höhe         |         |       d.h. t ggf.auch "leere Wort")
                       |         |
Unterschlängelung      |    AB   |      AB   kann entfallen,
                       |    ^^   |      aber nicht A bzw B allein
                       |         |      (sonst Zwischenraum erforderlich)
```

Die so definierten Schemata sind vom Chomsky- Typ 2 , d.h.
adäquate " Produktionsschemata" für kontextfreie Grammatiken
(siehe z. B. Produktionsschema 1.2).

Zur Darstellung zweischichtiger nicht kontextfreier Grammatiken
könnten Zusatzregeln hinzugefügt werden (wie z. B. in 0.3.3).
In vielen Fällen begnügen wir uns jedoch mit kurzen
" Übersichtsschemata" (z. B. ohne Konvertierungspositionen POS ,
engl. SORT , bzw. ohne Vereinbarungsspeicher DEF ,engl. NEST)
und verweisen auf die Originalregeln der zweischichtigen
Grammatik (Nummernhinweise).

Zum Aufsuchen einer mit Nummernhinweis zitierten Regel empfehlen
wir die Benutzung des alphabetischen Index am Ende dieses Skriptums.
Will man z. B. die im folgenden Schema 0.3.3 unter " Kompragmentar"
mit 92a zitierte Hyperregel finden, so verweist der alphabetische
Index bei " Kompragmentar" auf A3.21, wo die Hyperregel 92a steht.

0.3.3 Produktionsschema für Kompragmentar
===

   Kompragmentare , d.h. Kommentare für den Leser, die für das
(eigentliche) Programm keine Bedeutung haben, bzw. Pragmentare
(pragmatische Kommentare) für den Leser und für das (eigentliche)
Programm (sozusagen Programmstücke vorab umgangssprachlich
formuliert), können fast an jeder Stelle ins Programm geschrieben
werden , ausgenommen etwa innerhalb von NAMEn bzw. Eigennamen
bzw. Darstellungszeichen.

   Im Zweifelsfall suche man die Programmstelle in der zweischichtigen Grammatik auf und überprüfe,   ob dort ein ALPHAS Programmzeichen (d.h. irgend ein Programmzeichen, siehe Metaregel 13A im
Anhang A2.1) vorgesehen ist. Dann können an dieser Stelle Kompragmentare k und anschließend das entsprechende ALPHAS Symbol geschrieben werden (siehe Hyperregel 91f im Anhang A3.21).

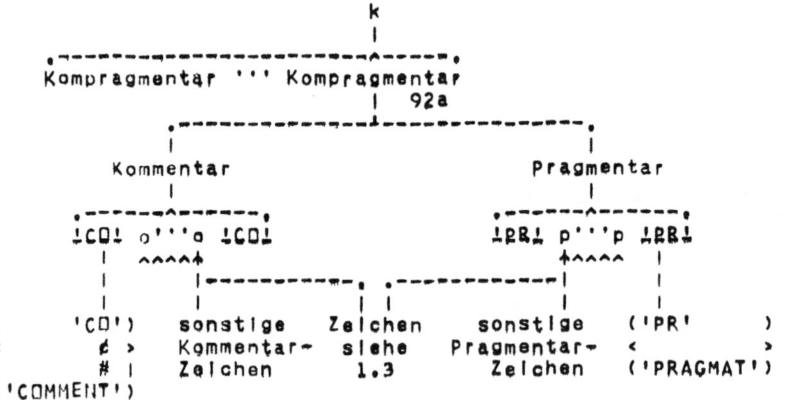

Abkürzungen: k Kompragmentare *) ,
-----------   o Kommentar- Bestandteil*),
                p Pragmentar- Bestandteil*),
Zusatzregeln: Zusammengehörige Kommentar- bzw. Pragmentar-
-----------   Begrenzer sind gleich, z. B. 'CO''CO'.
                Die sonstigen Kommentar- bzw. Pragmentar- Zeichen
                müssen zulässig sein im Sinne von 92d (verschieden
                von jedem Zeichen und vom jeweiligen Begrenzer).
*)   Bezeichnung die (so) nicht im Report vorkommt

   Nach diesem Produktionschema kann jeder Kompragmentar
erzeugt werden:
Z. B. die Kompragmentare: 'CO'KOMMENTAR'CO''PR'PRAGMENTAR'PR'
     oder: 'CO'#'CO' ,falls   # sonstiges Kommentar- Zeichen,
     aber nicht: 'CO''CO''CO' ('CO' ist zugleich Begrenzer).

   Gemäß Standard Hardware Representation wird vor allem die Implementation der folgenden vier Pragmentare (zuzüglich geeigneter Pragmentarbegrenzer) empfohlen:

```
POINT     (stellt auf " Punkt- Strophierung" um, siehe 0.3),

UPPER     (stellt auf " Großtypen- Strophierung" um, siehe 0.3),

RES       (stellt auf " Strophierung mittels reservierter Worte"
          um, siehe 0.3),

PAGE      (nur für  Erstellung des Programm- Protokolls:
          " Seitenvorschub für  die in der Original- Programm-
          niederschrift nächstfolgende  Zelle").
```

0.4 Testfragen (mit Nummernhinweisen)	Antworten
0.1 Was würde durch PRINT(NAME'OF'AHNE1'OF'A8) im Programm 0.1 ausgedruckt ?	PASCAL
0.3 Welche der folgenden Vokabeln sind darstellbare Symbolvokabeln ?	genau die in A4 (94a-h) genannten,d.h.
Buchstabe a	nein
Buchstabe ü Symbol	nein
null Symbol	nein
wahr Symbol	Ja (94b)
Struktur Symbol	Ja (94d)
knappe felt Symbol	Ja (94f)
serielle Begrenzer Symbol	nein
0.3 Welche Darstellungszeichen gehören zu mehr als einer darstellbaren Symbolvokabel?	' ( ) = , "
0.3.1 Ist Serie eine Katenation ?	Ja: E1 ist $ / E2 ist e / E3 ist r / E4 ist l / E5 ist e
0.3.1 Ist Katenation eine Serie ?	Ja: E1 ist Katenation
0.3.1 Bestimme eine Katenation,eine Liste, eine Serie und eine Alternative mit je mindestens zwei Elementen in: 'BEGIN' 'BOOL'B;READ(B);'IF'B'THEN''GO TO'E'FI'; 'SKIP''EXIT'E:PRINT(("B=",B)) 'END'	Katenation: B= Liste: "B=",B Serie: Programm ohne 'BEGIN' und 'END' Alternative: diese Zelle
0.3.2 Wieviele B in einer Kette erzeugt das folgende Produktionsschema aus A ?	kein B bzw. mindestens zwei B , aber nicht ein B (vgl. 1.3)

```
                A
                |
            .--^--.
            B B'''B
            ^^^^^^^
```

0.3.3 Welche der folgenden sind korrekte Kommentare ?	
'COMMENT''COMMENT' bzw 'CO'CO'CO' bzw #CO#	alle
'CO'MMENT'COMMENT' bzw 'CO'MMENT# bzw ###	keiner

1   OBJEKTE (NAME,WERT,ART)
        ========================

        In einem ALGOL 68- Programm

                'BEGIN''REAL'X:=2.72;PRINT(X)'END'

hat das (externe) Objekt X den externen Namen X , den derzeitigen
externen Wert 2.72 und die Art 'REF''REAL' (von der hier in der
Variablen- Vereinbarung 'REAL'X:=2.72 das erste 'REF'
abkürzend fortzulassen ist).

     Außer derartigen Namen, die stets einer vorherigen Vereinbarung
bedürfen, bevor sie im Programm aufgerufen werden können
(hier X in PRINT(X)),

     gibt es noch sogenannte Eigennamen, wie z. B. 2.72 ,
deren externer Name und externer Wert übereinstimmen
und die von vornherein (primal) im Programm vereinbart sind
d.h. ohne Vereinbarung aufgerufen werden können (hier 2.72)

     und schließlich noch Objekte wie z. B. das Eigenfeld (X , 3.14)
in

'BEGIN''REAL'X:=2.72;[1:2]'REAL'VEKT:=(X , 3.14);PRINT(VEKT)'END' ,

die nicht vorher vereinbart werden und keinen wiederaufruf-
baren externen Namen besitzen.

     Größen, die nicht zu den Objekten zählen, sind z. B.
die Arten , wie z. B. die vereinbarte und später aufgerufene
Art 'REELL' oder die im Standard- Vorspiel (siehe 8)
vereinbarte Art 'REAL' in

     'BEGIN''MODE''REELL'='REAL';'REELL'X:=2.72;PRINT(X)'END' .

     Näheres über Größen (Objekte und andere) , deren
Namen (GRUNDNAME , OP(ERATOR)NAME , ARTNAME , Größen ohne
externe Namen etc.) und Arten (ART) findet der Leser
außer im folgenden Kapitel 1 auch im Kapitel 7 (Bereichsschachtelung und Prozeduren).

1.1 Graphische Interpretation von Objekten

Die von uns gewählte graphische Interpretation, Feldmann:
" An Interpretation for making references (in ALGOL 68)", ALGOL -
Bulletin no 38, Dezember 1974, ist etwas detaillierter und
geht etwas näher auf gegenwärtige Maschinenkonzepte ein als die
vergleichbare Interpretation von Lindsey, van der Meulen:
" Informal Introduction to ALGOL 68", North Holland Publishing
Company 1973.

Ein Objekt besteht stets aus einem externen Objekt
in der Niederschrift des Programms und einem einzelnen internen
Objekt im Rechner, das mit weiteren internen Objekten im Rechner
durch Verweis verbunden sein kann.

Jedes interne Objekt wird dargestellt durch ein graphisches
Objekt, das aus zwei Teilen, der " Adresse" und dem " Inhalt"
besteht (und aus einem dritten Teil, der Art bzw. allgemeiner
"ÄRT" , siehe 1.4 , die dem " Inhalt" zugerechnet werden könnte).

Das Interpretations- Modell soll an einem Beispiel erklärt
werden:

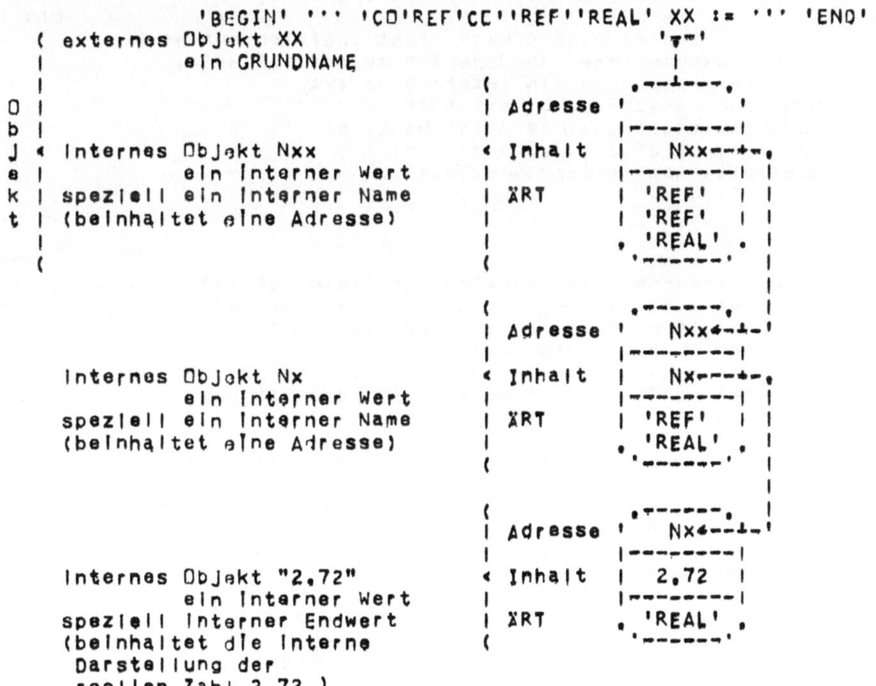

```
                        'BEGIN' ''' 'CO'REF'CC''REF''REAL' XX := ''' 'END'
      ( externes Objekt XX                              '   '
      |        ein GRUNDNAME                             |
      |                                        (      .--'--.
  O   |                                        | Adresse '       '
  b   |                                        |        |--------|
  j   < Internes Objekt Nxx                    < Inhalt |  Nxx--+-.
  e   |        ein interner Wert               |        |--------| |
  k   | speziell ein interner Name             | ÄRT    | 'REF'  | |
  t   | (beinhaltet eine Adresse)              |        | 'REF'  | |
      |                                        |        . 'REAL' . |
      (                                        (        '--------' |
                                                                   |
                                               (      .------.     |
                                               | Adresse '  Nxx4-+-'
                                               |        |--------|
        Internes Objekt Nx                     < Inhalt |  Nx--+-.
                ein interner Wert              |        |--------| |
        speziell ein interner Name             | ÄRT    | 'REF'  | |
        (beinhaltet eine Adresse)              |        . 'REAL' . |
                                               (        '--------' |
                                                                   |
                                               (      .------.     |
                                               | Adresse '  Nx4-+-'
                                               |        |--------|
        Internes Objekt "2.72"                 < Inhalt |  2.72  |
                ein interner Wert              |        |--------|
        speziell interner Endwert              | ÄRT    . 'REAL' .
        (beinhaltet die interne                (        '--------'
         Darstellung der
         reellen Zahl 2.72 )
```

Nach obigem kann ein interner Wert (i.a. mit oder ohne 'REF')
speziell ein interner Endwert (ohne 'REF') sein.
Ein interner Endwert ist kein interner Name und umgekehrt.

Der interne Name Nxx wird durch Abarbeitung der Variablen-
Vereinbarung (die einen Variablenvereinbarungserzeuger
'CO''REF'CO''REF''REAL' enthält, siehe 5.6) neu und verschieden
von allen biherigen internen Namen erzeugt (engl. newly created).

Der interne Name Nxx und der GRUNDNAME   XX
werden einander wie folgt zugeordnet:
Nxx wird XX intern zugeornet (engl. yield of)
und XX wird Nxx extern zugeordnet (engl.accessed by),
d.h. durch eine Zuordnung werden zwei Relationen

- ist intern zugeordnet - und
- ist extern zugeordnet - bleibend gültig.

Ein externes Objekt kann nicht zugleich mehreren
verschiedenen internen Objekten zugeordnet sein.
    Allerdings kann ein internes Objekt
mehreren verschiedenen externen
Objekten zugeordnet sein (siehe z. B.
Teilfeldaufruf 2.1.2.3 oder
explizite Konvertierung 6.10.4).

"Zuordnung"
interpretiert
durch eine
Linie

Der interne Name Nxx wird verwiesen auf den
internen Wert Nx (engl. made to refer to) und
    der interne Name Nx wird verwiesen auf den
internen (End-) Wert "2.72".
    Die Art eines (verweisenden) internen Namens
ist stets 'REF''ART' , wobei 'ART' die Art des
verwiesenen internen Wertes ist.

    Ein Verweis ist eine Relation (verweist auf,
engl. refers to) die gültig wird, wenn ein
interner Name auf einen internen Wert verwiesen wird,
und die wieder ungültig wird, wenn der
interne Name auf einen anderen internen Wert
verwiesen wird.

    Ein internes Objekt kann nicht zugleich
auf mehrere verschiedene interne Objekte verweisen.
    Allerdings kann auf ein internes Objekt von
mehreren verschiedenen internen Objekten verwiesen
werden (siehe z. B. Grund- Vereinbarung 5.5 oder
Verweisung 6.3).

"Verweis"
interpretiert
durch einen
Pfeil

1.2   Produktionsschema für NAME
=================================
(ohne grammatische verschlüsselte NAMEn)

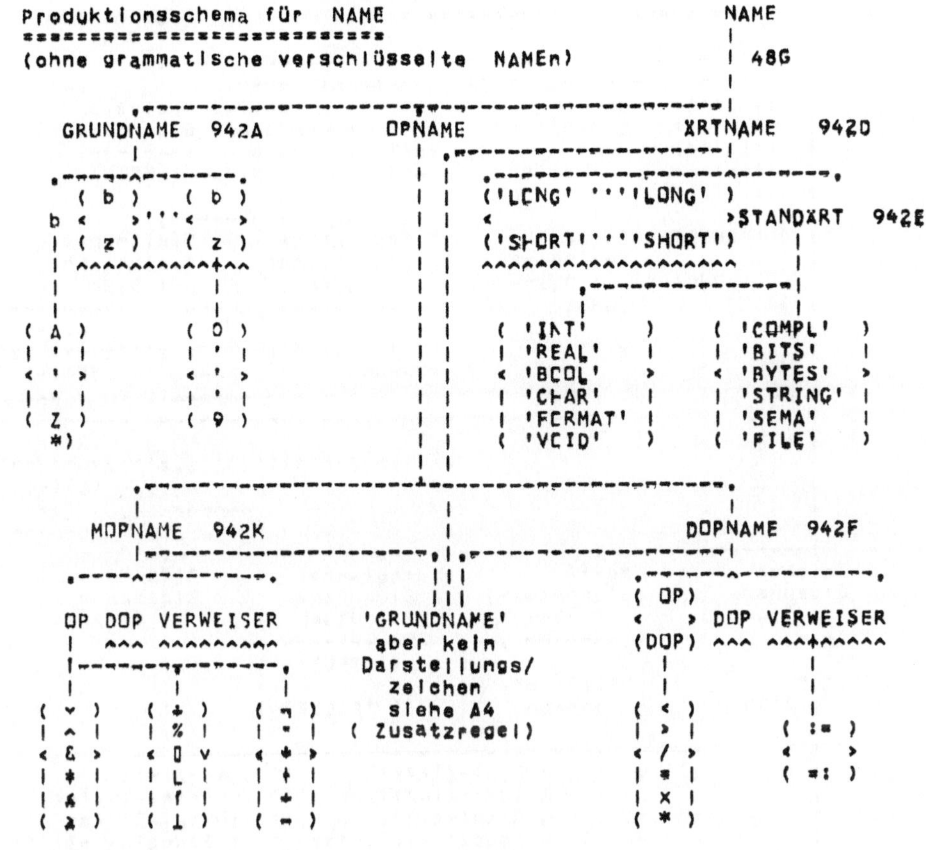

Abkürzungen: b BUCHSTABE , z ZIFFR

*) Einführung zusätzlicher (z. B. kleiner) Buchstaben ist nach Report 1.1.5 zulässig.

Nach diesem Produktionsschema kann jeder NAME erzeugt werden!

Z. B. die GRUNDNAMEn: K2R , X , X1 ,
       aber nicht: 1A (beginnt nicht mit einem BUCHSTABEn),

z. B. die OP(ERATOR)NAMEn: 'ODER' , 'KLEINER ALS' , ⌄ , < ,
       ⌄:= , <:= , ⌄<:= , <<:= ,
       die alle D(YADISCHE)OP(ERATCR)NAMEn sind, von denen aber
       die mit < beginnenden keine M(ONADISCHEN)OP(ERATOR)NAMEn
       sind (beginnen nicht mit OP),
       aber nicht: : (kein OP ,kein COP) , '+' (kein 'GRUNDNAME') ,

z. B. die ÄRTNAMEn : 'REELL' , 'LONG''REAL' , 'VOID' ,
       aber nicht: 'LONG''REELL' ('REELL' ist keine STAND(ARD)ÄRT)
       und nicht: ARTLEER (ARTLEER ist nicht durch ' begrenzt).

1.3   Produktionsschema für ÄRT   Eigenname

```
1.3    Produktionsschema für  ÄRT    Eigenname            ÄRT
       ==========================================         Eigenname
                                                          | 80a
       .------------------------------------------------.|
       |       .---------------^--, 810a  .--^---------.  |
       |      (| '''|)     ganze        (|'''|)    reelle   artleere
       |      <|    >      Eigen/       <    >     Eigen/   Eigenname 815a
       |      (|s'''s)     name         (s'''s)    name     .-^----.
       |      ^^^^^^^         | 811a     ^^^^^^^    |812a    'EMPTY'
       |       ||             |                       |
       |       ||             |               .-------^------.
       |       |'SHORT'   Ganz/           Festpunkt/        Gleitpunkt/
       |       |          dezimalzahl     dezimalzahl       dezimalzahl
       |      'LONG'         | 811b           | 812b            | 812e
       |                  .-^-.          .-^-------. .--------^------------.
       |                                                    (w)(+)
       |                  z'''z          z'''z.z'''z  z'''z.z'''z< >< >z'''z
       |                  ^^^^^          ^^^^^             (E)(-)
       |                                                   ^^^^^^        ^^^
       |                  '----------------------v------------------------------'
       |                                                    (w)(+)
       |                  demnach Zahl*):  z'''z.z'''z< >< >z'''z
       |                                   ^^^^^        (E)(-)
       |                                   ^^^^^^             ^^^
       |                                                      ^^^^^^^^^^^
       |  .-----------------------------v-----------------------.
       Zeichen          Text/          logische        BITS
       Eigenname        eigenname*)    Eigenname       Eigenname
        | 814a            | 83a          | 813a          | 82a,b,c
       .-^-.            .-^------.      .-^--------.      |
                                       ( 'TRUE'  )       |
        "c"              "cc'''c"      <         >        |
        | 814b            ^^^^^^^      ( 'FALSE' )        |
        |                                                 |
        |     .----------------------------------^---------------------------.
        |    (|'''|) ( 2 R Dual-Ziffer          '''  Dual-Ziffer           )
        |    <    > < 4 R Quartal-Ziffer        '''  |Quartal-Ziffer        >
        |    (s'''s) | 8 R Oktal-Ziffer         '''  ||Oktal-Ziffer         |
        |    ^^^^^^^ (16 R Sedezimal-Ziffer'''  |||Sedezimal-Ziffer )
        |                                       ||||
       ( sonstige Zeichen)          (((( 0 )))) ||||
       <  ""          >             |||<   >+++--'|||
       ( Zeichen      )             ||<( 1 )>+--'||
        |                           |||  2  |||    ||
       ( b )                        |<( 3 )>+---'|
       | z |                        ||   4  ||     |
       | . |                        ||   5  ||     |
       | w |                        ||   6  ||     |
       < | >                        <( 7 )>-----'
       | ( |                        |    8  |
       | ) |                        |    9  |      Zusatzregel: Die
       | , |                        |    A  |      ----------   sonstigen
       |   +-= Zwischenraum         |    B  |      Zeichen müssen
       | + |                        |    C  |      zulässig  sein im Sinne
       ( - )                        |    D  |      von 814d (verschieden
                                    |    E  |      von jedem Zeichen
                                    (    F  )      und vom Begrenzer " )

Abkürzungen:   b BUCHSTABE siehe 1.2 , c Zeichentextbestandteil ,
----------     l lang Programmzeichen, s kurz Programmzeichen,
               vgl. Standard- Vorspiel 8.2, z ZIFFR  siehe 1.2
*)             Bezeichnung anders als im Report verwendet
```

Nach diesem Produktionsschema kann jeder ÄRT   Eigenname
erzeugt werden:

z. B. der artleere Eigenname: 'EMPTY' ,

z. B. die ganzen Eigennamen: 123 ,'LONG'1 ,

    aber nicht: 1'CO'ZEHN'CO'5 (unzulässiger Kommentar),

z. B. die reellen Eigennamen: 12.34 , .12 , die
    Festpunkt- aber keine Gleitpunktdezimalzahlen sind, oder
    die reellen Eigennamen: 12.34₁₀-56 , 12.34E+56 , 12₁₀34 , die
    Gleitpunkt- aber keine Festpunktdezimalzahlen sind,

    aber nicht: 12. , E12 , ₁₀12 , -1 (würden auch zu Verwechs-
    lungen mit Semikolon ., bzw. mit GRUNDNAME E12 bzw.
    mit Operator - führen) ,

z. B. die Zeichen Eigennamen: "A" , (PRINT("A") ergibt A) ,"+" ,
    " " (PRINT(" ") ergibt einen Zwischenraum) ,
    """" (PRINT("""") ergibt ein Anführungszeichen ") ,
    "/" nur falls / ein sonstiges Zeichen des Rechners ist ,

    aber nicht: """ (" ist kein Zeichentextbestandteil) ,

z. B. die Texteigennamen: "KEINER ODER MINDESTENS ZWEI" , "" , "12" ,

    aber nicht: "1" (dies ist ein Zeichen Eigenname, allerdings
    ist Konvertierung in Texteigennamen möglich, siehe 6.2),

z. B. die logische Eigennamen: 'TRUE' , 'FALSE' ,

    aber nicht: '0' , 1 ,

z. B der BITS Eigenname: 2R10 (Dualzahl mit Dualziffern 1, 0,
    im Falle BITSWIDTH =4 , siehe Standard- Vorspiel 8.2 ,
    intern gemäß 'FALSE''FALSE''TRUE''FALSE' dargestellt ,
    PRINT(2R10) ergibt dann 0010) ,
    der Bitseigenname: 16RAFFE (sedezimal AFFE ,dezimal 45054) ,

    aber nicht: 16RPAPAGEI (P,G,I keine Sedezimal Ziffern) ,

Eigennamen sind Konstanten, ihre ÄRT   enthält kein 'REF' .

Nach Standard- Hardware- Representation gehört ''
(aber nicht ') zu den sonstigen Zeichen, d.h. PRINT("''") ergibt
ein Apostroph '.

Außerdem gibt es gemäß Standard Hardware Representation
eine Unterbrechung (break) für Texte (Texteigennamen)
mittels zweier nicht aufeinanderfolgender, nur durch Leerzeichen,
Zeilenvorschub oder Seitenvorschub getrennter Anführungszeichen "

z. B. PRINT("ALLES IN EINE ZE"
    "ILE DRUCKEN")

1.4   Art eines Objekts

Ein ALGOL 68- Programm ist eine (GEKLAMMERTE) Klausel,
in der weitere (GEKLAMMERTE bzw.) Klauseln
geschachtelt enthalten sind (siehe 3.1 , 4.1).
Jede Klausel ist ein (externes) Objekt und hat eine Art ,
grammatisch bezeichnet als ÄRT   (engl. MOID), unterteilt in
ART (engl. MODE) und "artleere" (engl. void).

In ALGOL 60 als " Ausdrücke" (engl. expression) bezeichnete
Objekte bezeichnet man in ALGOL 68 als " ART Klausel"n ,
speziell als "ganze Klausel"n , "reelle Klausel"n etc.
In ALGOL 60 als " Anweisung" (engl. statement) bezeichnete
Objekte bezeichnet man in ALGOL 68 als "artleere Klausel"n.

Das folgende Produktionsschema gibt eine Übersicht über alle
Arten in ihrer grammatischen Bezeichnung und anschließend eine
(meist sehr abkürzende) Darstellung im eigentlichen Programm.
Die genaue Bedeutung der verschiedenen Arten wird erst im Laufe
des Skriptums erklärt.
Die Art " Vereinigung von ''' " (siehe 4.2.5.2) ist Platzhalter
für die verschiedenen in der Vereinigung genannten Arten,
von denen dynamisch eine konkret angenommen werden muß.
Die Arten "dynamische Verweis auf ART " (siehe 2.2.4) und
" NUMART''' " (siehe Metaregeln 12A,V) kommen nur in der
Grammatik, aber nicht im eigentlichen Programm vor.

Der Leser möge sich überzeugen, daß die verschiedenen Arten
allein aus "artleere" und "GRUNDART" unter Zuhilfenahme der
Begriffsbildungen " Verweis", " Feld", " Struktur", " Prozedur"
und " Vereinigung" zusammengesetzt werden,
Auch die in 1.2 genannten Arten 'FORMAT' , 'COMPL', 'BITS' ,
'BYTES' ,'SEMA' , 'FILE' werden (im Standard- Vorspiel, siehe 8)
als " Strukturen" aus GRUNDART hergeleitet.

```
1.4.1 Produktionsschema für  ÄRT          ÄRT    12R
=====================================      |
      (ein grammatischer Begriff)          |------.
                                           |      |
.-------------------------------------- ART    artleere
|                    |
|          .-------------------^----------=.
|          dynamische Verweis auf ART
|          ^^^^^^^^^^
.----------------------------y----------------------.
|                    |                              |
|                    |          .----------^-------------------.
|                    |          (    Vereinbarung von ART  )
|                    |          NUMART <                    >
|          12B  GRUNDART        12V |  ( Aufruf             )
|                    |          .---^-----.
|          .----------------^---.        Numart |'''|
|          ((lang'''lang)(ganze    ))
|          |<          ><        >|
|          <(kurz'''kurz)(reelle) )>
|          |^^^^^^^^^^^^^^
|          |                 logische |
|          (                 Zeichen  )
|
.----------------------------------------------.
|          |                              |
|        FELD   12H                STRUKTUR   12H
|          |                              |
.----------------^---.        .----------^-----------------.
flexible Reihe''' Reihe von ART  Struktur aus KOMP ''' KOMP  Art
|^^^^^^^                                    |
|                              .---------------^---------.
|                              ART  Komponente GRUNDNAME
|
.----------------------------y----------------------.
          |                              |
        PROZ   12N              VEREINIGUNG   12S
          |                    .-------------------^-----------------.
          |                    Vereinigung von MOD  '''  MOD   Art
          |                              |
.----------------^-------------.        .--------^-------.
Prozedur mit PAR ''' PAR ergebend ÄRT   ( GRUNDART          )
          ^^^^^^^^^^^^^^^^^^               | FELD             |
          |                              < STRUKTUR          >
        ART  Parameter                     | PROZ             |
                                           ( artleere          )


Zusatzregel: GRUNDNAME  wird hier wie in der Grammatik
------------- (vgl.  A1/2/3 ) z. B. als
              Buchstabe k Ziffer zwei Buchstabe r
              und nicht wie im Programm (vgl. 1.2 ) z. B. als
              K2R
              notiert.
```

Nach diesem Produktionsschema , In dem ÄRT   rekursiv vorkommt,
kann jede ÄRT   erzeugt werden!

z. B. artleere bzw. Verweis auf reelle
      aber nicht: Verweis auf artleere (artleere ist keine ART),

z. B. die GRUNDART en:
      kurz kurz ganze bzw. logische
      aber nicht: lang Zeichen (wäre auch sinnlos),

z. B. die FELD er:
      flexible Reihe von Zeichen bzw.
      Reihe Reihe von flexible Reihe von ganze
      aber nicht: Reihe flexible Reihe von ganze
      ('FLEX' darf also nicht innerhalb [] stehen),

z. B. die STRUKTUR :
      Struktur aus
          Zeichen Komponente Buchstabe a
          ganze Komponente Buchstabe n Buchstabe r
      Art   ,
      aber nicht:
      Struktur aus
          artleere Komponente Buchstabe a
      Art   ,

z. B. die PROZeduren:
      Prozedur mit reelle Parameter ergebend ganze   bzw.
      Prozedur ergebend artleere   ,aber nicht:
      Prozedur mit artleere Parameter ergebend ganze ,

z. B. die VEREINIGUNGen:
      Vereinigung von reelle ganze Art   aber nicht:
      Vereinigung von Vereinigung von reelle Art   ,

   Aus der folgenden Tabelle kann der   Leser den Zusammenhang
zwischen grammatischer Bezeichnung einer Art und ihrer Darstellung
im eigentlichen Programm entnehmen. Im Einzelnen wird auf die
entsprechenden Kapitel , insbesonder Kapitel 5 (Vereinbarungen)
verwiesen.

```
Grammatische Bezeichnung             Darstellung im eigentl. Programm
==============================       ===================================
artleere                             'VOID'
(lang'''lang)(ganze )                ('LONG' ''''LONG' )('INT' )
<         ><        >                <                 ><        >
(kurz''kurz)(reelle)                 ('SHORT''''SHORT')('REAL')
^^^^^^^^^^^^                         ^^^^^^^^^^^^^^^^^^^^
logische                             'BOOL'
Zeichen                              'CHAR'
Verweis auf *                        'REF' *
flexible Reihe''' Reihe von *        'FLEX'[ ,''', ] *
^^^^^^^^                             ^^^^^^
Struktur aus *'''* Art               'STRUCT'(*,''',*)
Komponente *                         *
Prozedur mit *'''* ergebend *        'PROC'(*,''',*)*
        ^^^^^^^^^^                           ^^^^^^^^^^
Parameter                            GRUNDNAME
Vereinigung von *'''* Art            'UNION'(*,''',*)
```

1.5 Testfragen (mit Nummernhinweisen)	Antworten
1.2 Welche der folgenden sind korrekte MOPNAMEn ?	
% bzw 'PROZENT' bzw %/ bzw %/:*	alle
/ bzw 'PROC' bzw 'PROZENT'/ bzw %:=/	keiner
1.2 Welche der folgenden sind korrekte DOPNAMEn ?	
/ bzw 'VERWEISER' bzw /=: bzw //=:	alle
:= bzw 'OP' bzw :=/ bzw /=:/	keiner
1.3 Gibt es zwei verschiedene Ganzdezimalzahlen mit gleichem Wert ?	Ja: 1 und 01
1.3 Gibt es zwei verschiedene Festpunktdezimalzahlen mit gleichem Wert ?	Ja: 1.2 und 01.20
1.3 Gibt es zwei verschiedene Gleitpunktdezimalzahlen mit gleichem Wert ?	Ja: 1ʍ1 und 10ʍ0
1.3 Welche der folgenden sind korrekte Zahlen (Ganz-, Festpunkt- oder Gleitpunktdezimalzahlen) ?	
10. bzw ʍ10 bzw 10.ʍ10 bzw -10ʍ10	keine
,10 bzw 10E10 bzw 10ʍ+10 bzw 10.10ʍ-10	alle
1.3 Welche der folgenden sind korrekte Texteigennamen ?	
" bzw "A" bzw """ bzw "IN "DM" PREIS"	keiner
"" bzw """" bzw "DREIFACH ""HOCH"""	alle
1.3 Was ist der dezimale Wert des Bitseigennamen 16ROCOCO und wie lang muß BITSWIDTH hier mindestens sein ?	49344 15
1.4.1 Welche der folgenden sind korrekte ÄRT ?	
flexible Verweis auf artleere Art	nein
Reihe Reihe von Reihe von lang lang ganze	Ja
Struktur aus	
reelle Komponente Buchstabe r Buchstabe e	
reelle Komponente Buchstabe l Buchstabe m	
Art	Ja
Prozedur ergebend Prozedur ergebend ganze	Ja
Verweis auf Vereinigung von artleere ganze	Ja

2 FELDER UND STRUKTUREN

      Felder bzw. Strukturen sind Objekte, die unter einem (externen)
Namen eine Menge von Teilobjekten, die (Feld-) Elemente bzw. die
(Struktur-) Komponenten, zusammenfassen.

      Intern im Rechner werden die Elemente (Komponenten) des
Feldes (der Struktur) konsekutiv gespeichert, so daß unter der
Adresse des internen Endwerts des Feldes (der Struktur) alle
Elemente (Komponenten) durch einfache Adressenmodifikation
unmittelbar erreichbar sind, z. B. lineare Fortschaltung
in Schleifen.

Vorab eine kurze Gegenüberstellung von Feldern und Strukturen:

1) Die Elemente eines Feldes sind notwendig alle gleicher ART ,
   die Komponenten einer Struktur können verschiedener ART sein.

   Jedoch lassen sich auch Felder der Art
   " Reihe von Vereinigung von ''' Art" einführen , wie z. B.
   für den PRINT - Parameter (siehe 5.3), so daß dann doch z. B.
   PRINT((2.7,'TRUE',"A")) möglich ist.

2) Die Namen der Elemente eines Feldes werden durch den Feldnamen
   und sonst nur durch Indizes innerhalb der Indexgrenzen bestimmt,

      z. B. PATIENT[1+2*I]   ,

   die Namen der Komponenten einer Struktur durch den
   Strukturnamen und individuelle Komponentennamen für jede
   einzelne Komponente ,

      z. B. NACHNAME'OF'PATIENT   und   ALTER'OF'PATIENT   .

   Dementsprechend lassen sich Felder einfach durch Angabe von
   Indexgrenzen bzw. sogar mit flexiblen Indexgrenzen vereinbaren,

      z. B. [1:1000]'STRING'PATIENT bzw. 'FLEX'[1:0]'STRING'PATIENT ,

   Strukturen dagegen nur (umständlich) durch (nicht flexible)
   vereinbarende Benennung aller ihrer Komponenten,

      z. B. 'STRUCT'('STRING'NACHNAME,'INT'ALTER)PATIENT .

   Jedoch lassen sich auch Strukturen ohne externe Namen durch
   Variablen- Erzeuger vereinbaren (siehe 2.2.2b, 9.2.4.2),
   über Komponenten der Art " Verweis auf Struktur'''" zu
   Ketten mit beliebiger Anzahl von Gliedern zusammenfügen und
   über " Anfangszeiger" , "laufenden Zeiger" und " Endzeiger"
   der Art " Verweis auf Verweis auf Struktur'''" aufrufen.

3) Die Identifikation von Feldelementen ist erst dynamisch zur
   Laufzeit durch Berechnung der Indizes möglich,
   die Identifikation von Strukturkomponenten bereits statisch
   zur Übersetzungszeit .
   Dementsprechend wird man zum Zweck der Laufzeitoptimierung
   an Stelle von kurzen Feldern mit festen bekannten
   Indexgrenzen möglichst Strukturen einführen,
   z. B. Vereinbarung von 'COMPL' , 'BITS' u.a.m. im Standard-
   Vorspiel (siehe 8.3).

2.1 Felder
======

Die Vereinbarung eines Feldes kann entweder als
Variablen- Vereinbarung (siehe 5.6) ,

```
z. B.   [1:2,1:3]'INT'V
bzw.    [1:2,1:3]'INT'V:=((11,12,13),(21,22,23))
```

oder als dazu äquivalente Grund- Vereinbarung (siehe 5.5)
rechts mit einem Variablenerzeuger (siehe 6.9.1)   ,

```
z. B.   'REF'[,]'INT'V='LOC'[1:2,1:3]'INT'
```

erfolgen.

In der Schreibweise als Variablen- Vereinbarung
wird ein Feld ähnlich wie in ALGOL 60 vereinbart, nur werden
die Indexgrenzen nicht nach- sondern vorangesetzt.

Neu gegenüber ALGOL 60 ist die bei Variablen- Vereinbarungen
und Variablenerzeugern stets vorausgesetzte , aber in der
Schreibweise stets abkürzend fortgelassene Setzung eines
zusätzlichen 'REF' vor die hingeschriebene ART . Dadurch ist die
vereinbarte Größe als linke Seite einer Verweisung (siehe 6.3)
zulässig und hat Variablen- Charakter.

Soll dagegen ein Feld vereinbart werden, dessen ART nicht mit
'REF' beginnt, das also nicht als linke Seite einer Verweisung
zulässig ist und das somit Konstanten- Charakter hat, kommt
nur eine Grund- Vereinbarung in Betracht,

```
z. B.   [,]'INT'K=((11,12,13),(21,22,23))
```

Im einzelnen wird auf Kapitel 5 (Vereinbarungen) verwiesen.

Eine starke Verallgemeinerung gegenüber ALGOL 60 ist die
gegebene Möglichkeit,über   einzelne Elemente (Skalare) hinaus
auch Teilfelder d.h. konsistente enthaltene Felder (Vektoren
wie Spalten oder Zeilen, Teilmatrizen etc.) aufzurufen   ,

```
z. B. in  V[1,2:3]:=(12,13)   bzw.in   PRINT(K[1,2:3])  .
```

Teilfeldaufrufe werden im folgenden Abschnitt ausführlich
besprochen.

Neu gegenüber ALGOL 60 ist auch die Möglichkeit, das Feld
selbst insgesamt unter seinem Feldnamen aufzurufen ,

```
z. B.   V:=K
```

Diese aufgerufene BENENNUNG (siehe 6.10.6) gehört
nicht zu den Teilfeldaufrufen (die immer Klammern aufweisen).

2.1.1 Übersichtsschema für ART Teilfeldaufruf
==
(ohne Konvertierungsposit., Vereinbarungenspeicher, Kompragmontare)

```
.------------------------------------------------------------------.
|                         VRWAUFER                                 |
|                         REIREI1 von ART                          |
|                         ^^^^^^^^^^^                              |
|                         Teilfeldaufruf                           |
|                              |                                   |
|                              | 532a                              |
|                    .---------^-----------------------------.     |
|                    VRWAUFLEXER                             |     |
|                    REIREI von ART                          |     |
|                    PRIMÄRKLAUSEL  [ Trindex ,...., Trindex ]     |
|                              |     |                    |        |
|                             ( [ )  |               ( ] )        |
|                             < > +--------------.    < >         |
|                             ( ( ) |            |   ( ) )        |
|                              532f            532e              |
|                              Trimmer         Index        -    |
|                                 |              |               |
|    .----------------------------^---------.    |              |
| untere Indexgrenze:obere Indexgrenze â neue untere  |        |
| ^^^^^^^+^^^^^^^^^^^ ^^^^^+^^^^^^^^^^^   Indexgrenze  |        |
| ^^^^^^^+^^^^^^^^^^^^^^^^^+^^^^^^^^^ ^^^^^+^^^^^^^    |        |
|  ganze Klausel      ganze Klausel    ganze Klausel ganze Klausel|
|                                                                 |
| Zusatzregel: Zusammengehörige  Trindexklammern [ ]              |
| -----------  sind gleichartig darzustellen,z. B. [ ] .         |
|              VRWAUFER muß zu VRWAUFLEXER passen im Sinne        |
|              von 531b (entflexibelt von).                       |
|              REIREI1 von muß zu REIREI passen im Sinne von 532a |
|              ^^^^^^^^^^^   (konvertierende Trindex).            |
|              Zusammengehörige  ART sind gleich.                 |
|                                                                 |
'-----------------------------------------------------------------'
```

Nach diesem Übersichtsschema ,das sich ohne Arten
im Grunde reduziert auf

    PRIMÄRKLAUSEL [Trindex ,''', Trindex]   ,
                   ^^^^^^^^^^^^^^^^^^^^^^^^

und unter Vorgriff auf den als bekannt vorauszusetzenden
Begriff PRIMÄRKLAUSEL   K1 (siehe Übersichtsschema 6.1) ,
kann jeder Teilfeldaufruf erzeugt werden (V und K wie in 2.1):

z. B. V[1,2:3]   (K1 ist eine aufgerufene Benennung mit V,
                    1 ist ein Index, 2:3 ist ein Trimmer,
                    aufgerufen wird die erste Zelle von V)   ,
z. B. 'IF'B'THEN'V'ELSE'K'FI'[1] (K1 ist speziell eine
                    GEKLAMMERTE Klausel 'IF''''FI',
                    1 ist ein Index,
                    aufgerufen wird je nach B
                    die erste Zelle von V oder K),
z. B. V[]   (Trimmer entfallen , aufgerufen wird V insgesamt) ,
                                                      aber
nicht V (als Teilfeldaufruf fehlen Klammern)   und
nicht 'NIL' [4] ('NIL' ist keine PRIMÄRKLAUSEL , 6.1).

Betrachtet man die im Übersichtsschema angegebenen Arten
des ursprünglichen Feldes K1 und des daraus resultierenden
Teilfeldaufrufs, so sagt die zweischichtige Grammatik u.a.:

a) Es sind nur Teilfeldaufrufe von Feldern der Art
   "(dynamische) Verweis auf (flexible) Reihe von ··· " (Variable)
   oder
   " Reihe von ··· " (Konstante)
   zulässig (siehe Beispiel 2.1.2.1).
   Allerdings sind Konvertierungen anderer(z. B. " Entverweisen")
   in obige Arten möglich (siehe 6.2/10).

b) Beim Teilfeldaufruf eines Feldes der Art
   " Verweis auf ··· " , d.h. eine Variable, entsteht wieder
   " Verweis auf ··· " , d.h. eine Variable (siehe Beispiel 2.1.2.1).

c) Jeder Index vermindert die ursprüngliche Art um eine
   "··· Reihe (von) ···" , Trimmer verändern die Art nicht.
   Ein Teilfeldaufruf nur mit Indizes (ohne Trimmer) ist also
   i.a. (falls ART nicht selbst FELD) kein Feld mehr.

d) Teilfeldaufrufe der Art
   "dynamische Verweis auf ··· " von Feldern der Art
   " Verweis auf flexible Reihe von ···"
   sind zur Übersetzungszeit noch nicht bestimmbar.
   Daher ist es nach der zweischichtigen Grammatik auch nicht
   zulässig , diese "dynamischen" Größen mit "statischen"
   Größen zur Übersetzungszeit z. B. durch eine Verweisung
   zu koppeln (siehe Gegenbeispiel 2.1.2.6).

Nicht grammatisch erfaßte Regeln u.a. über

e) Bedeutung von 'AT'(Ersatzdarstellung für a) bei Indexgrenzen,

f) Erzeugung neuer interner Objekte,insbes.falls Trimmer vorkommen,

g) Bedeutung von 'FLEX' für automatische Indexgrenzen- Expansion

werden induktiv anhand der Beispiele 2.1.2-5 eingeführt.

2.1.2 Beispiele
      =========

   Wie schon in Vorwort des Skriptums angekündigt, muß
in diesem Kapitel auf spätere ausführliche Darstellungen
vorgegriffen bzw. verwiesen werde, um den Leser schneller an
die neuen interessanten Sprachmöglichkeiten , hier
Teilfeldaufrufe , heranzuführen.

So sollte der Leser Sprachkonstruktioren wie

    Schleifen- Klausel   mit dem Programmzeichen 'DO' (4.6),
    Art-Vereinbarung   mit dem Programmzeichen'MODE'(5.10)
    Verweisung   mit dem Programmzeichen :=   (6.3) ,
    Verweisidentitätsrelation mit dem Programmzeichen :=: (6.4)

und andere mehr in weiter hinten liegenden Kapiteln
kurz nachschlagen ,soweit dies zum Verständnis des jeweiligen
Beispiels erforderlich ist.

2.1.2.1 Teilfeldaufruf, Variablen und Konstanten

```
.------------------------------------------------------------------.
|                                                                  |
|   'CO'DU MUSST VERSTEHN, AUS 1 MACH 10,                          |
|       DIE 2 LASS GEHN UND 3 MACH GLEICH, SO BIST DU REICH,       |
|       VERLIER DIE 4, AUS 5 UND 6, SO SAGT DIE HEX,               |
|       MACH 7 UND 8, SO ISTS VOLLBRACHT,                          |
|       UND NEUN IST EINS, UND ZEHN IST KEINS,                     |
|       DAS IST DAS HEXEN-EINMAL-EINS.                             |
|                             (GOETHE, FAUST 1, HEXENKUECHE)'CO'   |
|   'BEGIN'                                                        |
|    'MODE''QUADR'=[1:3,1:3]'INT','REIHE'=[1:3]'INT';              |
|    'QUADR'FAUST:=((10,2,3),(0,7,8),(5,6,4));PRINT(FAUST[2]);     |
|          '-+-'                                  '--+---'         |
|           |                                        |            |
|         .--+--.                                  .--+--.        |
|         '     '                                  '     '        |
|         |-----|                                  |-----|        |
|         |  '--+-----------------.                '-+---* |       |
|         |-----|                 |                |-----| |       |
|         | 'REF' |             .--+--.            | 'REF' |       |
|         . 'QUADR' .           |  +  |            . 'REIHE' .     |
|         '-------'             |  '  |            '-------'       |
|                              |-----|                            |
|                              | 10 2 3 |                         |
|                   .--------+..........+-----.                   |
|                   | 'REIHE' | 0 7 8 | *4-+-'                    |
|                   '--------+..........+-----'                   |
|                              | 5 6 4 |                          |
|                              |-------|                          |
|                              . 'QUADR' .                        |
|                              '-------'                          |
|                                      PRINT( NEWLINE );          |
|    'QUADR' NEUN =(( 2,9,4),(7,5,3),(6,1,8));PRINT( NEUN[2] );   |
|          '-+-'                              '--+----'           |
|           |                                    |               |
|           '--------------------.               |               |
|                                |               |               |
|                              .--+--.           |               |
|                              '     '           |               |
|                              |-----|           |               |
|                              | 2 9 4 |         |               |
|                   .--------+..........+-----.  |               |
|                   | 'REIHE' | 7 5 3 |  |-------'               |
|                   '--------+..........+-----'                   |
|                              | 6 1 8 |                          |
|                              |-------|                          |
|                              . 'QUADR' .        PRINT( NEWLINE );
|              FAUST:=NEUN                         ;PRINT( FAUST[2])|
|   'END'                                                          |
|                                                                  |
'------------------------------------------------------------------'

| Ausgabe
+----------------------------------------------------------------
|                 +0              +7              +8
|                 +7              +5              +3
|                 +7              +5              +3
```

2.1.2.2 Teilfeldaufruf, 'AT' und Abkürzungen

```
'CO'BEDEUTUNG VON AT UND ABKUERZENDER SCHREIBWEISEN'CO'

'BEGIN'

 'CO'VEREINBARUNG EINES REF(,)CHAR FELDS'CO'
 [0:1,2:5]'CHAR'QUOVADIS := (("Q","L","O","V"),
                             ("A","D","I","S"));PRINT(QUOVADIS);

 'CO'AUFGERUFENE BENENNUNG ,KEIN TEILFELDAUFRUF'CO'
          QUOVADIS := QUOVADIS                 ;PRINT(QUOVADIS);

 'CO'TEILFELDAUFRUFE RECHTS SIND REF(,)CHAR FELDER ,
     VERWEISUNG NUR AUF FELDER MIT GLEICHEN INDEXGRENZEN'CO'
          QUOVADIS := QUOVADIS[           ] ;PRINT(QUOVADIS);
          QUOVADIS := QUOVADIS[ ,         ] ;PRINT(QUOVADIS);
                                              PRINT(NEW LINE);

 'CO'TEILFELDAUFRUFE RECHTS SIND REF()CHAR FELDER,
     VERWEISUNG NUR AUF FELDER MIT GLEICHEN INDEXGRENZEN'CO'
 [2:5] 'CHAR'ADIS25    := QUOVADIS[1          ] ;PRINT(ADIS25);
          ADIS25       := QUOVADIS[1,         ] ;PRINT(ADIS25);
 [3:6] 'CHAR'ADIS36    := QUOVADIS[1,    'AT'3] ;PRINT(ADIS36);
          ADIS36       := QUOVADIS[1, :  'AT'3] ;PRINT(ADIS36);
 [1:4] 'CHAR'ADIS14    := QUOVADIS[1, :     ] ;PRINT(ADIS14);
                                                PRINT(NEW LINE);
 [1:3] 'CHAR'ADI13     := QUOVADIS[1, :4     ] ;PRINT(ADI13);
 [3:5] 'CHAR'ADI35     := QUOVADIS[1, :4'AT'3] ;PRINT(ADI35);
                                                PRINT(NEW LINE);
 [1:3] 'CHAR'DIS13     := QUOVADIS[1,3:      ] ;PRINT(DIS13);
 [3:5] 'CHAR'DIS35     := QUOVADIS[1,3: 'AT'3] ;PRINT(DIS35);
                                                PRINT(NEW LINE);
 [1:2] 'CHAR'DI12      := QUOVADIS[1,3:4     ] ;PRINT(DI12);
 [3:4] 'CHAR'DI34      := QUOVADIS[1,3:4'AT'3] ;PRINT(DI34);
                                                PRINT(NEW LINE);
 [0:1] 'CHAR'UDO1      := QUOVADIS[ ,3       ] ;PRINT(UDO1);
                                                PRINT(NEW LINE);

 'CO'TEILFELDAUFRUF RECHTS IST REFCHAR , D.H. KEIN FELD'CO'
          'CHAR'D      := QUOVADIS[1,3       ] ;PRINT(D);
'END'
```

| Ausgabe
+--
|QUOVADISQUOVADISQUOVADISQUOVADIS
|ADISADISADISADISADIS
|ADIADI
|DISDIS
|DIDI
|UD
|D

2.1.2.3 Teilfeldaufruf, Zuordnung oder Erzeugung

```
.--------------------------------------------------------------------.
| 'CO'ZUORDNUNG ZU FESTEN INTERNEN (SUB-) NAMEN ODER                 |
|       ERZEUGUNG NEUER DESKRIPTOREN UND NEUER INTERNER NAMEN'CO'     |
|                                                                    |
| 'BEGIN'                                                            |
|  'MODE''FELD4'=[1:4]'CHAR','FELD3'=[1:3]'CHAR','ELEM'='CHAR';      |
|                                                                    |
|  'CO'ERZEUGUNG EINES INTERNEN REF()CHAR NAMENS FUER DAS FELD,      |
|  ERZEUGUNG FESTER REFCHAR (SUB-) NAMEN ALLER FELDELEMENTE'CO'      |
|  'FELD4' FELD :=("F","E","L","D");                                 |
|           '--+--'                                                  |
|              |          'CO'EIN TEILFELDAUFRUF OHNE TRIMMER ORDNET  |
|              |          FESTEN INTERNEN OBJEKTEN ZU'CO'            |
|              |                     PRINT( FELD[1] :=: FELD[1] );    |
|              |                     '---+---'   '---+---'           |
|              |                         |           |                |
|              |                         |--------------|              |
|              |               fester | Name      Zuordnung          |
|              |               .---+---.           .---+---.          |
|              |               .       .           .       .          |
|              |               |-------|           |-------|          |
|              |               '---+-------.        |  *--+-.         |
|              |               |-------|   |        |-------| |        |
|              |               | 'REF' |   |        | 'REF' | |        |
|              |               . 'FELD4'|   |        . 'ELEM'. |        |
|              |               '-------'    |        '-------'  |        |
|              |                      .--+--.       |  festes |        |
|              |                      .  +  .       |  *-+--------------'  |
|              |                      |     |     F |  Element |        |
|              |                      |-----+-                            |
|              |                      |     |                            |
|              |                   -+'''''''+-                           |
|              |                    ' |  E  | '                          |
|              |                    . |'''''''|. neuer Deskriptor (a#b)  |
|  ------------+->a |  L  |b<+-------------.                            |
|  |               '''''''|  . oder nicht |        (a=b)               |
|  .-------.       . |  D  |  .  .-------.  |                            |
|  .  aa   .       -+---------+-  .   bb  . |                            |
|  |-------|       . 'FELD4' .   |-------| |                            |
|  '-+-->a |       '-------'     |  b<--+-' |                            |
|  |-------|                     |-------|  |                            |
|  | 'REF' |                     | 'REF' |  |                            |
|  . 'FELD3'.                    . 'FELD3'. |                            |
|  '---+---'                     '---+---'  |                            |
|      |                 neuer | Name  (aa#bb)                          |
|      |                 oder  | nicht (aa=bb)                          |
|  .---+---.                    .---+---.                               |
|  PRINT(FELD[2:4]       :=:         FELD[2:4] )                        |
|  'CO'EIN TEILFELDAUFRUF MIT TRIMMERN KANN (JE NACH RECHNER)          |
|       NEUE DESKRIPTOREN UND NEUE INTERNE NAMEN ERZEUGEN'CO'          |
|                                                                    |
|  'END'                                                             |
'--------------------------------------------------------------------'

| Ausgabe (a#b)       <- Je nach Rechner ->        | Ausgabe (a#b)
+--------                                          +--------
|TF                                                |TT
```

2.1.2.4 Rechteckiges Feld

```
'CO'RECHTECKIGES FELD'CO'

'BEGIN'
 'INT'HOEHE,BREITE;READ((HOEHE,BREITE));
 [1:HOEHE,1:BREITE]'CHAR'FELD;

 READ(FELD);
 'FOR'H'TO'HOEHE'DO'PRINT((FELD[H],NEW LINE))'OD'
'END'
```

Eingabe	Ausgabe
2 4RECHTECK	RECH
	TECK

2.1.2.5 Nichtrechteckiges Feld, 'FLEX' , 'STRING'

```
'CO'NICHTRECKECKIGES FELD , VERSION MIT FLEX(CHAR)'CO'

'BEGIN'
 'INT'HOEHE,BREITE;READ(HOEHE);
 [1:HOEHE]'FLEX'[1:0]'CHAR'FELD;

 'FOR'H'TO'HOEHE'DO'READ(BREITE);
  'FOR'B'TO'BREITE'DO'
   READ(FELD[H][B])'OD''OD';
  'FOR'H'TO'HOEHE'DO'PRINT((FELD[H],NEW LINE))'OD'
'END'
```

Eingabe	Ausgabe
3 2VI5ERTEL7ELLIPSE	VI
	ERTEL
	ELLIPSE

'FLEX' kann vor ['''] , aber nicht innerhalb ['''] stehen
und bedeutet, daß die Indexgrenzen vor ['''] beim Teilfeldaufruf
überschritten worden dürfen und "automatisch" mitwachsen.
    Die Indexgrenzen können durch die im Standardvorspiel
(siehe 8.5) vereinbarten Operatoren 'LPB' (obere Grenze) bzw.
'LWB' (untere Grenze) abgefragt werden (siehe auch Beispiel 0.2.1).

```
'CO'NICHTRECHTECKIGES FELD , VERSION MIT STRING'CO'

'BEGIN'MAKETERM(STANDIN,",");
 'INT'HOEHE;READ(HOEHE);
 [1:HOEHE]'STRING'FELD;READ(FELD);

 'FOR'H'TO'HOEHE'DO'PRINT((FELD[H],NEW LINE))'OD'
'END'
```

Eingabe	Ausgabe
3V|,ERTEL,ELLIPSE,|V|	
	ERTEL
	ELLIPSE

Im Standard- Vorspiel (siehe 8.3)
ist die Art 'STRING' vereinbart als

$$\text{'MODE''STRING'='FLEX'[1:0]'CHAR'} \qquad \cdot$$

2.1.2.6 Teilfeldaufruf von 'REF''FLEX' - Feldern

```
'CO'GEGENBEISPIEL,VORSICHT UNZULAESSIGE PROGRAMMTEILE'CO'

'BEGIN'
 CO'TEXT ERZEUGT EINEN INTERNEN REFFLEX()CHAR NAMEN,
    DER AUF EINEN INTERNEN ()CHAR WERT VERWEIST'CO'
 'CO'REF'CO''STRING'TEXT;READ(TEXT);'INT'I;READ(I);

 'CO'TEXT(I) ERZEUGT ZWAR EINEN INTERNEN REFCHAR NAMEN,
    IST ABER GRAMMATISCH DYNAMISCHE-VERWEIS-AUF-ZEICHEN ,
    DAMIT SIND DIE FOLGENDE VERWEISVARIABLEN-VEREINBARUNG,
    DIE GRUND-VEREINBARUNG,DER ROUTINEAUFRUF UND DER
    OPERATIONSAUFRUF UNZULAESSIG, DA SIE GRAMMATISCH EIN
    VERWEIS-AUF-ZEICHEN VERLANGEN.
    AUCH OHNE GRAMMATIK IST DIE UNZULAESSIGKEIT PLAUSIBEL,
    DA DER TEXT FLEXIBLE LAENGE HAT, STUENDE DER UEBERSETZER
    VOR DER AUFGABE, VERWEISE AUF DERZEIT NOCH NICHT
    EXISTIERENDE INTERNE OBJEKTE ZU REALISIEREN'CO'

 'CO'REF'CO''REF''CHAR'VERWEISVARIABLE:=TEXT[I];
                            PRINT(VERWEISVARIABLE);
 'REF''CHAR'GRUND=TEXT[I];
                            PRINT(GRUND);
 'PROC'ROUTINE=('REF''STRING'A,'INT'B)'REF''CHAR':A[B];
                            PRINT(ROUTINE(TEXT,I));
 'OP''OPERATOR'=('REF''STRING'A,'INT'B)'REF''CHAR':A[B];
                            PRINT(TEXT'OPERATOR'I)
'END'
```

Fehlermeldung des Übersetzers. Es sei noch darauf hingewiesen,
daß bezüglich Ihrer internen Speicherung 'FLEX' - Größen notwendigerweise vom Übersetzer wie 'HEAP' - Größen behandelt
werden, d.h. vergleiche auch 7.1.6.

2.2   Strukturen

    Die Vereinbarung einer Struktur kann entweder als
Variablen- Vereinbarung (siehe 5.6)   ,

    z. B.   'STRUCT'('STRING'TAG,'INT'ZEIT)V
    bzw.   'STRUCT'('STRING'TAG,'INT'ZEIT)V:=("DI",14)   ,

oder als dazu äquivalente Grund- Vereinbarung (siehe 5.5)
rechts mit einem Variablen- Erzeuger (siehe 6.9.1)   ,

    z. B.   'REF''STRUCT'('STRING'TAG,'INT'ZEIT)V=
             'LOC''STRUCT'('STRING'TAG,'INT'ZEIT)   ,
erfolgen.

    Man beachte auch hier die bei Variablen- Vereinbarungen
und Variablen- Erzeugern stets vorausgesetzte , aber in der
Schreibweise stets abkürzend fortgelassene Setzung eines
zusätzlichen 'REF' vor die hingeschriebene ART . Dadurch ist die
vereinbarte Größe als linke Seite einer Verweisung (siehe 6.3)
zulässig und hat Variablen- Charakter.

    Soll dagegen eine Struktur vereinbart werden, deren ART nicht
mit 'REF' beginnt und die somit Konstanten- Charakter hat, kommt
nur eine Grund- Vereinbarung in Betracht,

    z. B.   'STRUCT'('STRING'TAG,'INT'ZEIT)K=("DI",14)   ,

Im einzelnen wird auf Kapitel 5 (Vereinbarungen) verwiesen.

    Komponentenaufrufe , wie

    z. B.in ZEIT'OF'V:=14 bzw.in PRINT(TAG'OF'K)   ,

werden im folgenden Abschnitt ausführlich besprochen.
Es gibt darüber hinaus keine Teilfeldaufrufen analoge Möglichkeit,
Teilstrukturen aufzurufen.

    Wie bei Feldern gibt es jedoch die Möglichkeit, die Struktur
insgesamt unter ihrem Strukturnamen (aufgerufene BENENNUNG ,
siehe 6.10.6) aufzurufen,

    z. B.   V:=K

2.2.1 Übersichtsschema für ART Komponentenaufruf
===
(ohne Konvertierungsposit., Vereinbarungenspeicher, Kompragmentare)

```
.-----------------------------------------------------------------.
|                                                                 |
|                    VRWAUFER  REIREI von ART                     |
|                    ^^^^^^^^^^                                   |
|                    Komponentenaufruf                            |
|                             |                                   |
|                             | 531a                              |
| .------------------------------------A-------------------------.|
| |                                    VRWAUFLEXER  REIREI von   ||
| |    ART   Komponente                ^^^^^^^^^^                ||
| |          KOMPKOMP                  Struktur aus KOMPKOMP Art ||
| | aufgerufene Komponentenbenennung  'CF' SEKUNDÄRKLAUSEL       ||
| |     mit GRUNDNAME                                            ||
| |          |                                                   ||
| |          | 48d                                              ||
| |       GRUNDNAME                                              ||
| |                                                             ||
| | Zusatzregeln: Zusammengehörige  ART sind gleich.            ||
| | ------------- Zusammengehörige  REIREI von sind gleich.     ||
| |                                 ^^^^^^^^^^                  ||
| |               Zusammengehörige  KOMPKOMP sind gleich.       ||
| |               VRWAUFER muß zu VRWAUFLEXER passen im Sinne   ||
| |               von 531b (entflexibelt von).                  ||
| |                                                             ||
| '-------------------------------------------------------------'|
'-----------------------------------------------------------------'
```

Nach diesem Übersichtsschema,   das sich ohne Arten
im Grunde reduziert auf

               GRUNDNAME 'OF' SEKUNDÄRKLAUSEL   ,

und unter Vorgriff auf den als bekannt vorauszusetzenden
Begriff SEKUNDÄRKLAUSEL   K2 (siehe Übersichtsschema 6.1) ,
kann jeder Komponentenaufruf erzeugt werden (V und K wie in 2.2):

   z. B. TAG'OF'V   (der GRUNDNAME TAG ist vereinbart als
                      zweiter Komponentenname von V,
                      K2 ist eine aufgerufene Benennung mit V)   ,

   z. B. TAG 'OF''IF'B'THEN'V'ELSE'K'FI' (K2 ist speziell eine
                      GEKLAMMERTE Klausel
                      'IF''''FI' ,
                      aufgerufen wird je nach B
                      die erste Komponente
                      von V oder K), aber

nicht V (kein Komponentenaufruf,sondern aufgerufene BENENNUNG) und

nicht TAG'OF''NIL' ('NIL' ist keine SEKUNDÄRKLAUSEL , 6.1).

   Betrachtet man die im Übersichtsschema angegebenen
Arten der ursprünglichen Struktur K2 und des daraus
resultierenden Komponentenaufrufs, so sagt die zweischichtige
Grammatik u.a.:

a) Es sind nur Komponentenaufrufe von Strukturen der Art
   "(dynamische) Verweis auf (flexible)
    (Reihe ''' Reihe von) Struktur aus ''' " (Variable) oder
   "(Reihe ''' Reihe von) Struktur aus ''' " (Konstante)
   zulässig.
   Allerdings sind Konvertierungen anderer Arten
   (z. B. " Entverweisen") in obige Arten möglich (siehe 6,2).

b) Beim Komponentenaufruf einer Struktur der Art
   " Verweis auf ''' " , d,h. eine Variable, entsteht wieder
   " Verweis auf ''' " , d,h. eine Variable.

c) Ein Komponentenaufruf hat, abgesehen von " Verweis ''' " und
   " Reihe ''' " die Art der aufgerufenen Komponente,
   ist also i.a. (falls ART nicht wieder STRUKTUR ist)
   selbst keine Struktur mehr.

d) Komponentenaufrufe der Art
   "dynamische Verweis auf Reihe ''' Reihe von ''' "
   von Strukturen der Art
   " Verweis auf flexible Reihe ''' Reihe von Struktur aus ''' "
   sind zur Übersetzungszeit i.a. noch nicht bestimmmbar.
   Daher ist es nach der zweischichtigen Grammatik auch nicht
   zulässig, diese "dynamischen" Größen mit anderen "statischen"
   Größen zur Übersetzungszeit z. B. durch eine Verweisung
   (siehe 6,4) zu koppeln (vergleiche Beispiel 2.1.2.6).

Nicht grammatisch erfaßte Regelungen u.a. über

e) Erzeugung neuer interner Objekte,

f) Verkettung von internen Objekten durch Strukturen und

g) Erzeugung interner Objekte (mittels Variablenerzeugern)
   ohne externe Namen

werden induktiv anhand der Beispiele 2.2.2.1-3 eingeführt.

2.2.2 Beispiele
=========

   Die Vorteile (und Nachteile) von Strukturen gegenüber Feldern
sind bereits in der Gegenüberstellung zu Anfang dieses
Abschnitts (2.2) erwähnt worden.

   Dem ALGOL 66- Programmierer erschließt sich durch Verwendung
von Strukturen ein neues Gebiet, das mathematisch der
Relationen- Algebra (Relationen- Diagramme, Bäume, " Verbunde")
und der Graphen- Theorie (gerichtete Graphen), programmiertechnisch
den Listen- Strukturen (LISP 1960) und in den Anwendungen
hauptsächlich den Dokumentationssystemen (engl. Information
retrieval) zugerechnet wird.

   Im Hinblick auf Dokumentationssysteme kommt dem Beispiel
2.2.2.2b über " Struktur- Ketten" beliebiger Länge ohne
extern zu vereinbarende Namen besondere Bedeutung zu.

   Aber auch einfachste Strukturen wie z. B. die komplexen Zahlen
in Beispiel 2.2.2.3 sind elegant und Laufzeit-optimal
programmierbar.

2.2.2.1 Struktur- Zyklus

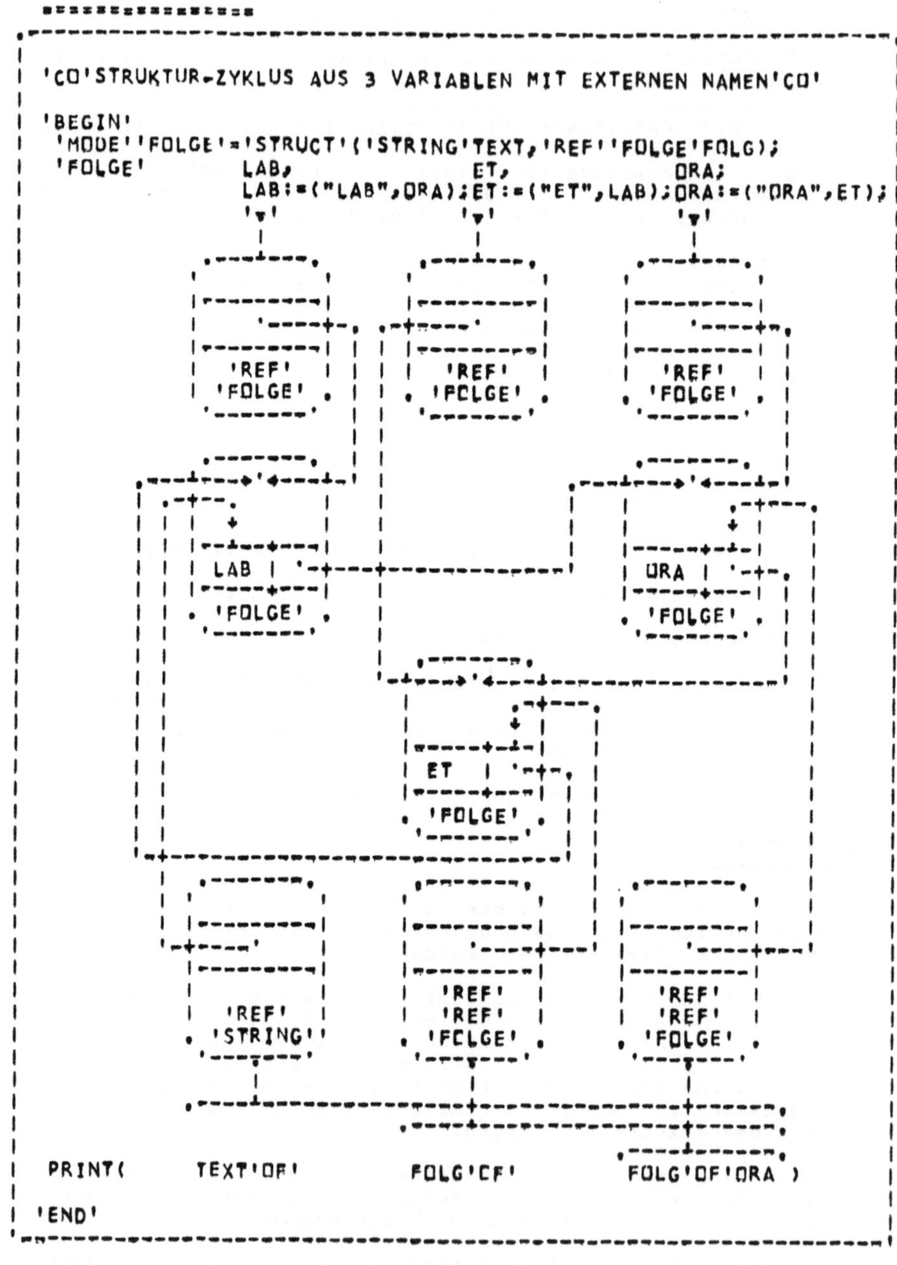

2.2.2.2 Struktur- Ketten, 'NIL' , 'HEAP' Variablenerzeuger

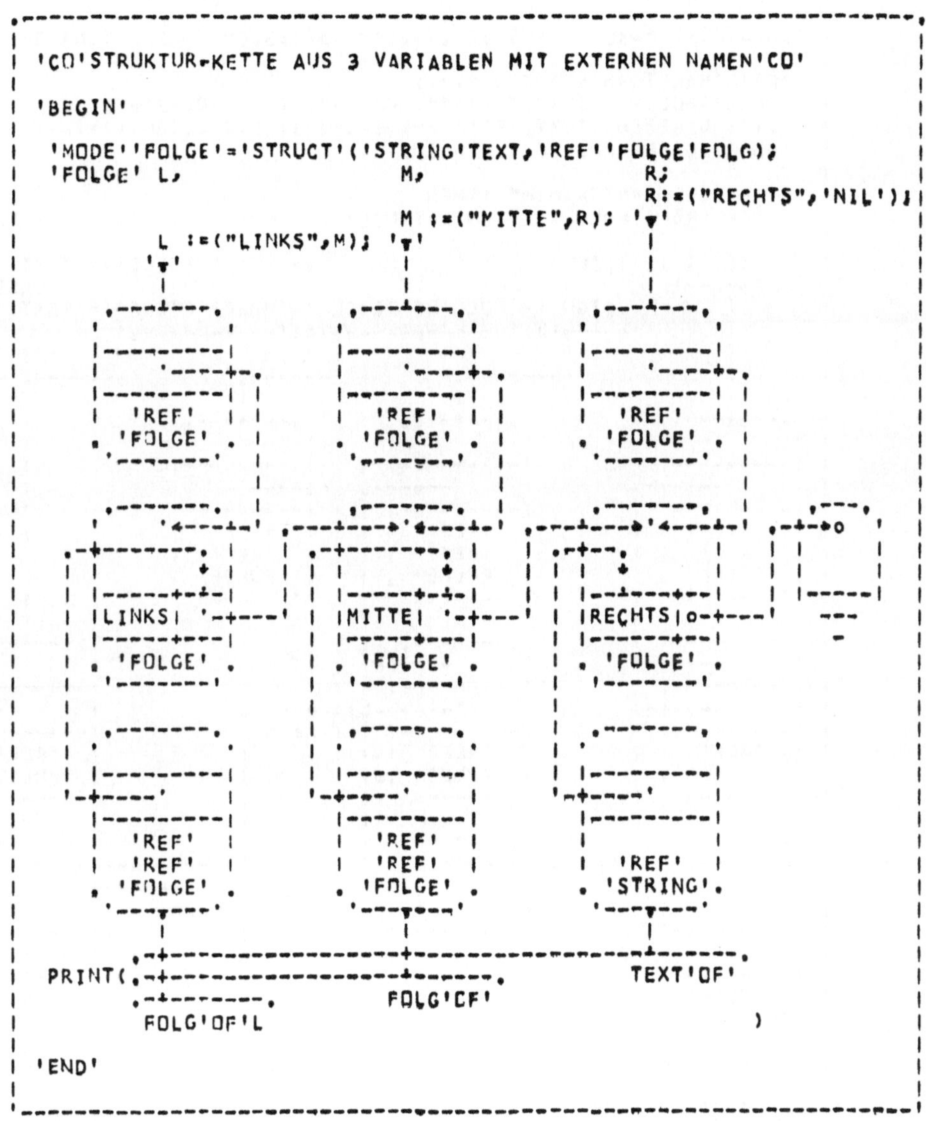

     | Ausgabe
     +---------
     |RECHTS

In R:=("RECHTS",'NIL') hat der Leerverweis 'NIL' (siehe 6.8.2)
die Art 'REF''FOLGE' und verweist somit auf eine Endstation
der Art 'FOLGE' .

(vgl. 9.2.4.2)

```
'CO'STRUKTUR-KETTE AUS BEL.VIELEN VARIABLEN OHNE EXT.NAMEN'CO'

'BEGIN'MAKETERM(STANDIN,",")3
 'MODE''FOLGE'='STRUCT'('STRING'TEXT,'REF''FOLGE'FOLG);
 'STRING'BEFEHL,TEXT;'REF''FOLGE'ZEIG1,ZEIG,ZEIGN:='NIL';
 'DO'READ((BEFEHL,TEXT,NEWLINE))3

  'IF'BEFEHL="TEXTEIN" 'THEN'
  'IF''REF''FOLGE'(ZEIGN):='NIL'                          'THEN'

    ZEIG1 := ZEIGN                          :='HEAP''FOLGE':=(TEXT,'NIL')
    '------'                                              'ELSE'
            ZEIGN := FOLG'OF'ZEIGN :='HEAP''FOLGE':=(TEXT,'NIL')
            '----'b)'----------'a)'----------'
                                                          'FI''FI';


    .---+---.           .---+---.           .---+---.
    .       .           .       .           .       .
    |-------|           |-------|           |-------|
    |   '---+-.         |   '--+-.      .-+---'     |
    |-------| |         |-------| |     |-------|   |
    |'REF'  | |         |'REF'  | | |   |'REF'  |   |
    |'REF'  | |         |'REF'  | | |   |'REF'  |   |
    .'FOLGE'. |         .'FOLGE'. | |   |'FOLGE'.   |
    '-------'  |        '-------'  | |   '-------'   |

    .-------.  |        .-------.  | |              .---+---.
    . '4---+-' |        . '4---+-' | |              .       .
    |-------|  |        |-------|  | |              |-------|
    |   '---+-.|        |   '---+-b)+-----.         |   '---+-.
    |-------| ||        |-------| | | nach |        |-------| |
    |'REF'  | ||        |'REF'  |v| |      |        |'REF'  | |
    .'FOLGE'. ||        .'FOLGE'.o| |      |        .'FOLGE'. |
    '-------' ||        '-------'r| |      |        '-------' |

    .-------. ||        .-------. | |      |        .-------. |
    . '4---+-'||      .-+---'4--+-'.|      |        .---------+--> 4---+-'|
    | |      ||      | |      .-+--'|      .---------+-->.           |    |
    |-|      ||      | |      + |   | nach |         |   |           |    |
    |---+----||      | |      | |   |------+----.    |---+----|      |    |
    | 1 | '-+- 2 3 4 | 5 |  '-+---------a)------. | 6 | o-+-.|
    |---+----|       |---+----|          vor    | |---+----| ||
    .'FOLGE'.        .'FOLGE'.                  | .'FOLGE'. ||
    '-------'        '-------'                  | '-------' ||
                                               |
  'IF'BEFEHL="FOLGAUS"'THEN'ZEIG:=ZEIG1;       |  .-------. ||
   'WHILE''REF''FOLGE'(ZEIG)+='NIL'            '-+---+o+---+-'|
    'DO''IF'TEXT'OF'ZEIG=TEXT                   |---------|
        'THEN'PRINT(TEXT'OF'FOLG'OF'ZEIG);WEITER     -----
            'ELSE'ZEIG:=FOLG'OF'ZEIG'FI'             -
    'OD';WEITER:PRINT(NEW LINE)'FI'

  'OD'
 'END'
```

```
| Eingabe  | Ausgabe
+---------+--------+
|TEXTEIN,1,|3
|TEXTEIN,2,|5
|TEXTEIN,3,|
|FOLGAUS,2,|
|TEXTEIN,4,|
|TEXTEIN,5,|
|FOLGAUS,4,|
|TEXTEIN,6,|
```

Das Programm endet, wenn die Eingabedaten erschöpft sind.
Fehlermeldungen für den Fall der Eingabe bereits vorhandener
und den Fall der Ausgabe noch nicht vorhandener Texte
wurden der Kürze halber aus dem Programm fortgelassen.

   Die Art der Zeiger kann nicht ein 'REF' , sondern muß zwei
'REF's aufweisen, da sonst durch ZEIGN:='FOLG'OF'ZEIGN der
alte Endwert von ZEIGN nicht als n-tes internes Objekt der Kette
erhalten bliebe, sondern durch den neuen Endwert von ZEIGN , d.h.
das n+1-te interne Objekt der Kette, überschrieben würde.
Ohne das Zwischenglied 'HEAP''FOLGE' (Variablenerzeuger 6.9.1)
wäre die Verweisung FOLG'OF'ZEIGN:=(E,'NIL') inkorrekt, da dann
die Art der linken Seite zwei 'REF's mehr hätte als die Art
der rechten Seite.

   In diesem einfachen Beispiel mit nur einem Bereich
'BEGIN'...'END' (ohne untergeordnete Bereiche) kann statt
'HEAP''FOLGE' auch 'LOC''FOLGE' geschrieben werden.

2.2.2.3 Komplexe Wurzel aus z (Imaginärteil > 0) nach Newton
        ===

```
.----------------------------------------------------------------------.
|                                                                      |
| 'CO'KOMPLEXE WURZEL AUS Z (IMAGINAERTEIL GROESSER O) NACH            |
|    NEWTON'CO'                                                        |
|                                                                      |
| 'BEGIN'                                                              |
|                                                                      |
|  'PROC'WURZEL=('COMPL'Z,'REAL'EPS)'COMPL':                           |
|   'BEGIN'                                                            |
|    'COMPL'Z1:=Z,Z2;                                                  |
|                                                                      |
|    'WHILE''ABS'((Z2:=(Z1+Z/Z1)/2)-Z1)>EPS'DO'Z1:=Z2'OD;             |
|    Z2                                                                |
|   'END';                                                             |
|                                                                      |
|  'COMPL'ZO;READ(ZO);PRINT(WURZEL(ZO,1„-4))                           |
| 'END'                                                                |
|                                                                      |
'----------------------------------------------------------------------'
```

```
| Eingabe | Ausgabe
+--------+-----------------------------------------+
| 0¦18     |+3.000000000E +0 |+3.000000000E +0
```

Im Standard- Vorspiel (siehe 8.3)
ist die Art 'COMPL' (abgesehen von 'LENG') vereinbart als

$$\text{'MODE''COMPL'='STRUCT'('REAL'RE,IM)}$$

und die Operatoren 'RE' und 'IM' als

```
'OP''RE'=('COMPL'A)'REAL':RE'OF'A ;
'OP''IM'=('COMPL'A)'REAL':IM'OF'A
```

so daß statt Eingabe von   0.18   mit   READ(ZO)
auch   Eingabe von   0 18   mit   READ((RE'OF'ZO,IM'OF'ZO))
oder   mit   READ(('RE'ZO,'IM'ZO))
oder   mit   READ(ZO)
möglich wäre.

2.3	Testfragen (mit Nummernhinweisen)	Antworten
2.1	Ist jeder Aufruf eines Feldes ein Teilfeldaufruf ?	nein z. B. FELD
2.1	Ist jeder Teilfeldaufruf ein Feld ?	nein z. B. FELD[2,3]
2.1	Welche der folgenden sind korrekte Teilfeldaufrufe ?	
	FELD[1'AT'2]	nein
	'BEGIN'FELD'END'[2,3]	Ja, K1 ist eine GEKLAMMERTE Klausel 'BEGIN'FELD'END'
	FELD[2][3]	Ja, K1 ist selbst ein Teilfeldaufruf FELD[2]
2.1.2.1	Was ist inkorrekt im folgenden Programm ? ([1:2]'REAL'K=(2.7,2.7);READ(K[2]);PRINT(K))	Konstante K[2] in READ (siehe 9.3.1)
2.1.2.1	Was ist inkorrekt im folgenden Programm ? ([1:2]'REAL'K=(2.7,2.7);K[2]:=3.1 ;PRINT(K))	Konstante K[2] in K[2]:= (siehe 6.3)
2.1.2.2	Es sei vereinbart	
	[-1:2,3:4]'CHAR'FELD:=(("A","B"), ("C","D"), ("E","F"), ("G","H"))	
	Was wird ausgedruckt ?	
	PRINT(FELD)	ABCDEFGH
	PRINT(FFLD[])	ABCDEFGH
	PRINT(FELD[,])	ABCDEFGH
	PRINT(FELD[1])	EF
	PRINT(FFLD[1,])	EF

```
        Welche Indexgrenzen haben die Felder    ? |
                                                   |
                    FELD[1,    'AT'2]              | [2:3]
                    FELD[1, :      ]              | [1:2]
                    FELD[1, : 'AT'2]              | [2:3]
                    FELD[1, :4     ]              | [1:2]
                    FELD[1, :4'AT'2]              | [2:3]
                    FELD[1,3       ]              | [1:2]
                    FELD[1,3: 'AT'2]              | [2:3]
                    FELD[1,3:4     ]              | [1:2]
                    FELD[1,3:4'AT'2]              | [2:3]
                    FELD[ ,3       ]              | [-1:2]
                                                   |
2.1.2.3  Es sei vereinbart                         |
                                                   |
    [1:1]'INT'EINS;EINS[1]:=1                       |
                                                   |
        Was wird ausgedruckt    ?                  | Je nach Rechner
                                                   |
6.4     PRINT(EINS[1:1]:=:EINS[1:1])               | T bzw. F
        PRINT(EINS:=:EINS)                         | T
        PRINT(EINS:=:EINS[1:1])                     | T bzw. F
                                                   |
2.2     Ist jeder Aufruf einer Struktur            | nein, z. B. ZEUGE
        ein Komponentenaufruf    ?                 | (siehe unten ZEUGE)
                                                   |
2.2     Ist jeder Komponentenaufruf                | nein, z. B.
        eine Struktur    ?                         | WAHRHEIT'OF'ZEUGE
                                                   | (siehe unten ZEUGE)
                                                   |
2.2     Was ist inkorrekt im folgenden Programm ?| 
                                                   |
    ('COMPL'K=2.7 ⊥ 2.7;IM'OF'K:=3.1;PRINT(K))    | Konstante IM'OF'K in
                                                   | der Verweisung (6.3)
                                                   |
2.2.1 Es sei vereinbart                            |
                                                   |
    [1:5000]'STRUCT'('STRING'NAME,'INT'MATRIKEL)|
                              STUDENT ;            |
                              READ(STUDENT);       |
        Wie druckt man mit möglichst  wenig        |
    Klammern aus :                                 |
                                                   |
    den NAME n des 5-ten STUDENT en    ?           | PRINT(NAME'OF'
                                                   |     STUDENT[5])
                                                   |
    die MATRIKEL des 5-ten STUDENT en    ?         | PRINT(MATRIKEL'OF'
                                                   |     STUDENT[5]   )
                                                   |
0.1     Wie lautet der entsprechende PRINT in 0.1| PRINT((NAME'OF'(
    mit möglichst  wenig Klammern, falls AHNE     |     AHNE'OF'(
    als Feld definiert wird    ?                   |     AHNE'OF'(
                                                   |     AHNE'OF'(
2.2.1 'MODE''TAFEL'='STRUCT'('STRING'NAME,EDITOR, |     AHNE'OF'(
                          'INT'JAHR,               | A8)[1])[1])[1])[3]),
                    [1:3]'REF''TAFEL'AHNE)         |  ...
                                                   |
```

2.2.1   Es sei vereinbart |

           'STRUCT'([1:5]'STRING'FACH,'INT'MATRIKEL) |
                                      KANDIDAT ; |
                                   READ(KANDIDAT) |

               Wie druckt man mit möglichst wenig |
           Klammern aus : |

           das 5-te FACH des KANDIDAT en   ? | PRINT(
                                                       | (FACH'OF'KANDIDAT)
                                                       | [5])
                                                       | Ohne Klammern wäre
                                                       | FACH'OF'KANDIDAT
                                                       | keine Kl (siehe 6.1)
           die MATRIKEL des KANDIDAT en   ? | PRINT(MATRIKEL'OF'
                                                       | KANDIDAT   )
                                                       |
2.2.1   Es sei vereinbart |

           'STRUCT'('BOOL'WAHRHEIT,'STRING'AUSSAGE) |
                                      ZEUGE ; |
                                   READ(ZEUGE) |

               Welche der folgenden sind korrekte |
           Komponentenaufrufe   ? |

           WAHRHEIT bzw AUSSAGE bzw ZEUGE | keine ,aber ZEUGE
                                                       | ist korrekte
                                                       | aufgerufene Benennung
           WAHRHEIT'OF'AUSSAGE bzw AUSSAGE'OF'WAHRHEIT | keine
           WAHRHEIT'OF'ZEUGE bzw AUSSAGE'OF'ZEUGE | beide
           WAHRHEIT'OF'AUSSAGE'OF'ZEUGE | nein
           AUSSAGE'OF''BEGIN'ZEUGE'END' | Ja
           AUSSAGE'OF'(ZEUGE) | Ja
           (AUSSAGE)'OF'ZEUGE | nein, (AUSSAGE)
                                                       | ist kein GRUNDNAME
           'IF'WAHRHEIT'OF'ZEUGE'THEN'WAHRHEIT | nein ,
                         'ELSE'AUSSAGE'FI' | 'IF''''FI' IST KEIN
                         'OF'ZEUGE | GRUNDNAME
           MATRIKEL'OF' | Ja
            'IF'WAHRHEIT'OF'ZEUGE'THEN'STUDENT[5] |
                         'ELSE'KANDIDAT'FI' |
                                                       |
2.2.2.3 Schreibe ein Programm zum Einlesen | nach der bekannten
        der komplexen Zahlen a,b und Ausdrucken der | Lösungsformel
        konjugiert komplexen Lösungen z1/2 | -a/2+-sqrt(a*a/4-b)
        der quadratischen Gleichung z*z+a*z+b=0 |
                                                       |

3   PROGRAMM, EIGENTLICHES PROGRAMM

In ALGOL 68 ist das " Programm" so umfassend definiert,
daß es

- die gesamte Programmbibliothek
  (" Standard Vorspiel", " Bibliothek Vorspiel"),

- das gesamte Betriebssystem
  (" Betriebssystem Vorspiel", " Betriebssystem Spiel",
  "eigentliche Vorspiel", "eigentliche Nachspiel")

- und alle eigentlichen Benutzer- Programme
  ("eigentliche Programm")

beschreibt und zeitlich koordiniert
(siehe Übersichtsschema 3.1).

Das Programm beschreibt also den gesamten Betrieb
einer Rechenanlage vom Start bis zum Wiederabschalten
des Betriebssystems.

Die vom Benutzer schließlich selbst zu programmierenden
"eigentlichen Programm"e (in ALGOL 60 " Programm" genannt)
denkt man sich dabei als bereits sämtlich vorhanden und in
der vom Betriebssystem gewünschten Reihenfolge aufrufbar.

Grundsätzlich verschiedenartige Rechner- Ausstattungen
(Auslegung mit mehreren Prozessoren,spezielle Betriebsarten
wie Stapel- bzw. Dialogbetrieb etc.) können verständlicherweise
durch den im Report angegebenen Betriebssystemteil noch nicht
erfaßt sein.
Grundsätzlich gleichartige und nur quantitativ verschiedene
Rechner- Ausstattungen, wie z. B. die Zahlenlänge INTWIDTH,
sind laut Report im Betriebssystem bereits generell erfaßt,
indem z. B. INTWIDTH im Standard Vorspiel als abfragbar
vereinbart wird und dann später im eigentlichen Programm bei
Bedarf abgefragt werden kann.

Derart einheitliche Behandlung ist auch für alle
Ein- Ausgabegeräte inclusive Speicher (abstrakt als lesbare
oder beschreibbare " Bücher" definiert) in den Übergabe-
Prozeduren des Standard- Vorspiels vorgesehen (siehe Kapitel 9).

Abgesehen von Pragmentaren sind alle im Report vorhandenen
Teile der Programmbibliothek und des Betriebsystems in ALGOL 68
selbst geschrieben. Auch der (noch nicht vorhandene Übersetzer)
könnte zum großen Teil in ALGOL 68 selbst geschrieben werden.
Aus Gründen der Laufzeitoptimierung könnten allerdings
die Programmbibliothek oder das Betriebssystem ganz oder teilweise
in der jeweiligen Maschinensprache entsprechend der ALGOL 68-
Dokumentation des Reports geschrieben werden.

3.1 Übersichtsschema für Programm
==============================

(ohne Konvertierungspositionen,
DEF Vereinbarungenspeicher und Kompragmentare)

```
                                                               Programm 22a
                                                                 +     A1a
  .-------------------------------------------------------^------------------------.

  .-------------------------------------------------------------------------------.
  |                                                  ge/          ge/             |
  |                             Betriebs/   Betriebs/   Betriebs/ klammerte     klammerte    |
.-{ Standard Bibliothek system    'PAR' { system ,''',system , Benutzer ,''', Benutzer { }-.
| | Vorspiel Vorspiel   Vorspiel           Spiel       Spiel    Spiel *)      Spiel *)  | |
| |   +         | ^^^^+^^^^^   |             +          |         |            |         | |
| | Report      |          | Report         | Report    |         |            |         | |
| | 10.2-3      |          | 10.4.1         | 10.4.2    |         |            |         | |
| |            -+---------+---------+--------+-----------+---------+---v--------+----     | |
|   |           |         |         |        |                    | A1f                  |
|   |           |         |         |        |        .---------------------------------.|
|   |           |         |         |        |        .---------------------------------.|
|   |           |         |         |        |        |    .----------------.           ||
|   |           |         |         |        |        | eigentliche | eigentliche |  eigentliche||
|   |           |         |   '-----.|.------'        { Vorspiel { Programm  } ; Nachspiel } ||
|   |           |        |||.----------------+--------+-'  +      |  |        |   |    +    | ||
|   |           |        ||||                 |        | Report   '--------+--'   | Report  | ||
|   |           |        ||||                 |        | 10.5.1           |       | 10.5.2  | ||
|   |           |        ||||                 |        '-----------------------+---------------'|
|   |           |        |||| A1c             | A1e                  | A1g       | A1i         |
|   |           .^^^^^------.                  |        .------------^-------,    |            |
|   |           artleere                       |        artleere            artleere          |
|   |           serielle  ;      artleere     Ziel ''' Ziel: GEKLAMMERTE    serielle          |
|   |           Klausel           Klausel     ^^+^^^^^^^^^^^^^ Klausel      Klausel           |
|   |           mit VSPEICHER     |            |                 |          mit STOP          |
( (  )          |                 |            |                 |            | (  )     )
<    >          siehe             siehe        GRUNDNAME 32c    siehe        siehe <    >
('BEGIN')       4.1               6.1                            4.1          4.1   ('END')
```

Abkürzungen: Ziel bedeutet Ziel vereinbarende Benennung mit GRUNDNAME

Zusatzregeln: Zusammengehörige Klammern { } sind gleichartig darzustellen, z. B. ( )   .
------------   Minimalausstattungen + sind im Revised Report verbindlich festgelegt.
*)   Bezeichnung,die so nicht im Report vorkommt.

Nach diesem Übersichtsschema können alle Programme erzeugt
werden. Der Form nach ist jedes Programm eine "artleere geklammerte
serielle Klausel" (A3.1 Hyperregel 22a) mit der im Übersichtsschema 3.1 (A3.1 Hyperregel Ala) angegebenen Minimalausstattung.

Beispiele für Programme kann der Leser wegen des beachtlichen
Umfangs auch des kürzesten Programms (siehe Einführung zu
diesem Kapitel) hier nicht erwarten.

3.1.1 Standard Vorspiel
==================
Das für alle Rechner obligate Standard- Vorspiel, Revised
Report 10.2-3, ist in diesem Skriptum in Kapitel 8 (Operationen,
Funktionen etc.) und in Kapitel 9 (Daten- Übergabe) wiedergegeben.

Das Standard Vorspiel enthält u.a. Vereinbarungen

- der abfragbaren Rechner- Konstanten, z. B. BITSWIDTH ,

- der Standard- Arten, z. B. 'INT' ,

- des Standard- Vorrangs von Operationen,z. B. 'PRIO'+=6 ,

- der Standard- Operationen, z. B. + ,

- der Standard- Funktionen, z. B. SIN() ,

- der Standard- Synchronisierungs- Operationen, z. B. 'UP' ,

- der abfragbaren Rechner- Standard- Format- Konstanten,
                                       z. B. INTWIDTH

- und der Standard- Übergabe, z. B. READ() ,

3.1.2 Bibliothek Vorspiel
====================
Im Bibliothek Vorspiel wird derjenige Teil der
Programmbibliothek vereinbart, der nur für den jeweiligen
Rechner, aber nicht für alle anderen Rechner obligat ist.

3.1.3 Betriebssystem Vorspiel
=====================
Der für alle Rechner obligate Teil des Betriebssystem
Vorspiels , Revised Report 10.4.1a, enthält die Vereinbarung
eines Signals GREMLINS zur Synchronisierung des Ablaufs
der " Betriebssystem Spiel"e und der "geklammerten Benutzer
Spiel"e.

3.1.4 Betriebssystem Spiel
====================
Der für alle Rechner obligate Teil des Betriebssystem Spiels,
Revised Report 10.4.2a, enthält Aufrufe von Synchronisierungs-
operationen 'UP' bzw. 'DOWN' für die Signale GREMLINS (vereinbart
im Betriebssystem Vorspiel) und BFILEPROTECT (vereinbart im
Standard Vorspiel für die Übergabe- Prozeduren).

3.2   Eigentliches Programm

    Das vom Benutzer selbst zu schreibende "eigentliche Programm"
kann mit Zielvereinbarungen (siehe 5.2) beginnen und besteht dann
aus einer GEKLAMMERTEn Klausel (siehe 4.1), z. B.

```
START:'BEGIN''STRING'TEXT;READ(TEXT);(TEXT="START" | START)'END'
```

3.3   Eigentliches Vor- und Nachspiel

    Das "eigentliche Vorspiel" und das "eigentliche Nachspiel"
verwalten u.a. die Öffnung und Schließung der " Bücher"
genannten Ein/ Ausgabegeräte und der Standard- Dateien (siehe 9).

    Das "eigentliche Vorspiel" (Report 10.5.1) jedes
eigentlichen Programms enthält auch die Initialisierung
und Vereinbarung der Prozedur RANDOM (abgesehen von 'LONG')
unter Verwendung der Standard- Prozedur NEXT RANDOM (siehe 8.6):

```
'INT'LAST RANDOM:='ROUND'(MAXINT/2);
'PROC'RANDOM='REAL':NEXT RANDOM(LAST RANDOM);
```

    Das "eigentliche Nachspiel" (Report 10.5.2) jedes
eigentlichen Programms enthält auch ein Sprungziel STOP ,
das aus der GEKLAMMERTE n Klausel angesprungen werden kann,z. B.

```
'BEGIN''STRING'TEXT;READ(TEXT);'IF'TEXT="STOP"'THEN'STOP'FI''END'
```
                                                              .

3.4 Testfragen (mit Nummernhinweisen)	Antworten
3.1 Ist das Betriebssystem Teil des Programms ?	Ja
3.1 Ist die Programmbibliothek Teil des Programms ?	Ja
3.1 Kann das Betriebssystem (des Programms) mehrere eigentliche Programme (u. U. verschiedener Benutzer) verwalten und außer seriell nacheinander auch synchronisiert- kollateral (parallel oder sonst quasi- gleichzeitig) abarbeiten ?	Ja beachte 'PAR' in 3.1 und siehe 4.3
3.2 Wieviele zusätzliche KLAMMERUNGen des " Programm"s (siehe auch" Programmtext" A1a) schließen die"artleere GEKLAMMERTE Klausel" des "eigentliche Programm"s ein ?	4
3.3 Wie kann man aus der "artleere GEKLAMMERTE Klausel" des "eigentliche Programm"s herausspringen :	
- vor die "artleere GEKLAMMERTE Klausel" ?	'GOTO'ZIEL , ZIEL voransetzen
- hinter die "artleere GEKLAMMERTE Klausel" ?	'GOTO'STOP , STOP vorhanden im eigentlichen Nachspiel

4   GEKLAMMERTE Klauseln
=====================

Eine" ÄRT   GEKLAMMERTE   Klausel" (siehe GEKLAMMERTE   A2,5 und
Übersichtsschema   für   ÄRT   GEKLAMMERTE   Klausel 4,1)
kann im einzelnen sein: eine in

```
( 'BEGIN' ''' 'END' )("geklammerte serielle Klausel"          (4,2))
<                      ><"geklammerte kollaterale Klausel"     (4.3)>,
(    (    '''    )     )| geklammerte" Eigenfeld- Klausel"      (4.4)|
                        ( geklammerte" Eigenstruktur- Klausel"(4.4))

(  'PAR'  '''  'END' )
<                     >  geklammerte"synchronisierbare Kl."  (4,3) ,
(  'PAR'  '''     )   )

(  'IF'   '''   'FI' )
<  'CASE' '''  'ESAC'> "geklammerte UNTERSCHEIDUNG- Klausel"(4,5) ,
(    (    '''   )    )

(  'FOR'   '''  'OD' )
|  'FROM'  '''  'OD' |
<  'BY'    '''  'OD' >  geklammerte" Schleifen- Klausel"      (4,6) .
|  'TO'    '''  'OD' |
|  'WHILE''''   'OD' |
(  'DO'    '''  'OD' )
```

Dabei ist von der Art

```
                       ("geklammerte serielle Klausel"          (4,2))
"ÄRT"          -die  <                                              >,
                       ("geklammerte UNTERSCHEIDUNG- Klausel"(4,5))
                       ("geklammerte kollaterale Klausel"       (4.3))
"artleere"     -die  <           "synchronisierbare Kl."  (4.3)>,
                     (           " Schleifen- Klausel"       (4,6))
" Reihe'''"    -die              " Eigenfeld- Klausel"      (4,4) ,
" Struktur'''" -die              " Eigenstruktur- Klausel"(4,4) .
```

In ALGOL 60 - Sprechweise ist
eine "artleere GEKLAMMERTE   Klausel"
   ein " Programm bzw, Block bzw.(zusammengesetzte) Anweisung" und
eine " ART   GEKLAMMERTE   Klausel"
   ein "geklammerter Ausdruck" .

Das "eigentliche Programm" (siehe 3,1) ist
- abgesehen von möglichen vorgesetzten Zielvereinbarungen -
stets eine "artleere GEKLAMMERTE   Klausel", beispielsweise:

```
'BEGIN'PRINT("GI");PRINT("NA")'END'             (artl.gekl,ser, K),

'BEGIN'PRINT("LO"),PRINT("LO")'END'             (artl.gekl,koll.K),

'TO'2'DO'PRINT("LO")'OD'                         (artl.Schleif,- K),

("GINA">"LOLO" | PRINT("GINA") | PRINT("LOLO"))(al.g.UNTERSCH- K),

'PAR'(('DOWN'S;PRINT("GI");PRINT("NA");'UP'S),
      ('DOWN'S;PRINT("LO");PRINT("LC");'UP'S)) (artl.synchrnsb.K),
```

Beim letzten Beispiel wird das Synchronisierungssignal S
als im eigentlichen Vorspiel durch   'SEMA'S='LEVEL'1
vereinbart vorausgesetzt.

4.1 Übersichtsschema für ÄRT GEKLAMMERTE Klausel
===
        (ohne Konvertierungspos, DEF Vereirbarungensp, Kompragmentare)

```
                                                              ÄRT
                                                              GEKLAMMERTE
                                                              Klausel
                                                              | Alg,32d,122 A
 .-----------------------------------------------------------------------------.
 ÄRT            artleere     ÄRT           artleere   artleere   Reihe     Struktur aus
 geklammerte    Schleifen-   geklammerte   synchroni/ geklammerte REIREIER KOMPKOMP
 UNTERSCHEIDUNG-Klausel      serlelle      sierbare   kollaterale von ART  Eigenstruktur-
 Klausel        |            Klausel       Klausel    Klausel    Eigenfeld- Klausel
 |              siehe               | 31a              | 33c     | 33a      Klausel 33d | 33e
 siehe dort     dort        .-----------^-------.      |         |          | auch ⌊⌋ |
                            :---------------------:    |         |          | erlaubt |
                            | ÄRT               |      |         ÄRT '----------,|.---------.
 ÄRT serlelle               ⌊ serlelle        ⌋ |      |         kollaterale |||
 Klausel mit ---------------+- Klausel          |      |         Klausel     |||
 VSPEICHER                  '-----------+-------'      |         | 33b       |||
 | 32b                            | 32b              .^---------------+---------+++--.
 |                          .------------------.       .---+----------AA-.
 .-----------^--------.          ÄRT serlelle          .^----------.
 Vs ; Kaj'''; Ka; ÄRT      Vs ; Klausel mit       'PAR' ⌊ Kx, Kx,''', Kx ⌋
 ^^^^ ^^^^^^^^^^^^ K       ^^^^ ZSPEICHER          (       (     ) |        '( )  )
                             |                     <       >-'          '-4      >
              siehe dort     |                     ( 'BEGIN' )               ( 'END' )
 .--------------^--------.  .--------^---------------------------------^----------.
       kollaterale          kollaterale    ÄRT elgentliche         ÄRT elgentliche
       Vereinbarung*);'''; Vereinbarung*)  serlelle Klausel*) a ''' a serlelle Klausel*)
              |                                           |                 |
              |                .-------------------^------------------.     |
 .------------^------.    artleere      artleere     ÄRT        .------^-------.
 Ka;'''; Ka; V,''', V Klausel ggf;'''; Klausel ggf; Klausel ggf 'EXIT' Ziel:
 ^^^^^^^^^ |        m, Zielen*)      m. Zielen*)  m. Zielen*)    |
 |         |        ^^^^^^^^^^^^^^^^^^^^^^^^^^^^^^^^^^^^ |        | 33c
 |         |                         .-------------^--------.     |
 siehe dort siehe dort               Ziel: ''' Ziel: ÄRT      GRUNDNAME
                                     ^^^^^^^^^^^^^^^^ K
```

Abkürzungen: a alternative Trenner, K Klausel, Ka artleere Klausel,
------------ Kx 33a,c:artleere Klausel / 33d: REIREIER (von) ART Klausel / 33e,b: ÄRT   Klausel,
              V   VEBART - Vereinbarung, Vs serlelle Vereinbarung*),
              Ziel: bedeutet Zielvereinbarung.
Zusatzregeln: Zusammengehörige Klammern ⌊ ⌋ sind gleichartig darzustelen, z. B. ( ) .
------------ Zusammengehörige ÄRT sind gleich, ÄRT der Kx sind gleich,ausgenommen für 33e .
*)   Bezeichnung,die nicht im Report vorkommt

    Nach diesem Übersichtsschema 4.1 und unter Hinzuziehung
der Übersichtsschemata 4.5.1 , 4.6.1 kann jede
GEKLAMMERTE Klausel erzeugt werden.
    Die bereits in der Einleitung dieses Kapitels 4 aufgelisteten
Spezialfälle GEKLAMMERTEr Klauseln werden nun im einzelnen
anhand des Übersichtsschemas 4.1 durchgesprochen.

4.2   Geklammerte serielle Klausel
    ===================================
    Eine " ÄRT geklammerte serielle Klausel"
besteht nach 4.1 aus einer

        Klammerung 'BEGIN'''''END' bzw. ('''') (nicht gemischt)
        und einer darin enthaltenen

    " ÄRT serielle Klausel",
deren n≥1 Bestandteile (" Phrase"n genannt) im Falle n>1
durch serielle Trenner ";" getrennt und "seriell" d.h. zeitlich
nacheinander abgearbeitet werden.

                        .------.   .------.
                        | | | |
Zum Vergleich: --*| |-;*| |--*   serielle Schaltung
                        | | | |
                        '------'   '------'

    Die "serielle Klausel" definiert einen neuen Vereinbarungsbe-
reich (siehe 7.1, insbesondere Ausnahmeregel 7.1.1.12) und besteht
im einzelnen (4.1) aus einer "serielle Vereinbarung ; " , die alle
Vereinbarungen V aber keine Zielvereinbarung Z enthält und entfallen darf, und einer "serielle Klausel mit ZSPEICHER ", die alle
Zielvereinbarungen Z aber keine Vereinbarung V enthält und
nicht entfallen darf.

Beispiel a: 'VOID'
                                                   .--^--.

('INT'N;READ(N);[1:N]'REAL'X,Y;Z:READ((X,Y));PRINT((Y,X));'GOTO'Z)

    '---------------v-------------' '-------------v-------------'
     serielle Vereinbarung   serielle Klausel mit ZSPEICHER
    '-------------------------------v---------------------------'
                    artleere serielle Klausel
    '-----------------------------v-----------------------------'
                artleere geklammerte serielle Klausel

    Nach erfolgter serieller Abarbeitung der "serielle Klausel" er-
gibt der letzte Bestandteil der "serielle Klausel mit ZSPEICHER" ,
d.h. bei mehreren Bestandteilen der nach dem letzten ";" stehende,
die ÄRT und Wert der " ÄRT serielle Klausel" und der sie umgebenden "ÄRT geklammerte serielle Klausel". Dieser letzte Bestandteil
ist eine "ÄRT Klausel" (siehe 6.1), gegebenenfalls mit Zielvereinbarungen " Ziel:''' Ziel:".

Beispiel b:

```
                                    'VOID'
    .-----------------------------^---------------------------,
                                                        'REAL'
                                                       ,--^--,

        (PRINT(SQRT(('REAL'X,Y;READ((X,Y));X+2+Y+2)))

            !----------------------v------------------!
            reelle geklammerte serielle Klausel
    !-----------------------------v---------------------------!
         artleere geklammerte serielle Klausel
```

   Abgesehen vom letzten sind die übrigen Bestandteile einer
"serielle Klausel" entweder alle "artleere Klausel"n gegebenenfalls
mit Zielvereinbarungen " Ziel: ''' Ziel: " , oder es kommen alternative Trenner " 'EXIT' Ziel:" vor, welche die "serielle Klausel"
zerlegen in mehrere "eigentliche serielle Klausel"n von gleicher
Bauart wie "serielle Klausel mit ZSPEICHER" , nur ohne "alternative
Trenner" .

Erreicht der Programmlauf einen alternativen Trenner "'EXIT'''·'" ,
so wird der Rest der "serielle Klausel mit ZSPEICHER"
übersprungen. Das obligate Sprungziel nach dem 'EXIT'
ermöglicht den Ansprung auch der jeweils nachfolgenden
"eigentliche serielle Klausel".

Beispiel c:

```
                                'VOID'                   'VOID'
                            ,------^------,          ,----^----,

                         ,-<---------------------------,
                         |                             +
('REAL'X;READ(X);(X<O | NEG);PRINT(SQRT(X))'EXIT'NEG:PRINT("NEG"))
                                            |                    ↑
                                            !--------------------!


    !--v--! !-------------------------------v------!!--v---!!---v----!
    serielle                         artleere     alternative artleere
    Vereinbarung                     eigentliche  Trenner     eigentliche
                                     serielle                 serielle
                                     Klausel                  Klausel
    !----------------------------------v------------------------------!
         artleere geklammerte serielle Klausel
```

   Allgemein gilt nicht die statisch letzte sondern die
dynamisch in einer der "eigentliche serielle Klausel"n als letzte
erreichte "ÄRT Klausel" als "letzter Bestandteil" (siehe
oben), aus dem sich ÄRT und Wert der gesamten "serielle Klausel"
ergibt. Verständlicherweise müssen die ÄRT der alternativ
möglichen "eigentliche serielle Klausel"n übereinstimmen
(siehe im einzelnen Hyperregel 32b , A3.2).

   Schließlich sei noch darauf hingewiesen, daß in der "serielle
Vereinbarung" nach 4.1 "kollaterale Vereinbarung"en,

z. B. 'REAL'X,Y (siehe Beispiele a,b),

als Bestandteile vorkommen dürfen und daß zwischen die Vereinbarungen mit Semikolon getrennte artleere Klauseln (ohne Ziele!)
gesetzt werden dürfen (siehe Beispiel a).

4.2.1 Beispiel

4.2.1.1 Prüfung auf Primzahl

```
'CO'PRUEFUNG AUF PRIMZAHL'CO'

'BEGIN'

 'PROC'PRIM=('INT'I)'BOOL':
  ('FOR'D'FROM'2'TO''ENTIER'SQRT(I)'DO'(I'MOD'D#0 | FALSE)'UO';
   'TRUE''EXIT'FALSE:'FALSE');

 'INT'IO;READ(IO);PRINT(PRIM(IO))
'END'
```

```
| Eingabe | Ausgabe
+---------+---------
| 17      | T
```

4.3 Geklammerte kollaterale und synchronisierbare Klausel

Eine "artleere geklammerte kollaterale Klausel"
besteht nach 4.1 aus einer

> Klammerung 'BEGIN''''''END' bzw. ('''') (nicht gemischt)
> und einer darin enthaltenen

(hier speziell in 4.3 "artleere"n) "kollaterale Klausel",
deren n≥2 Bestandteile (hier speziell in 4.3 "artleere")
" Klausel"n sind, die durch kollaterale Trenner "," getrennt
und in einer dem Rechner überlassenen möglichst Laufzeit-
optimierten zeitlichen Reihenfolge "kollateral" d.h. parallel bzw.
gemischt parallel/seriell bzw. seriell abgearbeitet werden.

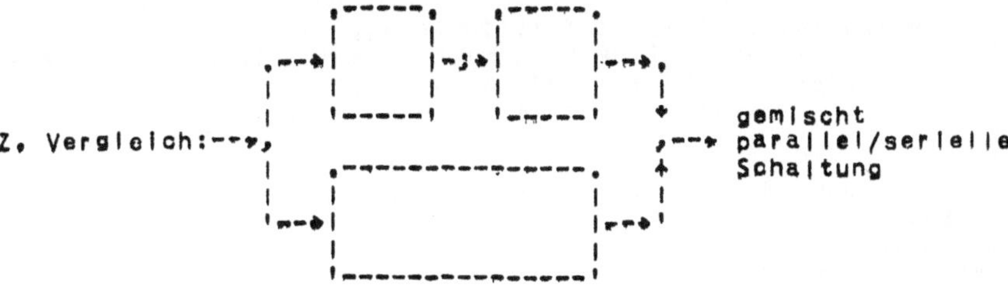


```
Beispiel:                    gelöscht (6,2) zu
                              'VOID' 'VOID'
                              .---. .---.

    ('REAL'X,Y;READ((X,Y));(X:=X+2,Y:=Y+2);PRINT(SQRT(X+Y)))

                              '---------v--------'
                    artleere geklammerte kollaterale Klausel
```

        4.3 Gekl. kollaterale u.synchronisierbare Klausel

Eine "synchronisierbare Klausel" besteht nach 4.1 aus einem

vorgesetzten "synchronisierbare Symbol" 'PAR'
und einer nachfolgenden

"artleere geklammerte kollaterale Klausel" (siehe oben),
in der - im Gegensatz zur sonst nicht synchronisierbaren
"geklammerte kollaterale Klausel" - vom Programmierer die im
Standard- Vorspiel 8.7 angegebenen Cperatoren zur Synchronisierung
des Ablaufs der einzelnen Bestandteile der kollateralen Klausel
aufgerufen werden können.

Im Grunde handelt es sich um ein mit

'SEMA'SIGNAL='LEVEL'1 (oder anders ganzzahlig)

zu vereinbarendes SIGNAL mit ganzzahligen Werten, das für
Werte ≤0 " Halt" und für Werte >C "freie Fahrt" für alle
Stellen im Programm anzeigt, an denen ein 'DOWN'SIGNAL steht.

Außerdem setzt jedes passierte 'DCWN'SIGNAL das SIGNAL
um 1 runter und jedes passierte 'UP'SIGNAL das SIGNAL um 1 rauf.

Dadurch kann beim Passieren eines 'DCWN'SIGNAL das SIGNAL
von 1 auf 0 heruntergesetzt und damit jede andere 'DOWN'SIGNAL -
Stelle simultan blockiert werden. Siehe das Kurzbeispiel
in der Einleitung zu Kapitel 4 (oder ein längeres Beispiel
im Anhang des Reports).

4.3.1 Beispiel

4.3.1.1 Kollaterale Berechnung binomischer Zahlen

```
'CO' N UEBER K, N,K NICHTNEG, GANZ, VERS. OHNE REKURSION 'CO'

'BEGIN'

 'OP''FAK'=('INT'M,N)'INT':('INT'F:=1;
           'FOR'I'FROM'M'TO'N'DO'F*I=I'OD';F);'PRIO''FAK'=9;
 'OP''UEBER'=('INT'N,K)'INT':('INT'A,B;
            (A:=(N-K+1)'FAK'N,B:=1'FAK'K);A'UVER'B);
                                        'PRIO''UEBER'=9;

 'INT'NO,KO;READ((NO,KO));PRINT(NO'UEBER'KO)
'END'
```

Eingabe	Ausgabe
5 2	+10

4.4   Eigenfeld- und Eigenstruktur- Klausel
        ==
        Eine " Eigenfeld- Klausel" besteht nach 4.1 aus einer
        ======================
        Klammerung 'BEGIN''''''END' bzw. ('''') (nicht gemischt)
        und einer darin enthaltenen

     "kollaterale Klausel" (siehe 4.3) der Art " Reihe von ''' ",
die hier aus 0 oder n&2 " ART Klausel"n der gleichen ART
besteht. Die Abarbeitung geschieht kollateral (4.3).

Beispiel a1:

        ([1:2]'REAL'X:=(2.72,3.14);PRINT(SQRT(X[1]↑2+X[2]↑2)))
                      '--+--v--+--'
                   Eigenfeld- Klausel
                     von der Art
                     []'REAL'
Beispiel b1:

([1:2]'REAL'X;READ(X);X:=(X[1]↑2,X[2]↑2);PRINT(SQRT(X[1]+X[2])))
                      '---+---&--v----+-+'
                   Eigenfeld- Klausel
                     von der Art
                     []'REAL'

     Eine " Eigenstruktur- Klausel" besteht nach 4.1 aus einer
        ==============================
        Klammerung 'BEGIN''''''END' bzw. ('''') (nicht gemischt)
        und einer darin enthaltenen

     "kollaterale Klausel" (siehe 4.3) der Art " Struktur aus ''' ",
die hier aus n&2 " ART   Klausel"n möglicherweise verschiedener
ART besteht und die in der Grammatik (A3.16) "strukturelle
Klausel" heißt. Die Abarbeitung geschieht kollateral (4.3).

Beispiel a2:

        ('COMPL'Z:=(2.72,3.14);PRINT(X[1]↑2+X[2]↑2))
                  '--+--v--+--'
               Eigenstruktur- Klausel
                 von der Art
                 'STRUCT'('REAL'RE,'REAL'IM)
Beispiel b2:

('COMPL'Z;READ(Z);Z:=('RE'Z↑2,'IM'Z↑2);PRINT(SQRT('RE'Z+'IM'Z)))
                  '--+--#+--v--+--+--'
               Eigenstruktur- Klausel
                 von der Art
                 'STRUCT'('REAL'RE,IM)

     Eigenfeld- und Eigenstruktur- Klauseln können aufgefaßt
werden als Verallgemeinerungen von " Eigennamen" (Konstanten)
auf "multiple Eigennamen" (siehe Beispiele a1/2) und darüber
hinaus auf "multiple Eigenkonstruktionen" (siehe Beispiele b1/2),
deren (Gesamt-) Art nicht mit 'REF' beginnt (Konstanten).
Sie werden nicht vorher vereinbart. Allerdings müssen alle ihre
elementaren Bestandteile, die keine Eigennamen (Konstanten)
sind , vorher vereinbart sein.

4.5   Geklammerte UNTERSCHEIDUNG - Klausel
===

Eine " ÄRT geklammerte UNTERSCHEIDUNG - Klausel" besteht
nach 4.5.1 je nach Einsetzen für "UNTERSCHEIDUNG" aus einer

        Klammerung 'IF'····'FI' bzw. ('··') (nicht gemischt)
        und einer darin enthaltenen

- " ÄRT logische- Unterscheidung- Klausel"

bzw. aus einer

        Klammerung 'CASE'····'ESAC' bzw. ('··') (nicht gemischt)
        und einer darin enthaltenen

- " ÄRT ganze- Unterscheidung- Klausel" bzw.
- " ÄRT   VEREINIGUNG - Unterscheidung- Klausel",

Geklammerte UNTERSCHEIDUNG - Klauseln ermöglichen dynamische
Verzweigungen im Programmlauf auf Grund von UNTERSCHEIDUNGen.

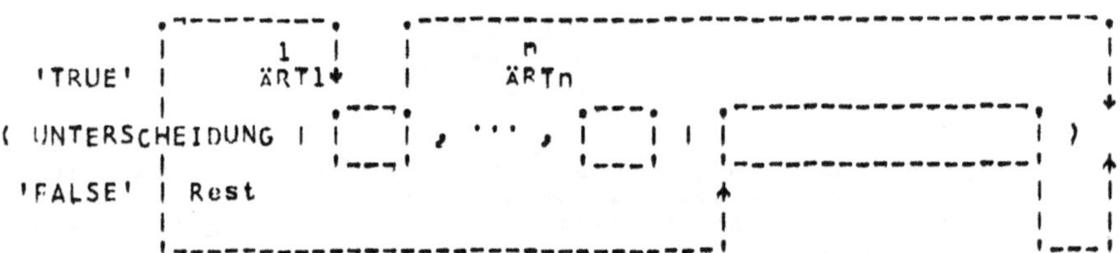

Die UNTERSCHEIDUNG kann im einzelnen sein:

- logische   - Unterscheidung nach 'TRUE' (n=1)   bzw. 'FALSE' ,
- ganze   - Unterscheidung nach 1,···,n   bzw. " Rest",
- VEREINIGUNG - Unterscheidung nach ÄRT1,···,ÄRTn   bzw. " Rest",

Weitere Einzelheiten entnehme man der Übersichtsschema 4.5.1.
und der Diskussion der einzelnen UNTERSCHEIDUNGen in 4.5.2
Im Übrigen verweisen wir auf " Bereichsschachtelung"
(7.1 , insbesondere Ausnahmeregel 7.1.1.12).

4.5.1 Übersichtsschema f. ÄRT geklammerte UNTERSCHEIDUNG - Klausel   ÄRT
      ===   geklammerte
      (ohne Konvertierungspos, DEF Vereinbarungensp, Kompragmentar)   UNTERSCHEIDUNG - Klausel
                                                                           34a

```
        .-------------------------------.        .-------------------------------.
        | ÄRT  logischer Unterscheidung- Klausel*) |   | ÄRT  ganzer Unterscheidung- Klausel*) |
        | .--------------------------^---------.34b|   | .--------------------------^---------.34b|
        | |   .----------.  .---------.        | |   | |   .----------.  .---------.        | |
        | |   34c        | 34f ( |  | 34l   ) | |   | |   34c        | 34g ( |  | 34l   ) | |
   wenn logische dann ÄRT < sonst  ÄRT  > nnew |   falls ganze  ein ÄRT < aus  ÄRT  > sllaf
   ==== KsV   ==== Ks  | ===== Ks  | ====     |   ===== KsV  === Kk | === Ks  | =====
   | |  s.dort |  '------+#'  '------+-' ||    |   | | s.dort | s.dort |/ '------+-' | |
   | '---------+---------+'----------+--'||    |   | '--------+--------+#'--------+--'| |
   ( ( ) ( |  )( | )/|        ÄRT    |( ) )|   ( ( ) ( | )( | )/| aus/ ganze  |( ) )
   < > < > < > | sonst logische-|< >|   < > < > < > | falls Unter/ |< >
   ('IF') ('THEN') ('ELSE') | /wenn Unter/ |('FI')|  ('CASE') ('IN') ('DUT') | ===== scheidung|  ('ESAC')
                            | ===== scheidung|                       (  | - Klausel  )
                            (  | - Klausel )                          ^^^^^^^^^^^^^^^^^^^
                            ^^^^+^^^^^^^^^^^^
                            ( |: )
                            < >
                            ('ELIF')
```

Abkürzungen: K Klausel
             Kk kollaterale Klausel,
             KsV serielle Klausel mit VSPEICHER ,
             Ks serielle Klausel,
             S spezifizierte Klausel*), Sk kolla/
             terale spezifizierte Klausel*)

Zusatzregeln: Zusammengehörige Klammern und
              Trennor = = = = sind gleichartig
              darzustellen, z. B. (| |)   .
              Zusammengehörige ÄRT sind gleich.
              In Sk dürfen nur verschiedenartige
              und in VEREINIGUNG enthaltene ÄRT1
              durch formale Vereinbarer
              spezifiziert werden.

*)   Bezeichnung, die nicht im
             Report vorkommt

```
        .-------------------------------------------.
        | ÄRT  VEREINIGUNG - Untersch- Klausel*) |
        | .----------------------^-------------.34b|
        | |   .----------.  .---------.        | |
        | |   34c     34h ( |  | 34l   ) | |
        | |   VEREI/      |  |           | | |
   falls NIGUNG ein ÄRT < aus  ÄRT  > sllaf
   ===== KsV === Sk | === Ks . | =====
        | | s.dort   |  |   | s.dort | | |
        | '----------+--+---+--------+-'| |
        .------^------------.        |
        |   ÄRT     ÄRT     |        |    ÄRT
   34l  |   S ,''', S      |        |    VEREI/
        '------^------------.        | aus/ NIGUNG1-
        .-------------------.        | falls Unter/
        | formale           |        | ===== scheidung|
        | ÄRT1   GRUND/ ÄRT |   (  | - Klausel  )
        ( Verein/ NAME )| K     ^^^^+^^^^^^^^^^^^^
        | barer   ^^^^^^   s, |  ( |: )
        | s.dort        dort |  < >
        '-------------------' ('DUSE')
```

4.5.2 Bedeutung von UNTERSCHEIDUNGen

4.5.2.1 Abkürzungen

Neben der "geklammerte UNTERSCHEIDUNG - Klausel" in Grundform

("verzweigende Klausel" | "ein Klausel" | "aus Klausel")

sind noch die abgekürzte Form ('SKIP' siehe 6.6)

(''' | ''') äquivalent zu (''' | ''' | 'SKIP')

und die geschachtelte abgekürzte Form ('ELIF' bzw. 'OUSE' s.4.5.1)

(''' | ''' : ''' | ''' | ''') äquivalent zu (''' | ''' | (''' | ''' | '''))

sowie Kombinationen daraus zulässig.

4.5.2.2 Logische- Unterscheidung

Die "verzweigende Klausel" ist hier eine
"logische serielle Klausel mit VSPEICHER ".

Ist der Wert der "verzweigende Klausel" 'TRUE' ,
so wird nur die "ein Klausel" durchlaufen,
sonst wird nur die "aus Klausel" durchlaufen.

Beispiel: Spielkarten codiert als
          7,8,9,10,11(Bube),12(Dame),13(König),14(As).
          Fallunterscheidung auf   .
          Zahl(7,8,9,10), Bild(11,12,13,), As(14).

('INT'K;READ(K);PRINT((K≤10|"ZAHL"|:K=14|"AS"|"BILD"))
         '----------------------v----------------'
                 geklammerte logische- Unterscheidung- Klausel
                       von der Art 'STRING'

4.5.2.3 Ganze- Unterscheidung

Die "verzweigende Klausel" ist hier eine
"ganze serielle Klausel mit VSPEICHER ".

Ist der Wert der "verzweigende Klausel" 1≤k≤n,
so wird nur die k-te der durch "," getrennten n Klauseln (n≥2)
der "ein Klausel" durchlaufen,
sonst wird nur die "aus Klausel" durchlaufen.

Beispiel: Spielkarten codiert als
          7,8,9,10,11(Bube),12(Dame),13(König),14(As).
          Fallunterscheidung auf
          Zahl(7,8,9,10), Bild(11,12,13,), As(14).

('INT'K;READ(K);
PRINT((K-6|"ZAHL","ZAHL","ZAHL","ZAHL","BILD","BILD","BILD","AS")))
         '-----------------------------v------------------------------'
                 geklammerte ganze- Unterscheidung- Klausel
                       von der Art 'STRING'

4.5.2.4 VEREINIGUNG - Unterscheidung (Unterscheidung nach Arten)
==
        Die "verzweigende Klausel" ist hier eine
" VEREINIGUNG serielle Klausel mit VSPEICHER "
(die Art VEREINIGUNG siehe unten 4.5.2.5).

        Ist die Art der "verzweigende Klausel" gleich ÄRTk ,
so wird nur diejenige der durch "," getrennten n spezifizierten
Klauseln (n≥1) der "ein Klausel" durchlaufen, in der ÄRTk durch

                          formale
                (ÄRTk   GRUNDNAME):
                Vereinbarer ^^^^^^^^^

spezifiziert wurde
(GRUNDNAME erhält   dann den Wert der "verzweigende Klausel"),
sonst wird nur die "aus Klausel" durchlaufen. Im übrigen
verweisen wir auf " Bereichsschachtelung" (7.1 , insbesondere
Ausnahmeregel 7.1.1.13).

Beispiel: Spielkarten notiert als
        7,8,9,10,
        "B" (Bube), "D" (Dame), "K" (König), "A" (As).
        Fallunterscheidung auf
        Zahl(7,8,9,10), Bild ("B","D","K") , As ("A") .

                    geklammerte ganze- Unterscheidung- Klausel
                        von der Art 'UNION'('INT','CHAR')
                    .-------------^----------.
('UNION'('INT','CHAR')K:=('INT'I;READ(I);I-6 |
                     7,8,9,10,"B","D","K","A")
PRINT((KI('INT'):"ZAHL",('CHAR'C):(C="A"|"AS"|"BILD")))
                         '----------v---------'
                    geklammerte logische- Unterscheidung- Klausel
                        von der Art 'STRING'
        '--------------------------v---------------------'
        geklammerte VEREINIGUNG - Unterscheidung- Klausel
                von der Art 'STRING'

4.5.2.5 Die Art VEREINIGUNG
===========================
    Die Art VEREINIGUNG wurde bereits im Produktionsschema
für ÄRT   (1.4.1) eingeführt und ihre wichtigste Anwendung
in der VEREINIGUNG - Unterscheidung (oben 4.5.2.4) kurz
besprochen.

    Demnach dient die Art VEREINIGNUNG zur Vereinbarung von
Größen, denen dynamisch im Laufe des Programms (End-) Werte
gewisser verschiedener Arten zugewiesen werden sollen.

    Zum Beispiel werden bei der folgenden Vereinbarung einer
'REF''UNION'('INT','CHAR') - Variablen IC ein internes Objekt
der Art 'REF''UNION'('INT','CHAR') und "vorsorglich" für die
beiden potentiellen Möglichkeiten des Verweises sowohl ein
internes Objekt der Art 'INT' als auch ein internes Objekt der
Art 'CHAR' erzeugt.

Beispiel1:

('UNION'('INT','CHAR') IC ; ''')

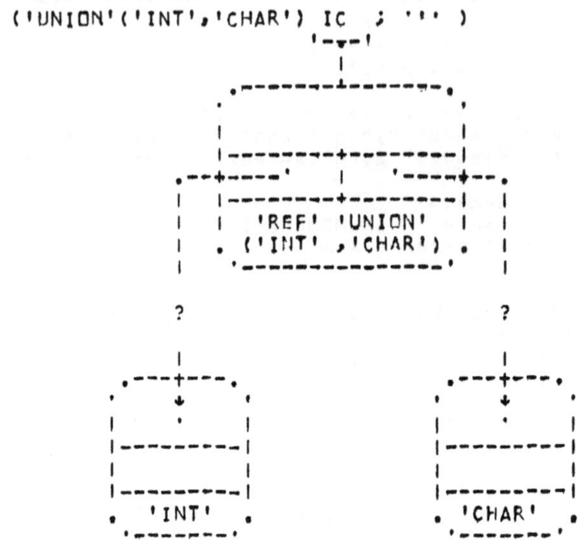

Erst z. B.bei einer Verweisung (6.3) entscheidet es sich
zur Laufzeit, auf welches der beiden internen Objekte (bis zur
ggf. nächsten Verweisung) "tatsächlich" verwiesen wird!

Beispiel2:

('UNION'('INT','CHAR') IC   :=   "A" ;''')

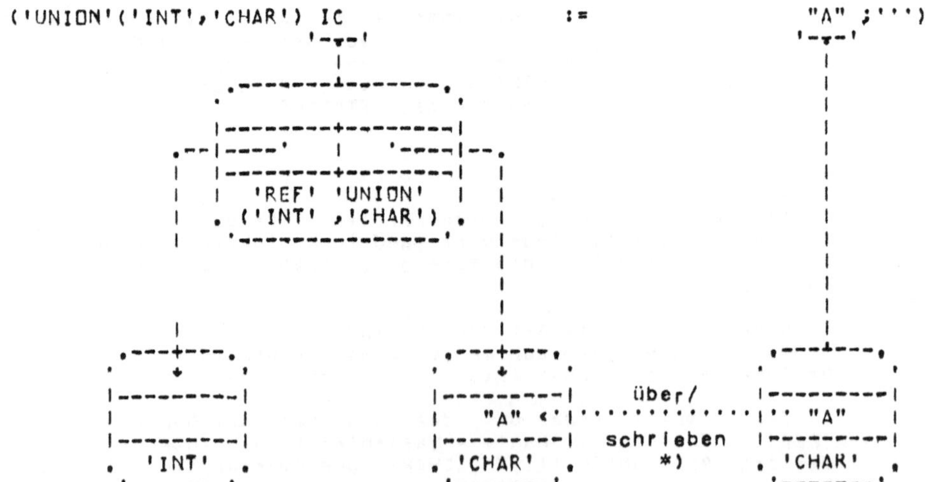

*) Formal "de jure" erfordert die Verweisung IC:="A"
   (siehe 6.3) noch eine implizite Konvertierung
   (siehe 6.2) der Art 'CHAR' der rechten Seite "A"
   in 'UNION'('INT','CHAR') ." De facto" bleibt es
   jedoch bei den graphisch dargestellten internen
   Objekten und der angegebenen Überschreibung.

Wie man anhand der Beispiele1/2 erkennt, gibt es zwar interne
Objekte der Art 'REF''UNION'('''') ,aber keine internen Objekte
der Art 'UNION'('''') .
    Man sollte auch nur 'REF''''REF''UNION'('''') - Variable,
aber keine 'UNION'('''') - Konstanten einführen, da Konstanten
ja von vornherein nur eine der in 'UNION'('''') aufgelisteten Arten
annehmen können und diese Art auch dynamisch beibehalten.

    Im Kapitel 5 wird bei 'UNION' - Erklärern (5.12.2) auf die
Zulässigkeit von

    z. B.   'UNION'('INT','UNION'('INT','CHAR'))   gleich
              'UNION'('INT',   'CHAR')   ,

bzw. auf die Unzulässigkeit von

    z. B.   'UNION'('INT','REF' 'INT')   oder
    z. B.   'UNION'('INT','PROC''INT')
              (beide enthalten in Anbetracht der impliziten Konver-
              tierungen " Entverweisen" bzw. " Entprozedurieren"
              (6.2) "zu fest verwandte" Arten)

hingewiesen.

    Nach Definition der Verweisung (6.3) und den dort zulässigen
impliziten Konvertierungen (6.2) ist

    z. B. ('CHAR'C:="A";''';'UNION'('INT','CHAR')IC:=C;''')

zulässig, aber

    z. B. ('UNION'('INT','CHAR')IC:="A";''';'CHAR'C:=IC;''')

unzulässig, da es keine implizite Konvertierung " Entvereinigen"
gibt. Dies ist auch ohne Grammatik plausibel, da erst zur
Laufzeit geprüft werden könnte, ob IC nach
" Entverweisen" korrekt einem 'CHAR' - Wert oder inkorrekt einem
'INT' - Wert intern zugeordnet ist.

    Es ist schwer zu begründen, warum der Report

    z. B. ('UNION'('INT','CHAR')IC;   IC :="A";''')

zuläßt, aber eine verwandte Konstruktion wie

    z. B. ('UNION'('INT','CHAR')IC;READ(IC)   ;''')

verbietet (siehe READ, GET 9.2.1, INTYPE 9.2.1, SIMPLIN 9.4.1 und
beachte insbesondere die "gestreckte" Eingabe von Feldern und
Strukturen 9.4). Damit bleibt die Verwendung der Art 'UNION'('''')
auf das Programm (insbes. Prozedurparameter siehe 4.5.3.3,7.2.8.2)
und Ausgabedaten (PRINT(IC) ist zugelassen) beschränkt.

4.5.3 Beispiele

4.5.3.1 Reelle (positive) Wurzel aus x (x nichtnegativ) nach Newton

```
'CO'REELLE WURZEL AUS X NACH NEWTON , VERSION MIT IF'CO'

'BEGIN'

  'PROC'WURZEL=('REAL'X,EPS)'REAL':('REAL'X1:=X,X2;
    IF:'IF''ABS'((X2:=(X1+X/X1)/2)-X1)>EPS'THEN'X1:=X2;IF'FI';X2);

  'REAL'XO;READ(XO);PRINT(WURZEL(XO,1     ᴡ-4))
'END'
```

```
| Eingabe | Ausgabe
+-----------+------------------
| 9         |+3.000000014E  +0
```

4.5.3.2 Bestimmung des Wochentags zu einem Datum

```
'CO'BESTIMMUNG DES WOCHENTAGS ZU EINEM DATUM'CO'

'BEGIN'

  'INT'TAG,MONAT,JAHR;READ((TAG,MONAT,JAHR));
  (MONAT>2 | MONAT-:=2 | MONAT+:=10;JAHR-:=1);
  'INT'JA:='ENTIER'(JAHR/100),HR:=JAHR'MOD'100;
  'INT'WOCHENTAG:='ENTIER'('ENTIER'(JA/4)+'ENTIER'(HR/4)+
                 (13*MONAT-2)/5-2*JA+HR+TAG)'MOD'7;

  PRINT((WOCHENTAG+1 | "SO","MO","DI","MI","DO","FR","SA"))
'END'
```

```
| Eingabe   | Ausgabe
+-----------+--------
| 27 4 1975 |SO
```

4.5.3.3 Bestimmung der Art numerisch gegebener Werte

```
'CO'BESTIMMUNG DER ART NUMERISCH GEGEBENER WERTE, REKURSIV'CO'

'BEGIN'

 'MODE''NUM'='UNION'('INT','REAL','COMPL');
 'PROC'ART=('NUM'A)'VOID':('INT'I1,'REAL'R1,'COMPL'Z1;
  'CASE'A'IN'
       ('INT'  I):(                        I1:=I;INT                   ),
       ('REAL' R):(R#'ENTIER'R | R1:=R;REAL  | ART('ENTIER'R)),
       ('COMPL'Z):('IM'Z#0       | Z1:=Z;COMPL | ART('RE'Z)      )
  'ESAC'                                     'EXIT'
  INT  :PRINT(("INT    ",I1,NEWLINE))'EXIT'
  REAL :PRINT(("REAL " ,R1,NEWLINE))'EXIT'
  COMPL:PRINT(("COMPL" ,Z1,NEWLINE)));

 'NUM'AO;
 AO:= 1          ;ART(AO);
 AO:= 1.0        ;ART(AO);
 AO:= 1.2        ;ART(AO);
 AO:= 1   ⊥ 0    ;ART(AO);
 AO:= 1.0 ⊥ 0    ;ART(AO);
 AO:= 1.2 ⊥ 0    ;ART(AO);
 AO:= 1.2 ⊥ 3.4 ;ART(AO)
 'END'
```

```
   AO:= '''
```

"Eingabe"	Ausgabe
1	INT +1
1.0	INT +1
1.2	REAL +1,200000000E +0
1 ⊥ 0	INT +1
1.0 ⊥ 0	INT +1
1.2 ⊥ 0	REAL +1,200000000E +0
1.2 ⊥ 3.4	COMPL +1,200000000E +0 I+3.400000000E +0

Man behilft sich hier mit " Pseudo- Eingabe AO:=''' ",
da READ(AO) leider nicht zulässig ist (siehe 4.5.2.5).

Vergleiche auch die Verwendung von 'UNION' in den Beispielen
7.2.5.2, 7.2.8.2.

4.6 Schleifen- Klausel
========================

     Schleifen sind übersichtliche Kurzschreibweisen für Programm-
teile, die mehrfach durchlaufen werden. Explizite Zielaufrufe
'GO TO''' kommen beim Schleifenrücksprung 'OD' nicht mehr vor.

4.6.1 Übersichtsschema für artleere Schleifen- Klausel
==
     (ohne Konvertierungspos, ALT Vereinbarungsp.und Kompragmentar)

```
                                  artleere
                              Schleifen- Klausel
                                  | 35a
 .------------------------------------------------------------------------.
 | .---------.                         | .----------------------------------.|
 | | ganze   |                         | | .------------------------------.||
 | | verein/ |                         | |          34c        .---------.|||
 | | barende |                         | |       logische      |         ||||
 | | Benen/  |    gan/    gan/    gan/ | |       serielle      |         ||||
 | | nung    |    ze      ze      zel  | |       Klausel   | artleere||||
 | |'FOR' mit |  'FROM' K 'BY' K 'TO' K | 'WHILE' mit  'DO'serielle'DD'
 | | GRUND/  |                         | |       VSPEI/    | Klausel||||
 | | NAME    |                         | |       CHER      |        ||||
 |^^^^^^^^^^^^^| ^^^^^^^^ ^^^^^^ ^^^^^^ | ^^^^^^^^^^^^^^^ '---------'|||
 | |         '--------------------------'  '------------------------------'|||
 | '------------------------------------------------------------------------'||
 '--------------------------------------------------------------------------'|
 '----------------------------------------------------------------------------'
```

Abkürzung!   K Klausel

     Nach diesem Übersichtsschema kann jede Schleife erzeugt werden.

4.6.2 Bedeutung von Schleifen- Klauseln
=====================================
4.6.2.1 Deutung als Makro- Konstruktion
=====================================
     Eine Schleifen- Klausel sei äquivalent (Ausnahme siehe 7.1.1,
12/14) der folgenden "artleere geklammerte serielle Klausel" :

```
'BEGIN'------------------------------------------------------------------.
 |                    'INT'FROM:= ganze Klausel ,                        |
 |                    'INT'BY   = ganze Klausel ,                        |
 |                       TO    = ganze Klausel ;                         |
 |                    START:                                             |
 |                                                                       |
 |          'IF'(FROM≤TO∧BY>0)∨BY=C∨(BY<0∧TO≤FROM)                       |
 | 'THEN'--------------------------------------------------------------. |
 | |                   'INT'FOR:=FROM;                                | |
 | |                                                                 | |
 | | 'IF''CO'WHILE'CQ'---------------------------------------------. | |
 | | |     logische serielle Klausel mit VSPEICHER                | | |
 | | |     (vorkommen darf FOR ,nicht FROM,BY,TO )                | | |
 | | | 'THEN''CO'DO'CO'------------------------------------------| | |
 | | |     artleere serielle Klausel                            | | |
 | | |     (vorkommen darf FOR ,nicht FROM,BY,TO )              | | |
 | | |            ; FROM+:= BY ; START                          | | |
 | | '-----------------------------------------'CO'UD'CO''FI'  | |
 | |                                                               | |
 | '-----------------------------------------------------------'FI' |
 |                                                                       |
 '-------------------------------------------------------------------'END'
```

Damit wird die Bedeutung von nicht abgekürzten Schleifen
vollständig durch bereits bekannte ALGOL 68 - Sprachteile
erklärt. Die in 4.6.1 angegebene Schachtelung aus
'FROM''BY''TO' - Bereich, 'FOR' - Bereich, 'WHILE' - Bereich
und 'DO' - Bereich (gestrichelte Umrahmungen) ist entsprechend
wiedergegeben.

Schließlich wird eine Schleife noch
in Form eines Flußdiagramms dargestellt:

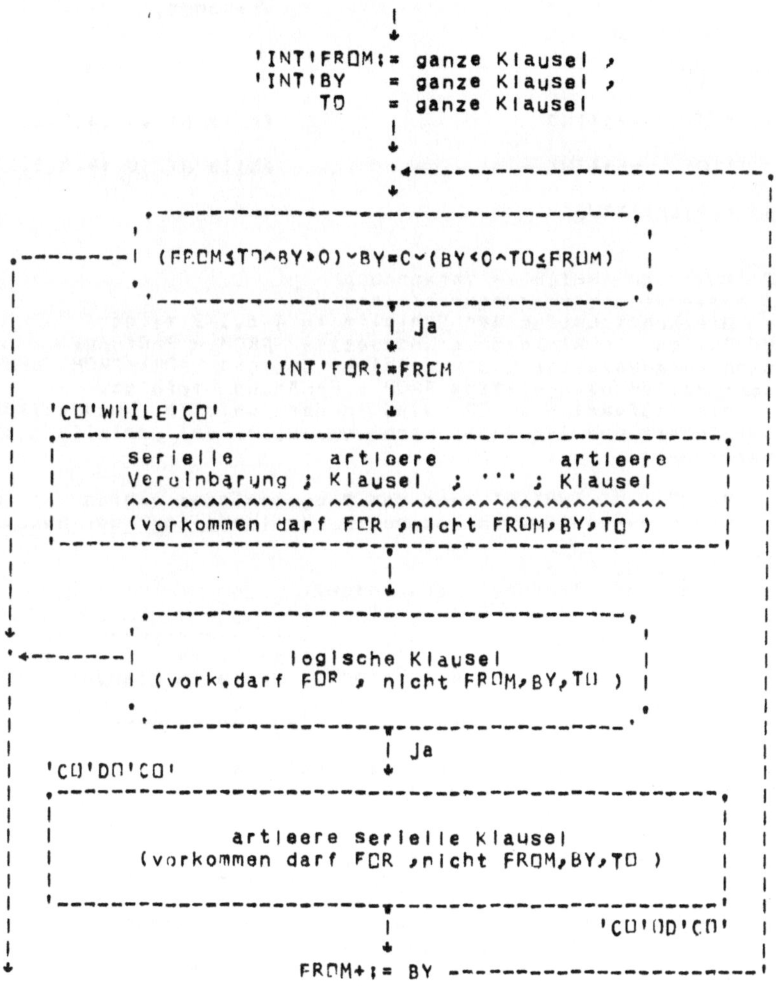

Die in der Schleife nach 'WHILE' stehende "logische serielle
Klausel mit VSPEICHER" , d.h. eine logische serielle Klausel ohne
Zielvereinbarungen (zur Vermeidung vor Sprüngen vom 'DO'- in den
'WHILE' - Bereich), ist hier gemäß 4.1 in zwei Teile zerlegt
(von denen der erste leer sein kann).

4.6.2.2 Abkürzungen
========

       Entsprechend den Schlängelungen in 4.6.1 können abkürzend
folgende Bestandteile weggelassen werden, ohne daß sich die
Wirkungsweise der Schleife ändert:

       1) 'FOR'   GRUNDNAME   falls die Laufvariable
                                               GRUNDNAME (FOR in 6.3.2)
                                               weder im 'WHILE' - Bereich
                                               noch im 'DO' - Bereich
                                               vorkommt.

       2) 'FROM' 1

       3) 'BY'   1

       4) 'TO'   +MAXINT   falls BY ≥0 (4.6.2.1)

          'TO'   -MAXINT   falls BY <0 (4.6.2.1)

       5) 'WHILE''TRUE'

4.6.2.3 'FOR' und 'WHILE' - Verwendung
==============================

       Die Konstruktion der Schleife in 4.6.1-3 zeigt
bezüglich 'FOR' ,daß vorangesetzte FROM - Prüfung,
dann vorangesetzte Laufvariablen- Setzung FOR:=FROM   und
schließlich nachgesetzte FROM - Erhöhung erfolgt.
       Die Laufvariable FOR wird in der Schleife "automatisch"
vereinbart und ist daher nach Verlassen der Schleife nicht mehr
vereinbart.

       Bezüglich 'WHILE' kann der Programmierer wählen
zwischen verschiedenen gegebenen Möglichkeiten der Benutzung:

wie in ALGOL 60 als
vorangesetzte Prüfung (pre check):

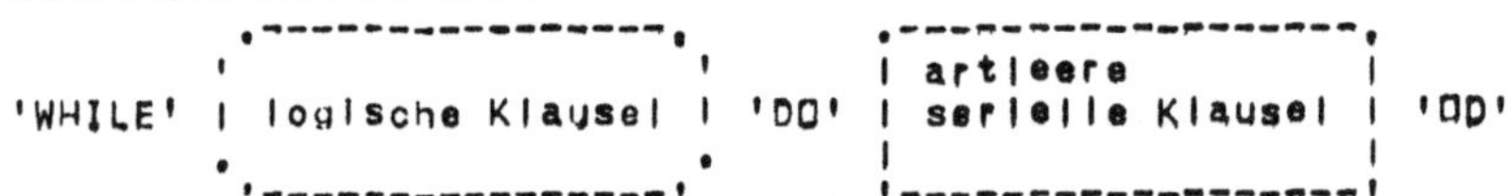

             .-----------------.   .------------------.
             '   ' | artleere |
   'WHILE' | logische Klausel | 'DO' | serielle Klausel | 'DO'
             .   . | |
             '-----------------'   '------------------'

,allgemeiner als in ALGOL 60 zulässig als
nachgesetzte Prüfung (post check):

             .------------------------.
             |serielle Vereinbarung|| .-----------------.
             |^^^^^^^^^^^^^^^^^^^^^^^| '   '
   'WHILE' |artleere   artleere | |logische Klausel|| 'DO''SKIP''DO'
             | Klausel|;''; Klausel|| .   .
             |^^^^^^^^^^^^^^^^^^^^^^^| '-----------------'
             '------------------------'

und schließlich in Kombination dieser beiden Möglichkeiten
bzw. durch weiteres   Aufteilen der "logische serielle Klausel mit
VSPEICHER" als
zwischengesetzte Prüfung (in check).

4.6.3 Beispiele

4.6.3.1 (positive) Wurzel aus x (nichtnegativ reell) nach Newton

```
'CO'WURZEL AUS X NACH NEWTON, VERSION MIT WHILE 'CO'

'BEGIN'

  'PROC'WURZEL=('REAL'X,EPS)'REAL':('REAL'X1:=X,X2;
    'WHILE''ABS'((X2:=(X1+X/X1)/2)-X1)≥EPS'DO'X1:=X2'OD';X2);

  'REAL'X0;READ(X0);PRINT(WURZEL(X0,1ₙ-4))
'END'
```

Eingabe	Ausgabe
9	+3.000000014E +0

4.6.3.2 Tabelle der Fakultät innerhalb MAXINT , mit Abfrage

```
'CO'TABELLE DER FAKULTAET INNERHALB MAXINT, MIT ABFRAGE'CO'

'BEGIN''INT'FAK:=1;PRINT(MAXINT);

 'FOR'I'WHILE'(FAK*:=I)≤MAXINT/(I+1)
      'DO'PRINT((NEWLINE,I   ,FAK        ))'OD';
          PRINT((NEWLINE,I+1,FAK*(I+1)))

'END'
```

Ausgabe		
+99999		(hier ist vereinfachend ein
+1	+1	kleineres MAXINT angenommen
+2	+2	als sonst in Skriptum, vgl.
+3	+6	z. B. 9.2.3.1)
+4	+24	
+5	+120	
+6	+720	
+7	+5040	
+8	+40320	

Die Programmvariante

```
'FOR'I'WHILE'(FAK*:=I)≤MAXINT'DO'PRINT((NEWLINE,FAK))'OD'
```

würde einen Überlauf ergeben.

4.6.3.3 Tabelle der Primzahlen nach Erathostenes

```
.-----------------------------------------------------------------------.
|                                                                       |
|  'CO'TABELLE DER PRIMZAHLEN NACH ERATHOSTENES'CO'                     |
|                                                                       |
|  'BEGIN'                                                              |
|   'INT'N;READ(N);[2:N]'BOOL'PRIM;                                     |
|                                                                       |
|   'FOR'I'FROM'2'TO'N                    'DC'PRIM[I]:='TRUE';          |
|   'FOR'I'FROM'2'TO''ENTIER'SQRT(N)'DC'                                |
|   'FOR'K'FROM'2'TO''ENTIER'(N/I)   'DC'PRIM[I*K]:='FALSE''OD''OD'|
|   'FOR'I'FROM'2'TO'N                    'DC'(PRIM[I]|PRINT(I))'OD'    |
|                                                                       |
|  'END'                                                                |
'-----------------------------------------------------------------------'
```

Eingabe	Ausgabe
13	+2 +3 +5
	+7 +11 +13

4.7 Testfragen (mit Nummernhinweisen)	Antworten

4.2 Schreibe das folgende Programm mit einem alternativen Trenner an Stelle von 'THEN' :
 	
`('BOOL'B;READ(B);(B
	PRINT(1)	PRINT(0)))`	`('BOOL'B;READ(B);`
			`(B | Z1);PRINT(0)`
			`'EXIT'Z1:PRINT(1))`

4.3 Was drucken die folgenden Programme aus?
 	
`(PRINT("GI"),PRINT("NA"))`
 	
`('INT'N:=1;PRINT((N+:=1,N-:=1)))`
 	
`('INT'N:=0;[1:N+:=1]'INT'A,B;PRINT(N))`
	GINA bzw.
	NAGI
	2 1 bzw.
	1 0
	1 (siehe 5.8)

4.4 Welche der folgenden sind korrekte Eigenfeld- Klauseln :
 	
`([1:1]'INT'A:=(1);PRINT(A))`
`            ‿`
`            ?`
 	
`('INT'A:=1;[1:1]'INT'B:=(A);PRINT(B))`
`                  ‿`
`                  ?`
 	
`([1:2,1:2]'INT'A:=(1,2,3,4);PRINT(A))`
`              ‿---‿--‿`
`                  ?`
	nein, Korrektur:
	`[1:1]'INT'A,A[1]:=1`
	
	nein, Korrektur:
	`[1:1]'INT'B;B[1]:=A`
	
	nein, Korrektur:
	`:=((1,2),(3,4))`

4.4 Welche der folgenden sind korrekte Eigenstruktur- Klauseln:
 	
`('STRUCT'('INT'A)A:=(1);PRINT(A))`
`                ‿`
`                ?`
	Ja

```
('INT'A:=1;'STRUCT'('INT'B)B:=(A);PRINT(B))  | Ja
                           !v!                |
                            ?                 |
('STRUCT'('INT'A,B,'INT'C,D)A:=(1,2,3,4);PRINT(A))    Ja
                         !--v--!  |
                            ?     |
```

4.5   Welche der folgenden sind korrekte
         geklammerte ganze- Unterscheidung- Klauseln
         und welchen Wert ergeben sie dann   ?

             (7|6|:5|4|:3|2|1) | nein,koll. Klausel
                                                   | hat mind. 2 Bestandt.
             (7|6,5|:4|3,2|1) | Ja, 1

             (7|6,5,4|:3|:2|1) | nein, 'IN(CA)SE'
                                                   | gibt es nicht
         ((0:1)'COMPL'OF:=(0,1);'RE'OF(1):=0;1|0,1) | Ja, 0

4.5   Bestimme die folgenden
         geklammerte UNTERSCHEIDUNG - Klauseln
         und ihren Wert :

             (1<2|('BOOL'B)|B~2<3,('INT'):|4<5|6<7) | VEREINIGUNG -
                                                      | Unterscheidg, 'TRUE'
             (1>2|3|:4<5|6|7) | logische-
                                                      | Unterscheidg, 6
             (7|6<5,4<3|2<1) | ganze-
                                                      | Unterscheidg, 'FALSE'

4.5   Schreibe ein Programm, das ein 'INT'N | ('INT'N;READ(N);
         einliest und für Wochentage N mit einem | PRINT((N-3 |
         Buchstaben "R" den Wochentag und sonst | "DO","FR" | "NEIN")))
         "NEIN" ausdruckt.

4.5.3.3 Programmiere mit Hilfe gegebener | siehe 4.5.3.3
         Bibliotheks- Prozeduren FAKINT (nneg.ganzes |
         Argument), FAKREAL (reelles Arument), und |
         FAKCOMPL (komplexes Argument), und
         die Fakultät FAK ('NUM' Argument
         wie in 4.5.3.3).

4.6   Kann in der Schleifen- Klausel
         'WHILE'IKV'DO'aKVZ'OD'
                   IKV wieder eine solche sein   ? | nein
                   aKVZ wieder eine solche sein   ? | Ja

4.6   Ist 'DO''OD' eine Schleifen- Klausel   ? | nein

4.6   Ist 'DO''SKIP''OD' ein eigentl. Progr. ? | Ja

4.6   Was drucken die folgenden Programme aus? |

             'FOR'I'TO'2'DO'PRINT(I+:=2)'OD' | 3 4

             ('INT'I:=1;'FOR'I'FROM'I'BY'I'TO'I+:=1 | 3 4
                      'WHILE'(I+:=1)≤10 |
                      'DO'PRINT(I+:=1)'OD') |

             ('FOR'I'WHILE'(I+:=1)≤3'DO' |
              'FOR'I'WHILE'(I+:=1)≤3'DO' |
                      PRINT(I+:=1)'OD''OD') | 3 4 3 4
```
```

5 VEREINBARUNGEN

Eine Vereinbarung (lat, definitio) hat (abgesehen von noch
zu besprechenden Abkürzungen) die allgemeine Form

```
,----------------------------------,
|                                  |
|    definiendum  =  definiens     |
|                                  |
'----------------------------------'
```

d.h. das links vom Vereinbarungszeichen "=" stehende
zu vereinbarende "definiendum" wird durch das rechts stehende
bereits bekannte "definiens" vereinbart.

Je nach den zu vereinbarenden Größen unterscheidet man
die folgenden vier verschiedenen VEreinBarungsARTen (VEBART 42.7,
Übersichtsschema 5.4):

Grund- Vereinbarung

```
z. B.      'REAL' KONSTANTE1 = 2,72
           'REAL' KONSTANTE2 = PI
           'REAL' KONSTANTE3 = (BOOL | 2.72 | PI)
           'PROC'('REAL')'INT'SIGN=('REAL'A)'INT':(A<0I-1I:A=0I0I1)
           'REF''REAL' VARIABLE1 = 'LOC''REAL'
           'REF''REAL' VARIABLE2 = X
           'REF''REAL' VARIABLE3 = 'LOC''REAL':=2.72
           'REF''PROC'('REAL')'REAL'ROUTINE=
                 'LOC''PROC'('REAL')'REAL':=('REAL'A)'REAL':A+2
```

Für die Grund- Vereinbarung gibt es Abkürzungen , falls ein
Prozedurtext (siehe Routine- Grundvereinbarung 5.4) vorkommt:

```
z. B.      'PROC'SIGN = ('REAL'A)'INT':(A<0 | -1 |: A=0 | 0 | 1)
```

oder falls ein Verweis 'REF' ggf. mit Verweisung ":=" (siehe
Variablen- Vereinbarung 5.4) vorkommt:

```
z. B.      'REAL'VARIABLE1
           'REAL'VARIABLE3 := 2.72
           'PROC'ROUTINE := ('REAL'A)'REAL':A+2
```

Operations- Vereinbarung (erkennbar an 'OP' links)

```
z. B.      'OP' ('BOOL')'BOOL'¬=('BOOL'A)'BOOL':(A|'FALSE'|'TRUE')
           'OP' ('BOOL','BOOL')'BOOL' 'UND' = ('BOOL'A,B)'BOOL':A^B
           'OP' ('REAL')'REAL''SINCOS' = (BOOL | SIN | COS)
```

Für die Operations- Vereinbarung gibt es Abkürzungen ,falls ein
Prozedurtext (siehe Prozedur- Operation- Vereinbarung 5.4) vorkommt:

```
z. B.      'OP' ¬ = ('BOOL'A)'BOOL':(A | 'FALSE' | 'TRUE')
```

(dyad. Operat.-) Vorrang- Vereinbarung (erkennbar an 'PRIO' links)

```
z. B.      'PRIO' 'UND' = 3
           'PRIO' 'SINCOS' = 9
```

        'PRIO' +:= = 1
        (monadische Operatoren, z. B. ¬ , haben alle Vorrang 10)

Art- Vereinbarung (erkennbar an 'MODE' links)
----

z. B.   'MODE' 'GANZREELL' = 'UNION'('INT','REAL')

Zusätzlich zu den bisher besprochenen VEBART - Vereinbarungen
(Übersichtsschema 5.4 und 5.5-10) gibt es in ALGOL 68 noch
die "vereinbarende BENENNUNG ", die " Zielvereinbarung" und die
" Spezifikationsvereinbarung", die vorab besprochen werden
(5.1-3).

5.1   Vereinbarende BENENNUNG
=======================

     Die " NAMART vereinbarende BENENNUNG mit NAME " (siehe NAMART ,
BENENNUNG , NAME in A2.6 und Hyperregel 48a in A3.5) kommt als
Bestandteil u.a. in allen VEBART - Vereinbarungen, in der Ziel-
Vereinbarung und in der Spezifikationsvereinbarung vor.
     In der (komprimiert geschriebenen) 'FOR' - Schleife (4.6) tritt
eine "ganze vereinbarende Benennung mit GRUNDNAME " *)
in Abkürzung einer Grund- bzw. Variablen- Vereinbarung auf:

                    *)
                .------^-----.
z. B.   'FOR' GRUNDNAME 'DO''SKIP''OD'

     Ein so vereinbarter NAME kann dann mit einer " NAMART
aufgerufene BENENNUNG mit NAME " (siehe 6.10.6) wieder
aufgerufen werden (siehe Hyperregel 48b in A3.15 , Bereichsschachtelung 7.1).

5.2   Zielvereinbarung
=================

     Die " Zielvereinbarung" *) ist Bestandteil des "eigentliche
Programm" (3.1) bzw. der "geklammerte serielle Klausel" (4.1,4.2)
und dient dort zum Vereinbaren von (Sprung-) Zielen, die dann
mit Zielaufrufen (6.5) angesprungen werden können. Als Ziel- Name
ist ein GRUNDNAME

                    *)
                .------^-----.
z. B.   GRUNDNAME : 'SKIP'

zugelassen, aber nicht wie in ALGOL 60 auch eine Ganzdezimalzahl.

5.3   Spezifikationsvereinbarung
===========================

     Die " Spezifikationsvereinbarung"en *) sind Bestandteile der
" VEREINIGUNG - Unterscheidung- Klausel" (4.5.1,4.5.2.4) und dienen
zum Spezifizieren der durch "," getrennten Klauseln der
mit 'IN' beginnenden "ein Klausel":

                          *)   *)
                      .------^-----.   .------^-----.
z. B.   'CASE'GANZREELL'IN'('INT'I):PRINT(I),('REAL'):'SKIP''ESAC'

     Spezifiziert wird ein "formale ÄRT   Vereinbarer" und (falls
erforderlich auch) ein GRUNDNAME ,der dann den Wert der mit 'CASE'
beginnenden "verzweigende Klausel" erhält (vergleiche 4.5.2.4).

5.4   Übersichtsschema für VEBART - Vereinbarung
       ===
       (ohne Konvertierungspositionen, Vereinbarungenspeicher und Kompragmentare)


```
                                         Grund- bzw 44a      Variablen- bzw                                VEBART -
                                                                                                          Vereinbarung 41a
         .------------------------------------------------------------------------------------------------.
         |             |             |                       |                                  |
     Art- 42a    Vorrang- 43a  Grund- bzw 44a          Variablen- bzw                     Operations-              45a
     Vereinbarung Vereinbarung Routine- Grund-         Routine- Variablen-  44e           Vereinbarung*)
                               Vereinbarung*)          Vereinbarung*)
         |             |             |                       |                                  |
     .---^---- ----^----- ----^---..-----------------------..----------------------------------.
     'MODE' Art- 'PRIO' Vorrang-(formale    ART-)         (aktuelle Verweis-auf)    (formale formale formale ZEPROZ-)
        Vtl         Vtl        |ART      Grund-|          |ART         -ART-|       |(ART1 ,ART2 )ÄRT    Opera/ |
                               |Verein/   Vtl |  |        |Verein/  Variablen-|     |Verein/ Verein/ Verein/ tions- |
                               |barer         |  |('LOC' )|barer         Vtl |     |barer   barer   barer    Vtl |
                               <              > <^^^^^^ >< |                    >'OP'<  |      ^^^^^^^^             >
            VEBART             |   Prozedur|('HEAP')|     Verweis-auf|          |siehe                   Prozedur|
            Vtl   41b          |'PROC' -Grund-|     |'PROC'  -Prozedur-|       |5.11.1                  -Opera/ |
               |               |        Vtl |       |       Variablen-|        |                        tions- |
         .-----^------------.  (          )           (        Vtl )           (                          Vtl )
        VEBART-       VEBART-
          Vt   ,...., Vt
           |
         .-----------------------------------------------------------------------------------------------------.
           |             |             |             |             |                  |                    |
        Art-Vt       Vorrang-Vt   ART-Grund-Vt   |         Verweis-auf-ART-Variablen-Vt|        ZEPROZ-Operations-Vt
         .-----------. .-----^-------. .----^-----. |       .-------------------.  |       .------^-------.
              aktuelle     ( 1 ) GRUND/   ART    |       GRUND/    ART                    OP/     ZEPROZ
     'GRUND/  ÄRT    DOP/ | . | NAME  = Klausel '       NAME  := Klausel                  NAME  = Klausel
     NAME'=  Verein/ NAME=<   . >        s.6.1  /       ^^^^^^^^^^^              /                          /
      42b     barer   43b | . |    44c         /        44f                     /         45c              /
               |         ( 9 ) Prozedur-Grund-Vt        Verweis-auf-Prozedur-Variablen-Vt  Prozedur-Operations-Vt
             siehe         .-----^--------.              .------------------------.         .------^-------.
             5.11.1         GRUND/  PROZ                  GRUND/   PROZ                       OP/     ZEPROZ
                            NAME  = Prozedurtext          NAME  := Prozedurtext              NAME  = Prozedurtext
                                                                 siehe 7.2.1
```

Abkürzungen: Vtl Vereinbarungstextliste   , Vt Vereinbarungstext,
----

Zusatzregeln: Zusammengehörige VEBART sind gleich. Zusammengehörige ÄRT sind gleich.
------------   Ist ZEPROZ speziell EPROZ ,dann ist OPNAME speziell MOPNAME und
               genau dann entfällt auch der "formale ART2 Vereinbarer".
               Ist ZEPROZ speziell ZPROZ ,dann ist OPNAME speziell DOPNAME ,
           *) Bezeichnung, die nicht im Report vorkommt.

5.5   Grund- Vereinbarung

Die Bedeutung einer (einzelnen) Grund- Vereinbarung (5.4) wird
anhand der folgenden graphischen Interpretation erklärt:

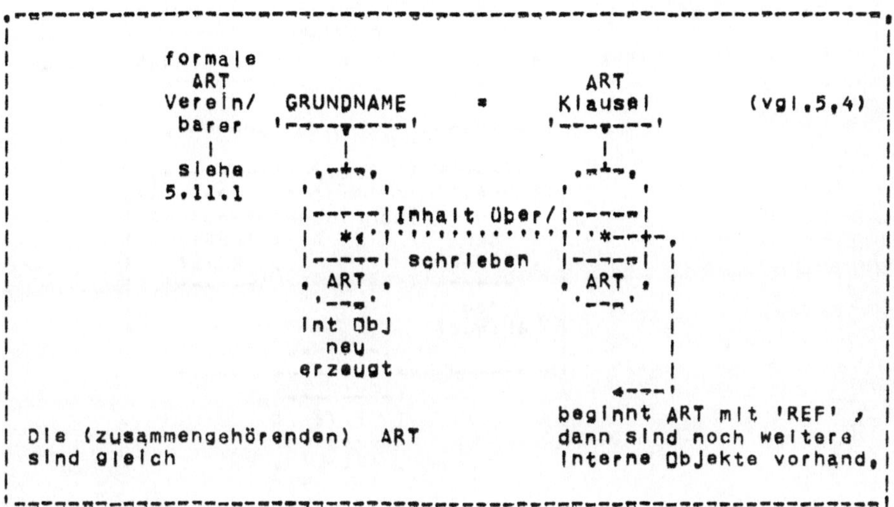

" Klausel"n (6.1) müssen hier im Vorgriff als bekannt
vorausgesetzt werden.
Jeder Klausel ist nach Abarbeitung ein internes Objekt
"intern zugeordnet" (1.1).

Der Effekt einer Grund- Vereinbarung ist , je nachdem
ob der "überschriebene Inhalt" eine interne Darstellung eines
Endwerts oder eine Adresse ist, entweder eine "nicht mit dem
Original verbundene Kopie" (Beispiel a) oder eine
" Verbindung mit dem Original durch Verweis" (Beispiele b,c).

Man beachte die Analogie zwischen Grund- Vereinbarung
und " Verweisung" (6.3).

Beispiel a:

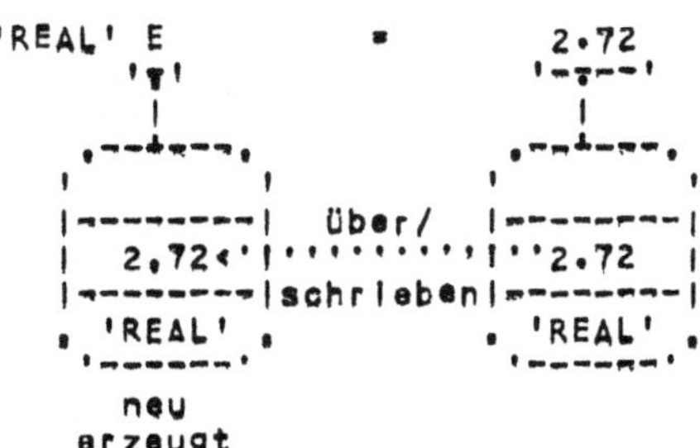

In den Beispielen b,c kommen als Spezialfälle von Klauseln
" Verweisung"en und darin " Variablenerzeuger" (6.1,6.9.1 ff) vor,
bei deren Abarbeitung auch schon interne Objekte neu erzeugt werden.

    Der Variablenerzeuger 'LOC''REAL'   erzeugt
in den Beispielen b,q ein internes Objekt der Art 'REF''REAL'   und
der Variablenerzeuger 'LOC''REF''REAL'   im Beispiel c ein internes
Objekt der Art 'REF''REF''REAL' .

Beispiel b:

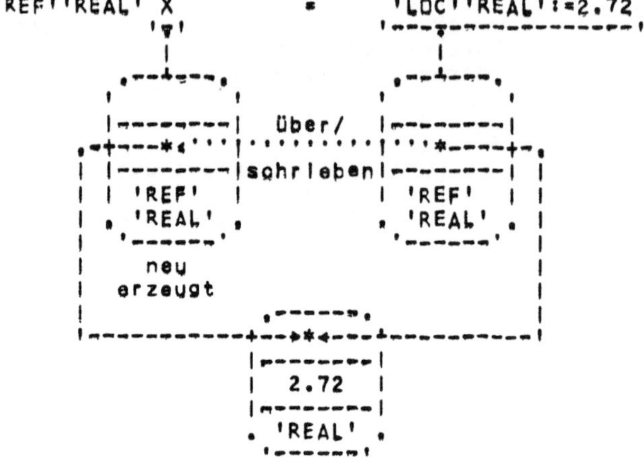

Beispiel c:

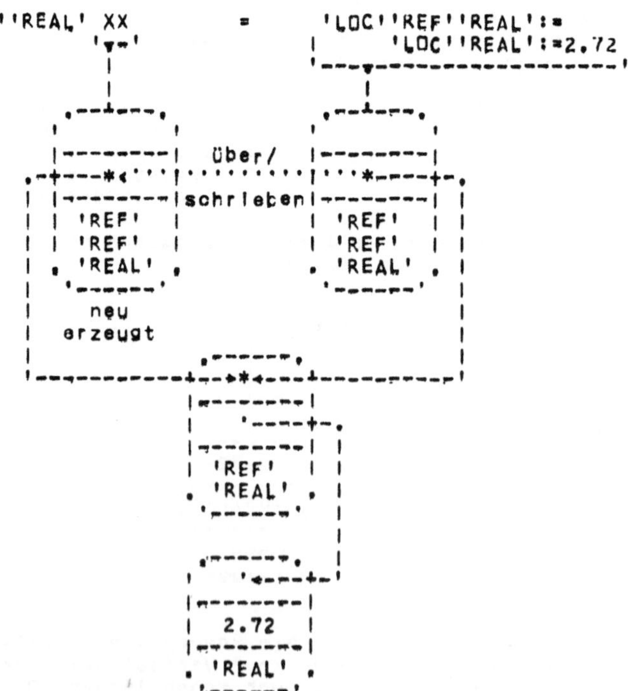

Im Übrigen können nach 5.4 mehrere Grund- Vereinbarungen
gleicher Art zu einer Grund- Vereinbarung zusammengezogen werden,
In der dann an Stelle eines
" Vereinbarungstextes Vt" (5.4) " GRUNDNAME = ART Klausel"
eine entsprechende " Vereinbarungstextliste" (5.4) steht.

Beispiel d:

```
                  Vereinbarungstextliste
             .----------^--------.
                  Vt          Vt
             .--^--. , .--^--.
            'REAL' E=2.72 , PI=3.14
```

Der "formale ART Vereinbarer " wird nur einmal abgearbeitet:

Beispiel e:

```
                      Vereinbarer
             .----------^--------.
                       einmal
                  .--^--.
          ('INT'N:=0;[O: N+:=1 ]'REAL'A=(1,1),B=(2,2);PRINT(N))
                                                          |
                                        ausgedruckt wird 1
```

Die " ART Klausel"n werden kollateral abgearbeitet:

Beispiel f:

```
                        kolla  -  teral
                   .--^--. , .--^--.
          ('INT'N:=0;'REAL'X= N+:=1 ,Y= N+:=1 ;PRINT((X,Y)))
                                          | |
                         ausgedruckt wird 1 2
                                bzw. 2 1
                                bzw. 1 1
```

5.6   Varlablen- Vereinbarung
===========================

Varlablen- Vereinbarungen vereinbaren nur GRUNDNAMEn, deren Art
mit 'REF' beginnt, d.h. (Verweis-) Varlablen (siehe auch
Verweisung 6.3).

Eine (einzelne) Varlablen- Vereinbarung (5.4) wird gedeutet als
Abkürzung (Makro- Konstruktion aus) einer (einzelnen) Grund-
Vereinbarung:

```
.-------------------------------------------------------------------.
|                                                                   |
| Die Variablen- Vereinbarung (vgl.5.4)                             |
|                                                                   |
|             aktuelle                                              |
| ( 'LOC' )    ART                                              ART  |
| <  ^^^^^ >  Verein/   GRUNDNAME                         := Klausel |
| ( 'HEAP' )  barer                                        ^^^^^^^^^ |
|                                                                   |
| sei äquivalent  der Grund- Vereinbarung                          |
|                                                                   |
|             formale                             aktuelle          |
|             'REF'ART                 ( 'LOC' )   ART          ART  |
|             Verein/   GRUNDNAME =<            >  Verein/  := Klausel|
|             barer                    ( 'HEAP' )  barer    ^^^^^^^^^ |
|                                      '----------v---------'        |
|                                      Variablenerzeuger            |
|                                      (6.1 , 6.9.1 ff)             |
|                                                                   |
| Unterschlängelungen  rechts sind zusammengehörig.                |
| Oben 'LOC' entspricht unten 'LOC' .                              |
|      ^^^^^                                                         |
| Oben 'HEAP' entspricht unten 'HEAP' .                            |
|                                                                   |
'-------------------------------------------------------------------'
```

Beispiel a:

Variablen- Vereinbarung äquiv.   Grund- Vereinbarung
-------------------------------   -----------------------
'REAL'X   'REF''REAL'X = 'LOC''REAL'
'REAL'X:='SKIP' (vgl. 6.6)   'REF''REAL'X = 'LOC''REAL':='SKIP'
'REAL'X:=2.72   'REF''REAL'X = 'LOC''REAL':=2.72

Die ersten beiden Beispiele sind in der Wirkung gleich, d.h. X
verweist (derzeit dynamisch) noch auf keinen Wert. Im dritten
Beispiel verweist die Variable X (derzeit dynamisch) auf den
Wert 2.72 (siehe Verweisung 6.3).

Im Übrigen können wie bei Grund- Vereinbarungen mehrere
Variablen- Vereinbarungen mit gleichem Vereinbarer zusammen
aufgelistet werden:

Beispiel b:

Variablen- Vereinbarung äquiv.   Grund- Vereinbarung
-------------------------------   -----------------------
'REAL'X:=2.72,Y:=3.14   'REF''REAL'X = 'LOC''REAL':=2.72,
                                  Y = 'LOC''REAL':=3.14

   Variablen- Vereinbarungen sind nützliche (ALGOL60 -ähnliche)
Kurzschreibweisen. Dennoch gibt es Fälle, in denen die
" Vereinbarung einer Variablen" nach wie vor ausführlich durch eine
Grund- Vereinbarung erfolgen muß:

Beispiel c:

Variablen- Vereinbarung äquiv.   Grund- Vereinbarung
-------------------------------   -----------------------
-gibt es nicht-   'REF''REAL'VARIABLE=(BOOL IXIY)
                                  '---------v----'
                                  kein Variablenerzeuger

5.7   Routine- Vereinbarung
========================

Routine- Vereinbarungen vereinbaren nur GRUNDNAMEn von der
Art PROZ (siehe 1.4.1), d.h. Routinen (siehe 7.2.2).

Eine (einzelne) Routine- Vereinbarung (5.4) wird gedeutet
entweder als Abkürzung (Makro- Konstruktion aus) einer
(einzelnen) Grund- Vereinbarung:

```
,---------------------------------------------------------------,
|                                                               |
| Die Routine- Grund- Vereinbarung (vgl. 5.4)                   |
|                                                               |
|                                            PROZ               |
|              'PROC'     GRUNDNAME     =  Prozedurtext          |
|                                                               |
| sei äquivalent  der Grund- Vereinbarung                       |
|                                                               |
|               formale                                         |
|               PROZ                          PROZ              |
|               Verein/    GRUNDNAME     =  Prozedurtext        |
|               barer                                           |
|                                                               |
'---------------------------------------------------------------'
```

oder einer (einzelnen) Variablen- Vereinbarung:

```
,---------------------------------------------------------------,
|                                                               |
| Die Routine- Variablen- Vereinbarung (vgl. 5.4)               |
|                                                               |
| ( 'LOC' )                                   PROZ             |
| < ^^^^^ >  'PROC'     GRUNDNAME    :=  Prozedurtext           |
| ( 'HEAP' )                                                    |
|                                                               |
| sei äquivalent  der Variablen- Vereinbarung                   |
|                                                               |
|              aktuelle                                          |
| ( 'LOC' )    PROZ                            PROZ             |
| < ^^^^^ > Verein/    GRUNDNAME    :=  Prozedurtext            |
| ( 'HEAP' ) barer                                              |
|                                                               |
'---------------------------------------------------------------'
```

" Prozedurtext"e (7.2.1) müssen hier im Vorgriff als bekannt
vorausgesetzt werden:

Beispiele a:

```
Routine- Grund- Vereinb.  äquiv.  Grund- Vereinbarung
-------------------------------   ---------------------
'PROC'                            'PROC'('REAL')'REAL'
     F=('REAL'A)'REAL':A+2            F=('REAL'A)'REAL':A+2

Rout.- Variabl.- Vereinb. äquiv.  Variablen- Vereinbarung
-----------------------------     -----------------------
'PROC'                            'PROC'('REAL')'REAL'
     F:=('REAL'A)'REAL'::'SKIP'       F:=('REAL'A)'REAL'::'SKIP'
```

Im Übrigen können wie bei Grund- Vereinbarungen mehrere
Routine- Grund- Vereinbarungen bzw. mehrere Routine- Variablen-
Vereinbarungen mit gleicher Art PROZ zusammen aufgelistet werden.

Beispiele b:

Routine- Grund- Vereinb. äquiv.   Grund- Vereinbarung
------------------------------   ------------------------
'PROC'   'PROC'('REAL')'REAL'
     F=('REAL'A)'REAL':A↑2,   F=('REAL'A)'REAL':A↑2,
     G=('REAL'A)'REAL':A↑3   G=('REAL'A)'REAL':A↑3

Rout.- Variabl.- Vereinb. äquiv.   Variablen- Vereinbarung
-------------------------------   ------------------------
'PROC'   'PROC'('REAL')'REAL'
     F:=('REAL'A)'REAL':A↑2,   F:=('REAL'A)'REAL':A↑2,
     G:=('REAL'A)'REAL':'SKIP'   G:=('REAL'A)'REAL':'SKIP'

    " Routine- Vereinbarungen" sind nützliche Kurzschreibweisen.
Dennoch gibt es Fälle, in denen die " Vereinbarung einer Routine"
nach wie vor ausführlich durch eine Grund- Vereinbarung
bzw. eine Variablen- Vereinbarung erfolgen muß!

Beispiele c:

Routine- Grund- Vereinb. äquiv.   Grund- Vereinbarung
-------------------------------   ------------------------
-gibt es nicht-   'PROC'('REAL')'REAL'
                                      ROUTINE=(BOOL|SIN|COS)
                                      '-----v-----'

                                                kein Prozedurtext

Rout.- Variabl.- Vereinb. äquiv.   Variablen- Vereinbarung
-------------------------------   ------------------------
-gibt es nicht-   'PROC'('REAL')'REAL')
                                      ROUTINE:='SKIP'
                                      '--v--'

                                                kein Prozedurtext

5.8   Operations- Vereinbarung

    Die Bedeutung einer (einzelnen) Operations- Vereinbarung (5.4)
wird anhand der folgenden graphischen Interpretationen erklärt.

    Operations- Vereinbarungen vereinbaren entweder MOPNAMEn
(siehe 1.2) von der Art EPROZ (siehe PROZ 1.4.1 und A2.2),
d.h. monadische (einparametrige) Operationen (siehe 7.2.4):

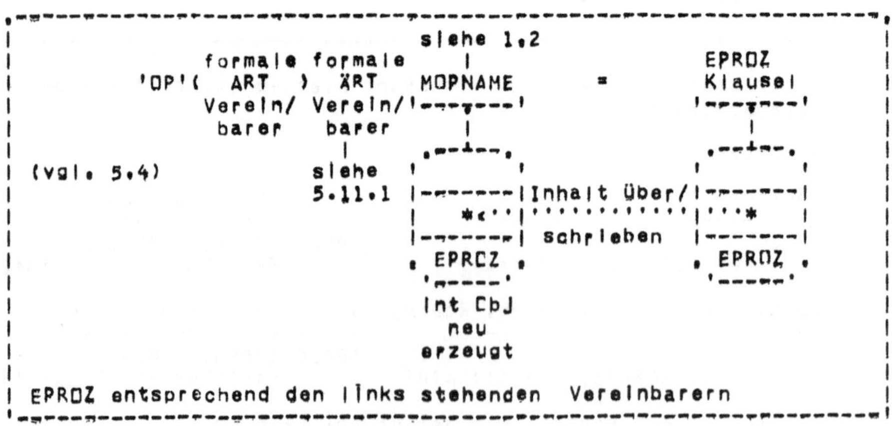

oder DOPNAMEn (siehe 1.2) von der Art ZPROZ (siehe PROZ 1.4.1
und A2.2),
d.h. dyadische (zweiparametrige) Operationen (siehe 7.2.4):

```
.-------------------------------------------------------------------.
|                              siehe 1.2                             |
|        formale formale formale    |                       ZPROZ   |
| 'OP'(  ART1 ,  ART2 )  ÄRT   DOPNAME          =         Klausel    |
|       Verein/ Verein/ Verein/'--+--'                   '---+---'   |
|        barer   barer   barer     |                         |       |
|                          |    .--+--.                   .--+--.    |
| (vgl. 5.4)             siehe  '     '                   '     '    |
|                        5.11.1 |------|Inhalt über/|------|         |
|                               | *<''|''''''''''''|''* |             |
|                               |------| schrieben  |------|         |
|                               . ZPROZ .              . ZPROZ .     |
|                               '------'               '------'      |
|                               Int CbJ                             |
|                               neu                                |
|                               erzeugt                            |
|                                                                   |
| ZPROZ entsprechend den links stehenden  Vereinbarern              |
|                                                                   |
'-------------------------------------------------------------------'
```

    " Klausel"n (6.1) und speziell " Prozedurtext"e (7.2.1)
müssen hier im Vorgriff als bekannt vorausgesetzt werden.
Jeder Klausel ist nach Abarbeitung (6) ein internes Objekt
"Intern zugeordnet" (1.1).

Beispiele a (monadisch):

```
    'OP'('REAL')'REAL''SINCOS'=(BOOLISINICOS)
    'OP'('BOOL')'BOOL'¬=('BOOL'A)'BOCL'!(AI'FALSE'I'TRUE')
                       !------------------v---------------------!
                                  Prozedurtext
```

Beispiele b (dyadisch):

```
    'OP'('INT','INT')'BOOL' ><   =   ('INT'A,B)'BOOL'!(BOOLIA>BIA<B)
    'OP'('BOOL','BOOL')'BOOL''UND'=('BCOL'A,B)'BUOL'!(AIBI'FALSE')
                       !--------------------v-----------------!
                                  Prozedurtext
```

    Außerdem gibt es speziell für Operations- Vereinbarungen
mit Prozedurtexten , siehe Beispiele a2,b2 , noch Abkürzungen
in Form von " Prozedur- Operations- Vereinbarung"en (5.4).

    Eine (einzelne) Prozedur- Operations- Vereinbarung (5.4)
wird gedeutet entweder als Abkürzung (Makro- Konstruktion aus)
einer (einzelnen) monadischen Operations- Vereinbarung:

```
,---------------------------------------------------------------,
|                                                               |
| Die monadische Prozedur- Operations- Vereinbarung (vgl. 5.4)  |
|                                                               |
|                                                        EPROZ  |
|       'OP'                    MOPNAME         =      Prozedurtext |
|                                                               |
| sei äquivalent  der monadischen Operations- Vereinbarung      |
|                                                               |
|           formale formale                             EPROZ   |
|       'OP'(  ART  ) ÄRT   MOPNAME         =      Prozedurtext  |
|           Verein/  Verein/                                    |
|           barer    barer                                      |
|                                                               |
| EPROZ entsprechend den links stehenden  Vereinbarern          |
|                                                               |
'---------------------------------------------------------------'
```

oder als Abkürzung (Makro- Konstruktion aus) einer (einzelnen)
dyadischen Operations- Vereinbarung:

```
,---------------------------------------------------------------,
|                                                               |
| Die dyadische Prozedur- Operations- Vereinbarung (vgl. 5.4)   |
|                                                               |
|                                                        ZPROZ  |
| 'OP'                          DOPNAME         =      Prozedurtext |
|                                                               |
| sei äquivalent  der dyadischen Operations- Vereinbarung       |
|                                                               |
|          formale formale formale                      ZPROZ   |
| 'OP'(  ART1 ,  ART2 )  ÄRT   DOPNAME         =      Prozedurtext |
|          Verein/ Verein/ Verein/                             |
|           barer   barer   barer                               |
|                                                               |
| ZPROZ entsprechend den links stehenden  Vereinbarern          |
|                                                               |
'---------------------------------------------------------------'
```

Beispiel c (monadisch) äquivalent Beispiel a2 :

    'OP'¬=('BOOL'A)'BOOL':(A|'FALSE'|A)

Beispiel d (dyadisch) äquivalent Beispiel b2 :

    'OP''UND'=('BOOL'A,B)'BOOL'|(A|B|'FALSE')

    Prozedur- Operations- Vereinbarungen sind nützliche Kurz-
schreibweisen. Es gibt jedoch Fälle, in denen nur die
ausführliche Operations- Vereinbarung möglich ist, wie
z. B. in a1.

Im Übrigen können nach 5.4 mehrere Operations- Vereinbarungen
bzw. mehrere Prozedur- Operations- Vereinbarungen gleicher Art
zu einer Operations- Vereinbarung bzw. zu einer Prozedur-
Operations- Vereinbarung zusammengezogen werden, in der dann an
Stelle eines " Vereinbarungstext"es (5.4) " OPNAME = ZEPROZ Klausel "
bzw. " OPNAME = ZEPROZ Prozedurtext " eine entsprechende
" Vereinbarungstextliste" (5.4) steht.

Beispiel e (monadische Operations- Vereinbarung):

    'OP'('BOOL'A)'BOOL'   ┐   =('BOOL'A)'BOOL'I(AI'FALSE'IA),
                            'IMMER'=('BOOL'A)'BOOL'I'TRUE'
                            I------------------v----------------------I
                                       Vereinbarungstextliste

Beispiel f (dyadische Prozedur- Operations- Vereinbarung):

    'OP' 'UND'=('BOOL'A,B)'BOOL'I(AIBI'FALSE'),
      ∨   =('BOOL'A,B)'BOOL'I(AI'TRUE'IB)
      I------------------------v---------------------------I
                    Vereinbarungstextliste

Anders als bei Routinen,deren GRUNDNAME "als aufgerufene
Benennung mit GRUNDNAME"(siehe 6.10.6) allein aufgerufen werden
kann (siehe Beispiele 5.7c,5.8a1) ,kann ein OPNAME nicht
allein aufgerufen werden.

Gegenbeispiel (Inkorrekt):

    'OP'('BOOL'A)'BOOL''NICHT'=┐
                              ↑
                          Inkorrekt

5.9   Vorrang- Vereinbarung
       =========================
       Eine (einzelne) Vorrang- Vereinbarung (5.4) dient zur
Klammer- Ersparnis bei geschachtelten Operationsaufrufen (7.2.5)
und vereinbart den Vorrang 1 bis 9 einer mit
DOPNAME (siehe 1.2) benannten dyadischen Operation (siehe 7.2.4),
wobei 1 den niedrigsten und 9 den höchsten Vorrang bezeichnet:

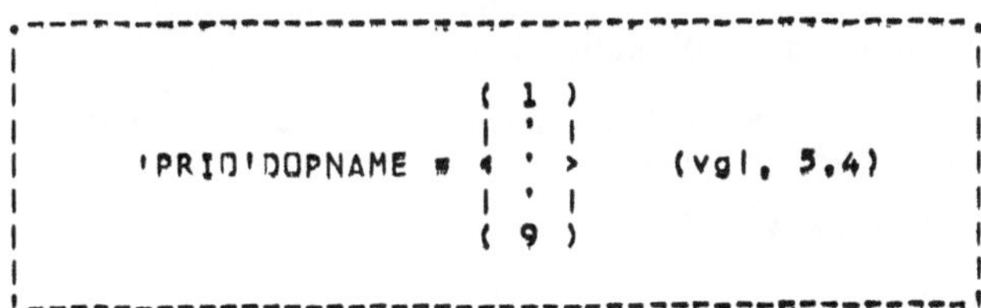

Beispiel a:

    'PRIO''UND'=3

Formal-sprachlich interessierte Leser seien darauf hingewiesen,
daß Vorrang- Vereinbarungen durch die zweischichtige Grammatik
adäquat beschrieben werden (siehe A3.7 Hyperregel 43b und A3.14
Hyperregel 542a).

Im übrigen können nach 5.4 mehrere Vorrang- Vereinbarungen
zu einer Vorrang- Vereinbarung zusammengezogen werden, in der
dann an Stelle eines " Vereinbarungstext"es (5.4)
" DOPNAME = 1 bis 9 " eine entsprechende " Vereinbarungstextliste"
(5.4) steht.

Beispiel b :

    'PRIO' ~=2,'UND'=3,'DYADOP'=9
          !--------------v------------,,!
           Vereinbarungstextliste

Da alle monadischen Operationen (automatisch) den obersten
Vorrang 10 besitzen, ist für sie keine (explizite) Vorrang-
Vereinbarung vorgesehen.

5.10 Art- Vereinbarung
========================

Eine (einzelne) Art- Vereinbarung (5.4) vereinbart einen
(neuen) 'GRUNDNAME'n für eine (neue) ÄRT durch einen
" ÄRT   Vereinbarer" (siehe 5.11.1),

```
.------------------------------------------------------------.
|                               aktuelle                     |
|  'MODE''GRUNDNAME' =      ÄRT          (vgl. 5.4)           |
|         aber kein    Vereinbarer                           |
|         Darstellungs/           |                          |
|         zeichen        siehe 5.11.1                        |
|         aus A4                                             |
|                                                            |
'------------------------------------------------------------'
```

d.h. durch Gleichsetzung mit einem (bereits bekannten) ÄRTNAMEn ,
z. B. einem Standard- Ärtnamen wie 'VOID' bzw. 'INT' bzw.
einem vorher vereinbarten Ärtnamen wie z. B. 'LEER' bzw. 'LISTE'

oder durch einen " ART   Erklärer" (siehe 5.12.1)
d.h. mittels 'REF', 'FLEX', [], 'STRUCT'(), 'PROC'(), 'UNION'() .

Beispiele a (mit ÄRTNAME) :

    'MODE''TEXT'='STRING' (siehe Standard- Vorspiel 8.3)
    'MODE''WORT'='TEXT'

Beispiel b (mit ART Erklärer):

    'MODE''GANZREELL'='UNION'('INT','REAL')   (vgl.4.5.2.5)

Rekursive Art- Vereinbarung ist zugelassen in ALGOL68 .
Rechner-logisch bietet rekursiver Art- Aufruf keine Schwierigkeiten,
sofern durch " Abbruch- Vorkehrungen", z. B. Setzen von 'NIL'
oder 'SKIP' , dafür gesorgt ist, daß der Gesamt- Erzeugungs-
Algorithmus für die durch die Art- Vereinbarungen beschriebenen
internen Objekte nach endlich vielen Schritten abbricht.
(Theoretisch läßt sich nach der Turing'schen These jeder
rekursiv vorgegebene Algorithmus auch nichtrekursiv programmieren).

Dem Programmierer wird empfohlen, die Korrektheit einer in
Frage kommenden rekursiven Art- Vereinbarung jeweils daran zu
prüfen, ob eine endliche graphische Interpretation (1.1) der
zugehörigen internen Objekte möglich ist oder nicht.

Eine Orientierungshilfe geben die nachfolgenden Beispiele und
Gegenbeispiele.

Beispiele c (korrekt rekursiv) :

```
    'MODE''A'='REF''B',,'B'='STRUCT'('INT'I,'A'KOMP) ) äquivalent
    'MODE''A'='REF''STRUCT'('INT'I,'A'KOMP)           > in
    'MODE''B'='STRUCT'('INT'I,'REF''B'KOMP)           ) 'A' und 'B'


    etwa mit 'B' A :=      (1, 'HEAP''B' :=(2, 'HEAP''B' :=(3, 'NIL' )
             '7'
              |
           .-+-.
           '   '
           |-----|
        .-+-.' |
        | |-----|
        | . 'A' .                                   (vgl.2,2,2,1/2)
        |   '---'
        |
        |   .---.          .---.          .---.            .---.
        '-+-.'  '  .-------+-.' ' .-------+-.' ' .-------+-0  '
          |-----| |   |-----| |   |-----| |      |-----|
          |1 |'-+-'   |2 |'-+-'   |3 |o-+-'       -+-
          |-----|     |-----|     |-----|          -
          . 'B' .     . 'B' .     . 'B' .
           '---'       '---'       '---'
```

Beispiele d (korrekt rekursiv):

    'MODE''A'='PROC'('INT',,'A')'INT'

    etwa mit 'A'F=('INT'I,'A'F)'INT':(I=0|0|F(0,F))

    'MODE''A'='PROC'('INT')'A'

    etwa mit 'A'F=('INT'I)'A':(I=0|PRINT(0);'SKIP'|F(0))

    'MODE''A'='STRUCT'('INT'I,'PROC''A'KOMP)

    etwa mit 'A'A=(1,'A':(2,'A':(3,'SKIP'))))

Gegenbeispiele e (inkorrekt rekursiv):

```
    'MODE''A'='B','B'='A'                          ) äquivalent
                                                   > in
    'MODE''A'='A'                                  ) 'A'

    'MODE''A'='REF''B','B'='REF''A'                ) äquivalent
                                                   > in
    'MODE''A'='REF''A'                             ) 'A'
```

```
        .---.                 .---.
        '   '     .---------+=+'   '    .-+ ' ' ' unendlich
        |---|  |  |           |-----| |
        |  '-+-'|  |           |  '-+-'|
        |---|   |           |----|
        . 'A' .              . 'A' .
        '---'                '---'
```

Gegenbeispiele f (inkorrekt rekursiv):

```
    'MODE''A'=[1:2]'B','B'=[1:2]'A'                ) äquivalent
                                                   > in
    'MODE''A'=[1:2]'A'                             ) 'A'

    'MODE''A'='STRUCT'('INT'I,'B'B),'B'='STRUCT'('INT'I,'A'A) ) äqu.
                                                   > in
    'MODE''A'='STRUCT'('INT'I,'A'A)               ) 'A'

    'MODE''A'='PROC''B','B'='PROC''A'              ) äquivalent
                                                   > in
    'MODE''A'='PROC''A'                            ) 'A'

    'MODE''A'='UNION'('INT','B'),'B'='UNION'('INT','A')      ) äqu.
                                                   > in
    'MODE''A'='UNION'('INT','A')                   ) 'A'
```

Gegenbeispiele g (inkorrekt rekursiv):

```
    'MODE''A'='REF''B','B'='PROC''A'               ) äquivalent
                                                   > in
    'MODE''A'='REF''PROC''A'                       ) 'A'
```

Formal-sprachlich interessierte Leser seien darauf hingewiesen,
daß Art- Vereinbarungen (einschließlich rekursiver) durch die
zweischichtige Grammatik adäquat beschrieben werden (siehe A3.7
Hyperregel 42b , A3.15 Hyperregel 48b u.a.m.).
Dieser besonders elegante, aber von der Sache her umfangreiche
und ineinander verzahnte Teil der zweischichtigen Grammatik ist
jedoch mehr für Compiler- Konstrukteure und maschinelle Auswertung
als für normale ALGOL 68- Programmierer zu empfehlen.

    Im Übrigen können nach 5.4 mehrere Art- Vereinbarungen
zu einer Art- Vereinbarung zusammengezogen werden, in der dann
an Stelle eines
" Vereinbarungstext"es "'GRUNDNAME'=AKTUELLE ART Erklärer" bzw.
                        "'GRUNDNAME'= ARTNAME "
eine entsprechende " Vereinbarungstextliste" (5.4) steht.

Beispiel e :

    'MODE''GANZREELL'='UNION'('INT','REAL'),'TEXT'='STRING'

5.11 Vereinbarer
========

ÄRT - Vereinbarer *) können Bestandteil sein von

                                                    *)

- Vereinbarungen (5)   z. B. 'REAL'PI=3.14   ,

                                                    *)

- Variablenerzeugern (6.9.1)   z. B. 'LOC''REAL'   ,

                                                    *)

- expliz. Konvertierungen (6.10.4) z. B. 'REAL'(VARIABLE)   oder

                                              *)   *)

- Prozedurtexten (7.2.1)   z. B. ('REAL'A)'REAL''A+2

und dienen zum " Aufruf" bzw. zur " Erklärung" der
gewünschten ÄRT .

     Ist die gewünschte ÄRT   bereits vorher unter einem
ÄRTNAMEN   vereinbart (5.10), so besteht der ÄRT - Vereinbarer
aus dem Aufruf dieses ÄRTNAMENs   (siehe Übersichtsschema
5.11.1 und obige Beispiele).

     Handelt es sich jedoch um eine neu zu erklärende ART ,
so besteht der ART - Vereinbarer *) aus einem ART - Erklärer
(siehe Übersichtsschema 5.12.1 ff).

                          *)

     z. B. [1:2]'REAL'A=(2.72,3.14)   ,

     Man unterscheidet

- virtuelle Vereinbarer   z. B. in Vereinbarungen (5)
  (stets nach 'REF')
                                   (ohne Indexgrenzen)
                                       virtuell

                           'REF''FLEX'[,   ]'REAL'GEBILDE=
                           'LOC''FLEX'[1:0,1:0]'REAL'   ,

- formale Vereinbarer   z. B. in Prozedurtexten (7.2.1)

                                   (ohne Indexgrenzen)
                                   formal   formal

                           ([,]'REAL'A,B)[,]'REAL'':'SKIP' und

- aktuelle Vereinbarer   z. B. in Variablenerzeugern (6.9.1)

                                   (mit Indexgrenzen)
                                       aktuell

                           'LOC'[1:2,1:2]'REAL'   .

5.11.1 Übersichtsschema für ÄRT Vereinbarer
==================================
(ohne Konvertierungspositionen , Vereinbarungenspeicher und Kompragmentare)

```
.-----------------------------------------------------------------------------.
|                                |     virtuelle    |     formale     |      aktuelle     |
|               ÄRT              |           ÄRT   V e r e i n b a r e r   42c,46a,b      |
|--------------------------------+------------------+-----------------+-------------------|
|                                |  (          ) | (      formale     ) | (            ) |
|                                |  |  virtuelle  | | | ÄRT  Erklärer| | |   aktuelle   | |
|  ohne 'FLEX'                   |  | ÄRT Erklärer| | <                > | | ÄRT  Erklärer| |
|                                |  <            > | |     ÄKTNAME     | | <            > |
|                                |  |   ÄRTNAME   | | (                ) | |   ÄRTNAME    | |
|--------------------------------| | |           | | |---------------------| | |         | |
|  mit 'FLEX'                    | (          ) |      ÄKTNAME      | (            ) |
'-----------------------------------------------------------------------------'
```

Zusatzregeln: Der ÄRTNAME muß zulässig sein im Sinne von 72a (genannt in ALT).
Zusammengehörige ÄRT sind gleich,

5.12.1 Übersichtsschema für ART Erklärer
=================================
(ohne Konvertierungspositionen, Vereinbarungenspeicher und Kompragmentare)

```
.---------------------------------------------------------------------------------.
|                                |   virtuelle   |    formale    |   aktuelle   |
|              ART               |         ART   E r k l ä  r e r                |
|--------------------------------+---------------+---------------+--------------|
| VRW auf Art              46c|       'REF' virtuelle ART  Vereinbarer          |
|--------------------------------+------------------------------------------------|
| Struktur aus             46d|                                                 |
|  ART1  GRUND/      ART1  GRUND/|                                               |
|  Kompo/ NAME11 ''' Kompo/ NAME1N1|       VOR/                    VOR/          |
|  nente            nente        |       AKTE GRUND/,''',GRUND/   AKTE GRUND/,''',GRUND/ |
|                                | 'STRUCT'(ART1 NAME11    NAME1N1,''',ARTM NAMEM1    NAMEMNM) |
|  ARTM  GRUND/      ARTM  GRUND/|       Ver/                    Ver/           |
|  Kompo/ NAMEM1 ''' Kompo/ NAMEMNM|     ein/                    ein/           |
|  nente            nente        |       barer                   barer          |
| Art                            |                                              |
'---------------------------------------------------------------------------------'
```

(Fortsetzung)

(Fortsetzung)


```
|---------------------------------------+-----------------+-------------+-----------------|
| flexible Reihe ''' Reihe von ART 46g| virtuelle       |  -entfällt- |  aktuelle       |
|                                     |'FLEX'Reihe'''Reihe            |'FLEX'Reihe'''Reihe|
|                                     |  von ART        |             |  von ART        |
|                                     |  Vereinbarer    |             |  Vereinbarer    |
|---------------------------------------+-----------------+-------------+-----------------|
|                                     | virtuelle       formale      |
|                                     |[!,''',:] ART   [[:,''',!] ART |
|                                     | ^     ^ Vereinbarer ^     ^ Vereinbarer |
|                                     | .------------------------!    |
|                                     | .---------------------------------------!    |
|                                     | | untere    obere      untere    obere    aktuelle |
| Reihel ''' Reihem von ART      46h| | [ Index/ : Index/ , ''' , Index/ : Index/ ]  ART |
|                                     | |   grenzel grenzel         grenzem grenzem| Vereinbarer|
| Abkürzung:                          | | | ^^^^^^                ^^^^^^ |   |       |
| Entsprechend der Schlängelung  kann | |(C) .------------,------------!        |  (])  |
| abkürzend  die untere Indexgrenze:  | |< >          ||||                      |  < >  |
| Im Fall 1:                          | |(()       ganze Klausel s,dort        |  ())  |
| weggelassen werden, ohne daß sich   | '------------------------------------! |
| die Wirkung des Erklärers  ändert   | '---------------------------------!    |
|---------------------------------------+-----------------+-------------+-----------------|
| Prozedur                       460| formale          formale        formale |
|  mit ART1 Parameter'''ARTM Parameter| 'PROC'(  ART1  , ''' ,  ARTM  )  ÄRT |
| ^^^^^^^^^^^^^^^^^^^^^^^^^^^^^^^^^^^^^| Vereinbarer     Vereinbarer  Vereinbarer |
| ergebend ÄRT                        | ^^^^^^^^^^^^^^^^^^^^^^^^^^^^^^^^^^^ |
|---------------------------------------+-----------------+-------------+-----------------|
|                                 46s| formale          formale |
| Vereinigung von MÜD1'''MÜDN    Art | 'UNION'(  ÄRT1  , ''' ,  ÄRTM  ) |
|                                     | Vereinbarer     Vereinbarer |
|---------------------------------------+-----------------+-------------+-----------------|
```

Zusatzregeln: VORAKTE wird entsprechend dem Erklärer zu virtuelle bzw. formale bzw. aktuelle.
            Zusammengehörige ÄRT   (bzw. ART) sind gleich.
            Zusammengehörige Klammern [] sind gleichartig darzustellen, z. B. [] .
            Schlängelungen links und rechts in 46o sind zusammengehörig.
            MÜD1'''MÜDN   muß zulässig sein im Sinne von 47f (nicht zu fest verwandt).
            ÄRT1'''ÄRTM   muß passen zu MÜD1'''MÜDN   im Sinne von 47g (idempotent).

5.12 Erklärer
========
        ART - Erklärer *) sind Spezialfälle von

                              Vereinbarer
                             .----^-----.
                                  *)
                             .-------------.
        - ART Vereinbarern (5.11.1 ff) z. B. 'REF''REAL'X='LOC''REAL'

und dienen zur Erklärung der gewünschten ART .

     Dem Leser wird empfohlen, bei der gegebenenfalls geschachtelten
Konstruktion von(Vereinbarern und) Erklärern, entsprechend den
Übersichtsschemata 5.12.1-2 vorzugehen.

     Soll zum Beispiel ein konstanter VEKTOR aus einer Reihe von
ganzen Elementen 1,2 mit Hilfe einer Grund- Vereinbarung (5.5)
vereinbart werden, so findet man

                              formale
nach 5.5   :   Reihe von ganze VEKTOR = (1,2)   und
                      Vereinbarer

                              formale
nach 5.11.1   Reihe von ganze VEKTOR = (1,2)   und
                      Erklärer

                              formale
nach 5.12.1   []   ganze   VEKTOR = (1,2)   und
                      Vereinbarer

nach 5.11.1   []   'INT'   VEKTOR = (1,2)   .

     Entsprechend wie bei Vereinbarern (5.11) unterscheidet man
auch bei Erklären virtuelle,formale und aktuelle Erklärer.
Im obigen Beispiel handelt es sich um einen formalen Erklärer,
d.h. aus der mit "formale" Überschriebenen Spalte des Übersichts/
schemas für Erklärer (5.12.1) entnimmt man, daß die Reihe []
ohne Indexgrenzen zu schreiben ist.

     Zur Erläuterung der etwas komplizierteren " 'UNION'- Erklärer"
folgt nun speziell ein Abschnitt.

5.12.2 'UNION' - Erklärer

Die Art VEREINIGUNG wurde bereits im Produktionsschema für
ART (1.4.1) eingeführt, ihre wichtigste Anwendung in der
VEREINIGUNG - Unterscheidung (4.5.2.4) besprochen und anschließend
Größen von der Art " Verweis auf VEREINIGUNG " graphisch
interpretiert (4.5.2.5).
Dem Leser werden nun noch einige Hinweise zur Konstruktion
von 'UNION' - Erklärern gegeben.

Da die mehrstellige (2 $\leq$ n endlich) Funktion

'UNION'('''','A','B','''')

gedeutet werden kann als "mehrstellige Mengen- Vereinigung"

('''∨'A'∨'B'∨''')

gelten die von Mengen- Vereinigungen her bekannten Umformungsregeln

- 'UNION'('''','A','B','''') artgleich 'UNION'(''''B','A','''')
                                                    (kommutativ),
- 'UNION'('''','A','B','''') artgleich 'UNION'('','UNION'('A','B'),'')
                                                    (assoziativ),
- 'UNION'('''','A','A','''') artgleich 'UNION'('''','A','''')
                                                    (idempotent)

mit den bei Mengen- Vereinigungen nicht üblichen, aber im
Hinblick auf die Anwendbarkeit der VEREINIGUNG - Unterscheidungs-
Klausel (4.5.2.4-5) erforderlichen Zusatzregeln

- 'UNION'('''','A','B','''') enthält   mindestens zwei
                                      verschiedene Arten 'A','B'   ,
- 'UNION'('''','A','B','''') enthält   in Anbetracht der impliziten
                                      Konvertierungen " Entverweisen"
                                      und " Entprozedurieren" (6.2)
                                      keine
                                      "zu fest verwandt"en Arten
                                      'A','REF''A'   bzw
                                      'A','PROC''A'   .

Beispiele a (korrekte Erklärer):

    'UNION'('UNION'('INT','REAL'),'UNION'('INT','REAL'))
    'UNION'('INT','UNION'('REAL','UNION'('INT','REAL')))
    'UNION'('INT','REAL','INT','REAL')
    'UNION'('INT','REAL')   (alle vier Erklärer artgleich!)

Gegenbeispiele b (inkorrekte Erklärer):

    'UNION'('INT')
    'UNION'('INT','INT')
    'UNION'('INT','REF''INT')
    'UNION'('INT','PROC''INT')
    'UNION'('INT','REAL','UNION'('REF''INT','PROC''INT'))

Formal-sprachlich interessierte Leser seien darauf hingewiesen,
daß 'UNION' - Erklärer (einschließlich der genannten Gesetze
der " Mengen- Vereinigung" und der Zusatzregeln) durch die
zweischichtige Grammatik adäquat beschrieben werden (siehe
A3.11 Hyperregel 46s, A3.25 Hyperregeln 47f,g).

```
5.13  Testfragen (mit Nummernhinweisen)               | Antworten
========= ---------------------------------------------+---------------------------

5         Was ist die ART von N in:                    |
                                                       |
          'INT'N=2                                ?| 'INT'
          'REF''INT'N='LOC''INT':=2               ?| 'REF''INT'
          'INT'N:=2                               ?| 'REF''INT'
          'REF''INT'N:='LOC''INT':=2              ?| 'REF''REF''INT'
          'PROC''INT'N='INT':2                    ?| 'PROC''INT'
          'PROC'N='INT':2                         ?| 'PROC''INT'
          'REF''PROC''INT'N='LOC''PROC''INT'      |
                           :='INT':2              ?| 'REF''PROC''INT'
          'PROC'N:='INT':2                        ?| 'REF''PROC''INT'
          'REF'[]'INT'N='LOC'[1:2]'INT':=(2,2)    ?| 'REF'[]'INT'
          [1:2]'INT'N:=(2,2)                      ?| 'REF'[]'INT'
                                                       |
5.1       Welche der folgenden sind (enthalten)       |
          korrekte Schleifen- Klauseln:                |
                                                       |
          'FOR'I:=1'BY'1'TO'10'DO''SKIP''OD'      ?| nein
          'FOR'I FROM 1 BY 1 TO 10'DO''SKIP''OD'  ?| Ja
          'FOR'(BOOL||I1|I2)'DO''SKIP''OD'        ?| nein
          'INT'FOR I1,I2;'DO''SKIP''OD'           ?| Ja
          'FOR'I[FROM,BY,TO]'DO''SKIP''OD'        ?| nein
          'COMPL'I;'FOR'I'DO''SKIP''OD'           ?| Ja
                                                       |
5.2       Welche der folgenden sind (enthalten)       |
          korrekte Zielvereinbarungen:                 |
                                                       |
          ZIEL:ZIEL                          ?    | Ja
          Z:IIE:L                            ?    | Ja
          K2R:K2R                            ?    | Ja
          K:2:R                              ?    | nein
                                                       |
5.3       Welche der folgenden sind (enthalten)       |
          korrekte Spezifikationsvereinbarungen:       |
                                                       |
          (AI('INT' B)::'INT' A:=B+1,PRINT(A),  |
             ('REAL'B)::'REAL'A:=B+2;PRINT(A))  ?| Ja
          (AI('INT'  )::'INT' B:=1;PRINT(A+B),  |
             ('REAL' )::'REAL'B:=2;PRINT(A+B))  ?| nein (* inkorrekt)
          (AI('HEAP''INT'B):PRINT(B),          |
             ([1:2]'REAL'C):PRINT(C))          ?| nein ( 'HEAP' inkorr,
                                                  :         1:2 inkorrekt)
                                                       |
5.5       Welche der folgenden sind korrekte           |
          Grund- Vereinbarungen:                       |
                                                       |
          'PROC'('REAL','REAL')'REAL'XMALY=*     ?| nein
          'PROC'('REAL','REAL')'REAL'XMALY=X*Y   ?| nein
          'REAL'XMALY=X*Y                        ?| Ja
          'VOID'PRINTX=PRINT(X)                  ?| nein ( 'VOID' nicht
                                                  |          in ART )
          'PROC''VOID'PRINT1='VOID':PRINT(1)     ?| Ja
```

```
5.6        Schreibe die folgenden
           (ausführlichen)  Grund- Vereinbarungen
           abkürzend  als Variablen- Vereinbarungen:     |

              'REF''REAL'A='HEAP''REAL'I=2.72            | 'HEAP''REAL'A:=2.72
              'REF''REF''REAL'A='HEAP''REF''REAL'        | 'HEAP''REF''REAL'A

5.6        Schreibe die folgenden
           (abkürzenden)  Variablen- Vereinbarungen
           ausführlich  als Grund- Vereinbarung:         |

              'COMPL'A:=2.72 ⊥ 3.14                       | 'REF''COMPL'A=
                                                          | 'LOC''COMPL':=
                                                          |    2.72⊥3.14

              'HEAP''REF'REF''REAL'A                      | 'REF''REF''REF'A=
                                                          | 'HEAP''REF''REF''REAL'

5.7        Welche der folgenden sind korrekte
           Grund- Vereinbarungen (einer Routine) bzw.
           Routine (- Grund bzw - Variablen)
           - Vereinbarungen:

              'PROC'('REAL'A,       B)'REAL'  A =
                    ('REAL'A,'REAL'B)'REAL' :A          ?| nein
              'PROC'('REAL' ,'REAL' )'REAL'   A =
                    ('REAL'A,'REAL'B)'REAL'A:A          ?| nein
              'PROC'('REAL' ,'REAL' )'REAL'   A =
                    ('REAL'A,'REAL'B)'REAL' :A          ?| Ja
              'PROC'('REAL' ,'REAL' )'REAL'   A:=
                    ('REAL'A,'REAL'B)'REAL' :A          ?| Ja
              'PROC'A =('REAL'A,'REAL'B)'REAL'A:A        | nein
              'PROC'A =('REAL'A,'REAL'B)'REAL' :A        | Ja
              'PROC'A:=('REAL'A,       B)'REAL' :A        | Ja
                    A:=('REAL'A,       B)'REAL' :A        | nein ( Verweisung)

5.8        Welche der folgenden sind korrekte        | siehe 1.2 ff
           Operations- Vereinbarungen:

              'OP'    *=('REAL'A  )'VOID'IPRINT( A  )?| nein
              'OP''MAL'=('REAL'A  )'VOID'IPRINT( A  )?| Ja
              'OP' ==:==('REAL'A  )'VOID'IPRINT( A  )?| nein
              'OP' ==:==('REAL'A,B)'VOID'IPRINT((A,B))?| Ja

5.8        Welche der folgenden sind korrekte
           Operations- Vereinbarungen:

              'OP''A'=('FLEX'[1:0]'CHAR'B)'VOID':'SKIP'| nein
              'OP''A'=('STRING'       B)'VOID':'SKIP'| Ja

5.9        Welche der folgenden sind korrekte        | siehe 1.2 ff
           Vorrang- Vereinbarungen:

              'PRIO'==:==1              ?             | Ja
              'PRIO':=:=1              ?             | nein
              'PRIO'*,/=7              ?             | Ja
              'PRIO''NOT'=10              ?             | nein
```

5.10   Ist   'MODE''REELL'='REAL' |
          eine Grund- Vereinbarung oder Abkürzung |
          einer Grund- Vereinbarung   ? | nein (Art- Vereinb.)
                                                           |
                                                           |
5.10   Welche der folgenden sind korrekte |
          (ggf.rekursive) Art- Vereinbarungen: |
                                                           |
          'MODE''ARTLEERE'='VOID'   ?| Ja
          'MODE''VOID'   ='VOID'   ?| nein
          'MODE''A'='STRUCT'('INT'I,'REF''A'X,Y)   ?| Ja
          'MODE''A'='UNION'('INT','REF''A')   ?| nein
                                                           |
5.12   Welche der folgenden sind korrekte |
          Art- Vereinbarungen: |
                                                           |
          'MODE''A'='UNION'('INT','REAL'), |
                'B'='UNION'('INT','A')   ?| Ja
          'MODE''A'='UNION'('INT','REAL'), |
                'B'='UNION'('INT,'REAL'), |
                'C'='UNION'('A','B')   ?| Ja
          'MODE''A'= |
                'UNION'('INT','REAL','REF''INT')   ?| nein

6   KLAUSELN
     ========
     Eine " Klausel" (siehe Übersichtsschema 6.1) kann im einzelnen
sein: ein(e)

- Verweisung (6.3)   ,z. B. X:=2.72   K ,
- Verweisidentitätsrelation (6.4),z. B. X:=:Y   K ,
- Prozedurtext (siehe 7.2.1)   ,z. B. ('INT'A)'INT':A+2   K ,
- Zielaufruf (6.6)   ,z. B. 'GO TO'STOP   K ,
- Leerklausel (6.7)   ,   'SKIP'   K ,
- Operationsaufruf (siehe 7.2.7)   ,z. B. 'SIGN'X   K3,
- Leerverweis (6.8.2)   ,   'NIL'   K3,
- Variablenerzeuier (6.9.1)   ,z. B. 'LOC''REAL'   K2,
- Komponentenaufruf (siehe 2.2.1)   ,z. B. NACHFOLGER'OF'EINS K2,
- explizite Konvertierung (6.10.1),z. B. 'REAL'(X)   K1,
- Formattext (siehe 9.2.2)   ,z. B. $ZD.D$ K1,
- Eigenbenennung (6.10.3)   ,z. B. 'CO'E'CO'2.72   K1,
- Teilfeldaufruf (siehe 2.1.1)   ,z. B. A[I]   K1,
- Routineaufruf (siehe 7.2.4)   ,z. B. SQRT(X)   K1,
- aufgerufene Benennung mit GRUNDNAME (6.10.6),z. B. K2R   K1,
- GEKLAMMERTE Klausel (siehe 4.1):   G
   - geklammerte serielle Klausel (siehe 4.2)   ,
   - geklammerte kollaterale Klausel (siehe 4.3)   ,
   - synchronisierbare Klausel (siehe 4.3)   ,
   - Eigenfeld- Klausel (siehe 4.4)   ,
   - Eigenstruktur- Klausel (siehe 4.4)   ,
   - geklammerte UNTERSCHEIDUNG - Klausel (siehe 4.5)   ,
   - Schleifen- Klausel (siehe 4.6)   .

     Man unterteilt Klauseln nach ihrer Verwendbarkeit im Programm
hierarchisch in (siehe 6.1 und A2.5 Metaregeln 5A-D) :

         Klausel = KLAUSEL K
                 ...!
                    I
         TERTIÄRKLAUSEL K3
                 ...!
                    I
         SEKUNDÄRKLAUSEL K2
                 ...!
                    I
         PRIMÄRKLAUSEL K1
                 ...!
                    I
      GEKLAMMERTE Klausel G
                 ...!
und nach ihrer impliziten Konvertierbarkeit disjunkt in
die Konvertierungstypen (siehe 6.1 und A2.5 Metaregeln 61E-G) :

- ENTPROZ(EDURIER)TYP
- LOESCHTYP
- nicht implizit konvertierbar

     Aus dem folgenden Übersichtsschema 6.1 sind
noch weitere Angaben insbesondere über die Art der einzelnen
Klauseln zu entnehmen . Die einzelnen Klauseln werden dann
in diesem Kapitel nacheinander durchgesprochen.
     Man beachte die mögliche Rekursion, die darin besteht, daß eine
Klausel K z. B. eine GEKLAMMERTE Klausel und diese z. B. eine
geklammerte serielle Klausel (K) sein kann, in der wieder eine
(andere) Klausel K enthalten ist.

```
6.1   Übersichtsschema  für  ÄRT    Klausel                32d ÄRT    K
      =====================================                            |
      (ohne Konvertierungspositionen, Verein/          5A ÄRT  KLAUSEL
       barungenspeicher und Kompragmentare)                            |
                                                                       |
                         Konvertierungstyp        Konvertierungstyp    |
      nicht impl konvbar: ENTPROZTYP:             LOESCHTYP:           |
                                                                       |
          .------------------------v------------------v------------|
          ÄRT          544a    PROZ              VRW auf ART    521a |
      Zielaufruf           Prozedurtext apo      Verweisung apo       |
      .----A--------.          |                 .---A--------.       |
      'GO TO'GRUNDNAME     siehe 7.2.1           VRW auf ART    ART   |
      ^^^^^^^^                                            K3 := K     |
          .------------------------------------------v------------|
          ÄRT          552a                      logische      522a |
      Leerklausel                           Verweisidentitätsrelation apo|
          |                                 .-------r--A------.|
         'SKIP'                             VRW auf ART (:=:) VRW auf ART|
                                                  K3 <   > K3           |
                                                     (:≠:)             |
                                                          5B ÄRT  K3   |
                                                                       |
          .-----------------------v------------------------------->|
      Verweis auf ART      ÄRT                                        |
      Leerverweis    524a ADISCHE  Operationsaufruf apo              |
          |               |                              5C ÄRT  K2   |
         'NIL'        siehe 7.2.7                                     |
                      .------------v--------------------------------|
                      ART              Verweis auf ART  523a         |
              Komponentenaufruf apo    Bereichs-/ Programm-          |
                      |                Variablenerzeuger apo         |
                  siehe 2.2.1          .---A------------.            |
                                       ('LOC' )   aktuelle           |
                                       <        >    ART             |
                                       ('HEAP') Vereinbarer          |
                                                 s.5.11.1            |
                                                                     |
                                                          5D ÄRT  K1 |
                                                                     |
                      .------------------------v------------------|
                      ART                      ÄRT          551a   |
              Teilfeldaufruf apo explizite Konvertierung apo       |
                      |                .---A------.                 |
                  siehe 2.1.1          formale                      |
                                       ÄRT       ÄRT                |
                                       Vereinbarer  G               |
                                       s.5.11.1                     |
                      .------------------------v------------------|
                      ÄRT                      FORMAT              |
              Routineaufruf apo        Formattext apo             |
                      |                       |                    |
                  siehe 7.2.4           siehe 9.1                  |
                      .------------------------v------------------|
                      ART          48b    ÄRT           80a       |
          aufgerufene Benennung mit GRUNDNAME apo  Eigenbenennung apo |
                      |                .----A---.                  |
                  GRUNDNAME               ÄRT                      |
                  s.0.3.3 + k Eigenname                           |
                          ^ siehe 1.3                              |
      ÄRT  G --------------------------------------------------------|
      siehe 4.1
```

Abkürzungen: apo a posteriori, k Kompragmentare, K Klausel,
------------ K1 PRIMÄRKLAUSEL , K2 SEKUNDÄRKLAUSEL ,
              K3 TERTIÄRKLAUSEL , G GEKLAMMERTE Klausel.
Zusatzregeln: Zusammengehörige ÄRT sind gleich.
------------ Bereichs- entspricht 'LOC' ,
              Programm- entspricht 'HEAP' .

    Nach diesem Übersichtsschema kann jede Klausel K,
jede TERTIÄRKLAUSEL K3 , jede SEKUNDÄRKLAUSEL K2 ,
jede PRIMÄRKLAUSEL K1 und (nach 4.1 weiter) jede GEKLAMMERTE
Klausel G erzeugt werden:

z. B. ist eine Leerklausel 'SKIP' eine K,
                 aber nicht eine K3, K2, K1, G,

z. B. ist ein Leerverweis 'NIL'   eine K, K3,
                 aber nicht eine K2, K1, G,

z. B. ist ein Bereichs- Variablenerzeuger 'LOC''REAL' eine K, K3, K2,
                 aber nicht eine K1, G,

z. B. ist eine explizite Konvertierung 'REAL'(X) eine K,K3,K2,K1,
                 aber nicht eine G,

z. B. ist eine Eigenfeld- Klausel (2.72,3.14) eine K,K3,K2,K1,G .

    Die nachgesetzte Bezeichnung "a posteriori" (abgekürzt "apo"
im Übersichtsschema 6.1) dient in der zweischichtigen Grammatik
zur Unterscheidung der "a posteriori Art" (am Anfang der
grammatischen Produktion) gegenüber der "a priori Art"
(am Ende der grammatischen Produktion) bei (impliziter)
Konvertierung (siehe 6.2) von Klauseln.

    Der formal-sprachlich interessierte Leser sei insbesondere
auf die Metaregel 5A für "KLAUSEL" in A2.5, die Hyperregel 32d
für " Klausel" in A3.13, auf A3.13 sowie auf das Schlußwort
zu Abschnitt 6.2 hingewiesen.

6.2   Implizite Konvertierung
       =======================
       Implizite (!) Konvertierung der Art einer Klausel
wird vom Übersetzer "vollautomatisch" geleistet, ohne daß der
Programmierer irgendwelche Vorsorge treffen muß.
Deshalb sollte in einem Lehrbuch über Programmieren auch nicht
unnötig viel über implizite Konvertierung gesagt werden.
In diesem Sinne allen unverbesserlichen "coercion-fans" ein
freundliches "how do you coerce" zum Gruße.

    Allerdings sollte der fortgeschrittene ALGOL 68- Program/
mierer über die "harmlosen" Effekte

- Entprozedurieren,
- Entverweisen,
- Vereinigen,
- Löschen,
- Erweitern,
- Reihen

der impliziten Konvertierung Bescheid wissen ,

z. B. " Erweitern von 'INT' auf 'REAL' " rechts in 'REAL'X:=1   .

" Dublose" Effekte, z. B. " Runden von 'REAL' in 'INT' ",
gehören nicht zum Repertoir der impliziten Konvertierung.
Der Programmierer muß dann selbst angeben (hier Verwendung
von Standard- Operationen 8.5), ob er z. B. " Aufrunden" 'ROUND'1.5
oder " Abrunden" 'ENTIER'1.5 meint.

Die Implizite Konvertierung der Art einer Klausel
hängt ab von

   - der a priori Art der Klausel
        (bestimmt durch die Klausel selbst),
   - der a posteriori Art der Klausel
        (bestimmt durch die Umgebung der Klausel),
   - der Konvertierungsposition der Klausel
        (bestimmt durch die Umgebung,siehe Positionierung in 6.2.1),
   - dem Konvertierungstyp der Klausel
        (bestimmt durch die Klausel selbst,siehe Typisierung in 6.1)

und erfolgt genäß Diagramm 6.2.2, wobei das Diagramm bei Mehrfach-
Konvertierung mehrfach (siehe rückläufige Pfeile) durchlaufen
wird.

Die Bestimmung der a priori Art, der a posteriori Art und
des Konvertierungstyps (nach 6.1) der Klausel dürfte dem
Leser leicht gelingen. Zur Bestimmung der Konvertierungsposition
der Klausel ziehe man die (unvollständige) Liste 6.2.1 oder als
fortgeschrittener ALGOL - 68- Programmierer die jeweils zur
nächsten Umgebung der Klausel passende Hyperregel aus A3
(siehe auch Schlußwort zu diesem Abschnitt 6.2) heran.

Beispiel:

```
                              Klausel
                              .^.
'BEGIN''REAL'X;'INT'I;READ(I); X:= I ;PRINT(X)'END'
                              '--v--'
              (nächste)  Umgebung
```

```
a priori Art              : 'REF''INT'  (s. Variablen- Vereinb. 5.6)
a posteriori Art          :      'REAL' (siehe Verweisung 6.3)
Konvertierungsposition : starke        (siehe Liste 6.2.1)
Konvertierungstyp         : ENTPROZTYP  (siehe Übersichtssch.  6.1)
-------------------------------------------------------------------
Implizite Konvertierung: Entverweisen, Erweitern (nach 6.2.2)
```

Die Klausel I hat die Art 'REF''INT' und ist speziell eine
"aufgerufene Bennenung mit GRUNDNAME", d.h. nach 6.1 vom Konvertierungstyp ENTPROZTYP (hier nicht relevant). Gemäß ihrer (nächsten) Umgebung ist die Klausel hier "rechte Seite einer Verweisung",
d.h. sie hat nach 6.2.1 eine "starke" Konvertierungsposition (an-
schaulich ist sie "stark konvertierbar" mit uneingeschränktem Kon-
vertierungs- Repertoir), und ihre a posteriori Art ist auf Grund
der sie umgebenden " Verweisung" 'REAL' (links steht X von der Art
'REF''REAL').
Unternimmt man nun eine " Bahnfahrt" durch das Schema 6.2.2 von
unten links a priori ÄRT1 (hier 'REF''INT') durch das "starke"
Gleis hoch bis 'REF''ART' ● 'ART' (nunmehr 'INT'), dann rechts
hoch, oben angekommen nach links zurück und abwärts bis
'INT' ● 'REAL' (nunmehr 'REAL'), dann wieder rechts hoch, so
erreicht man die gewünschte a posteriori ÄRT2 (hier 'REAL'),

6.2.1 Liste von Konvertierungspositionen
==================================
(Ohne Vollständigkeitsanspruch, im Übrigen siehe Hyperregeln A3)

Konvertierungsposition		Beispiel	Implizite Konver/ tierung nach 6.2.2
Position	Klausel mit Umgebung	Klausel *) mit Umgebung	
welche	linke Seite einer Verweisung (6.3)	*) PRCCREFREAL:=2.72	Entpro/ zedu/ rieren
schwache	PRIMÄRKLAUSEL eines Teilfeldaufrufs (2.1.1)		
"	SEKUNDÄRKLAUSEL eines Komponentenaufrufs (2.2.1)	*) KOMP'OF'REFREFSTRUCT	Entver/ weisen bis auf ein 'REF'
sanfte	"verzweigende Klausel" in geklammerter UNTERSCHEIDUNG - Klausel (4.5)	*) (IR I('INT'):I,('REAL'):R)	Ent/ verweisen
"	PRIMÄRKLAUSEL eines Routineaufrufs (7.2.3)		
feste	Operand in Operationsaufruf (7.2.6)	*) 'FAKLLTAETVONINTREAL' 3	Ver/ einigen
starke	nichtletzte Klausel in serieller Klausel (4.2)	*) ('INT'I;I:=1;PRINT(I))	Löschen
"	aktuelle Parameter im Routineaufruf (7.2.3)	*) SIN(1)	Erweitern
"	rechte Seite einer Vorweisung (6.3)		
"	rechte Seite einer Grund- Vereinbarung (5.5)	*) 'STRING'A="A"	Reihen

Man beachte, daß das nachfolgende Diagramm für implizite Konvertierung (6.2.2), wenn überhaupt, nur eindeutige Wege zuläßt. Z. B. erkennt man, daß die disjunkte Aufteilung der konvertierbaren Klauseln in ENTPROZTYP und LOESCHTYP (siehe 6.1) dazu dient, die für starke Position möglichen zwei Wege 'PROC''VOID' + 'VOID' unterscheidbar zu machen.

6.2.2 Diagramm für implizite Konvertierung

```
6.2.2 Diagramm für  implizite Konvertierung
=======================================          ÄRT2  a posteriori
                                                           ^
         .-------------------------------------+>|
         ^                                        nicht+löschen
         v nicht                                          |
         |------------>'PROC''VOID'-+>'VOID'------------->|
         I starke LOESCHTYP          ( Entprozedurieren   |
         ^                             mit Lösch- Effekt)^
         v                                                |
  .---->--+------------------+>'PROC'ART-+>ART----------->|
  I welche I                    ( Entprozedurieren)  |
  ^        ^                                          ^
  I   nicht+welche                                    |
  I        I                                          |
  I        I nicht                                    |
  |----->--+-----------+>'REF''REF'ART-+>'REF'ART---->|
  Ischwachel starke,feste,sanfte   ( Entverweisen     |
  ^        ^                          bis auf ein 'REF' )^
  I   nicht+schwache                                  |
  I        I                                          |
  |----->--+------------+>'REF'ART-+>ART------------->|
  I sanfte I             ( Entverweisen)              |
  ^        ^                                   nicht+vereinigen
  I   nicht+sanfte                                    |
  I        I                                          |
  |----->--+-----------------------+>ÄRT-+>'UNION'('''-ÄRT-''')+>|
  I feste  I                         ( Vereinigen)    |
  ^        ^                                          ^
  I   nicht+feste                                     |
  I        I nicht                                    |
  I        |-----------+>'PROC''VOID'-+>'VOID'------->|
  I        I starke ENTPROZTYP         ( Löschen mit  |
  I        ^                             Entprozed- Effekt) ^
  I        v                                          |
  I        |--------------+>'PROC'ART-+>'VOID'------->|
  I        ^                 ( Löschen)               ^
  I        v                                          |
  I        |-----------+>NICHTNPROZ-+>'VOID'--------->|
  I        ^              ( Löschen)                  ^
  I        v                                          |
  I        |-------------+>'INT'-+>'REAL'------------>|
  I        ^               ( Erweitern)              ^
  I        v                                          |
  I        |------------+>'REAL'-+>'COMPL'----------->|
  I        ^               ( Erweitern)              ^
  I        v                                          |
  I        |-------------+>'BITS'-+>[]'BOOL'--------->|
  I        ^               ( Erweitern)              ^
  I        v                                          |
  I        |-------------+>'BYTES'-+>[]'CHAR'-------->|
  I        ^               ( Erweitern)    nicht+ent/
  I        v                                 |verweisen
  |----->--+---------+>'REF'[,''',]ART-+>'REF'[,,''',]ART---+>|
  I starke         ^^^^^            ^^^^^
  ^          ^^^^^^              ^^^^^
  ÄRT1  a priori                   ( Reihen)

Zusatzregeln: Zusammengehörige  ÄRT  sind gleich.
------------- Unterschlängelungen  in gleicher Höhe
             sind zusammengehörig.
```

Formal-sprachlich Interessierte Leser seien darauf hingewiesen,
daß a priori Art, a posteriori Art, Angabe der Konvertierungsposition jeder Klausel in jeder möglichen Umgebung (A3.1-
A3.20 ff), Konvertierungstyp (A2.5 Metaregeln 61E-G) und
schließlich die implizite Konvertierung nach Diagramm 6.2.2
(A3.13 Hyperregel 32d und A3.12 ff) durch die zweischichtige
Grammatik adäquat beschrieben werden.

6.3   Verweisung
       =========

    Die Bedeutung einer Verweisung (6.1) wird anhand der folgenden
graphischen Interpretation erklärt:

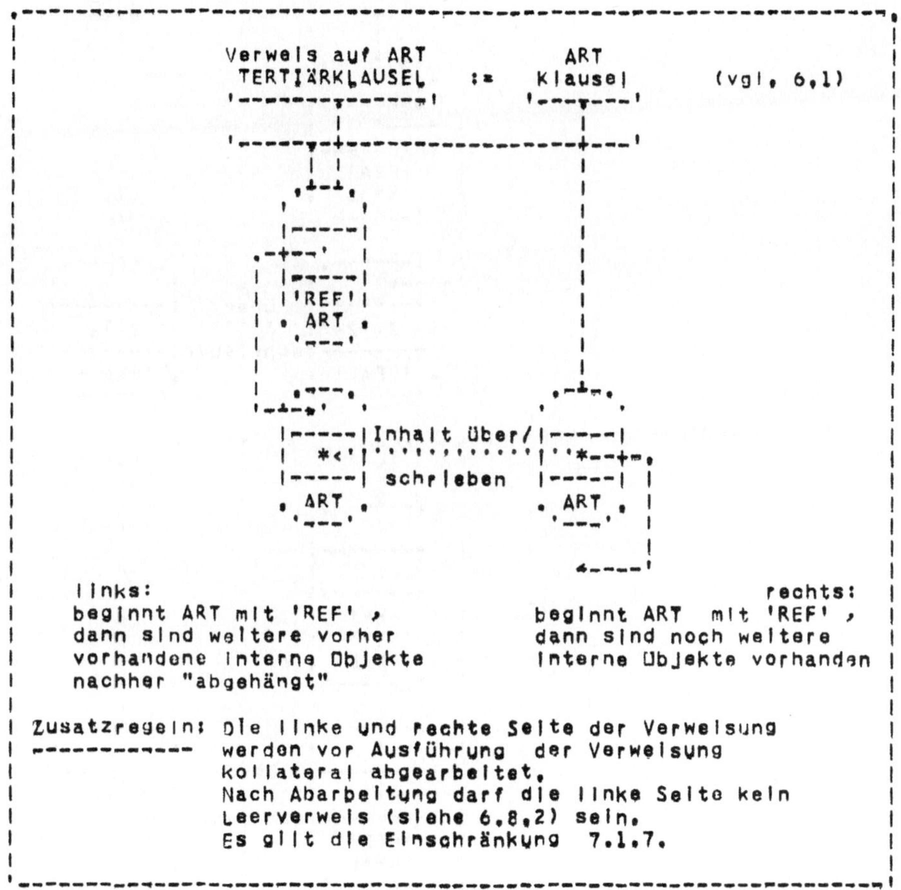

    Die linke Seite der Verweisung heißt " Verweisender" und die
rechte Seite der Verweisung heißt " Verwiesener" (siehe A3.13
Hyperregel 521a und vergleiche Beispiele b,c).
Nach Ausführung der Verweisung ist der Verweisung das gleiche
interne Objekt "intern zugeordnet" (1.1) wie der linken Seite
der Verweisung, dem " Verweisenden" (vgl. graphische Interpretation).

Der Effekt einer Verweisung ist, je nachdem ob der
"Überschriebene Inhalt" eine interne Darstellung eines
Endwerts oder einer Adresse ist, entweder eine "nicht mit
dem Original verbundene Kopie" (Beispiel a) oder eine
" Verbindung mit dem Original durch Verweis" (Beispiele b,c).

Man beachte die Analogie zwischen Verweisung und Grund-
Vereinbarung (5.5). In beiden Fällen wird der rechts auf höchster
'REF' ~ Stufe stehende Inhalt von rechts nach links (in das
der ART nach zugehörige interne Objekt) überschrieben.

Beispiel a:

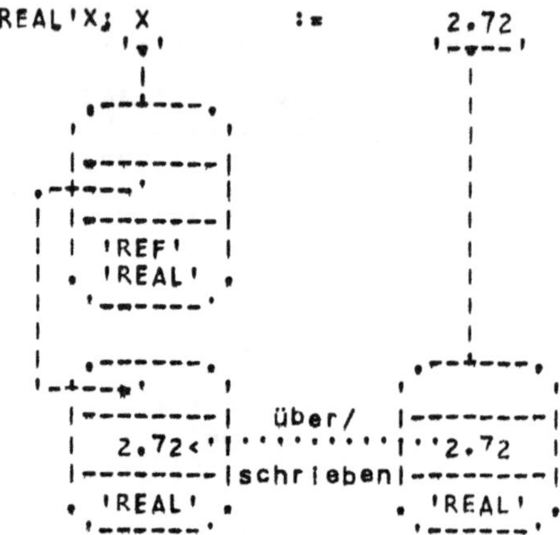

Beispiel b:

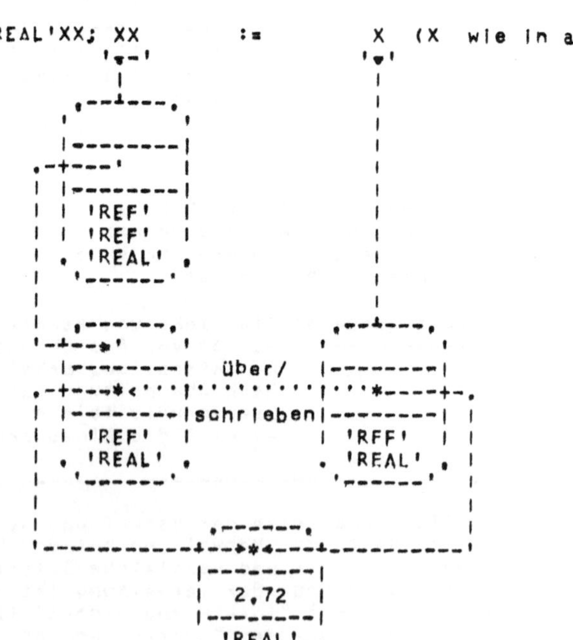

Beispiel c:

'CO'REF'CO''REF''REF''REAL'XXXJ XXX   :=   XX (XX wie in b)

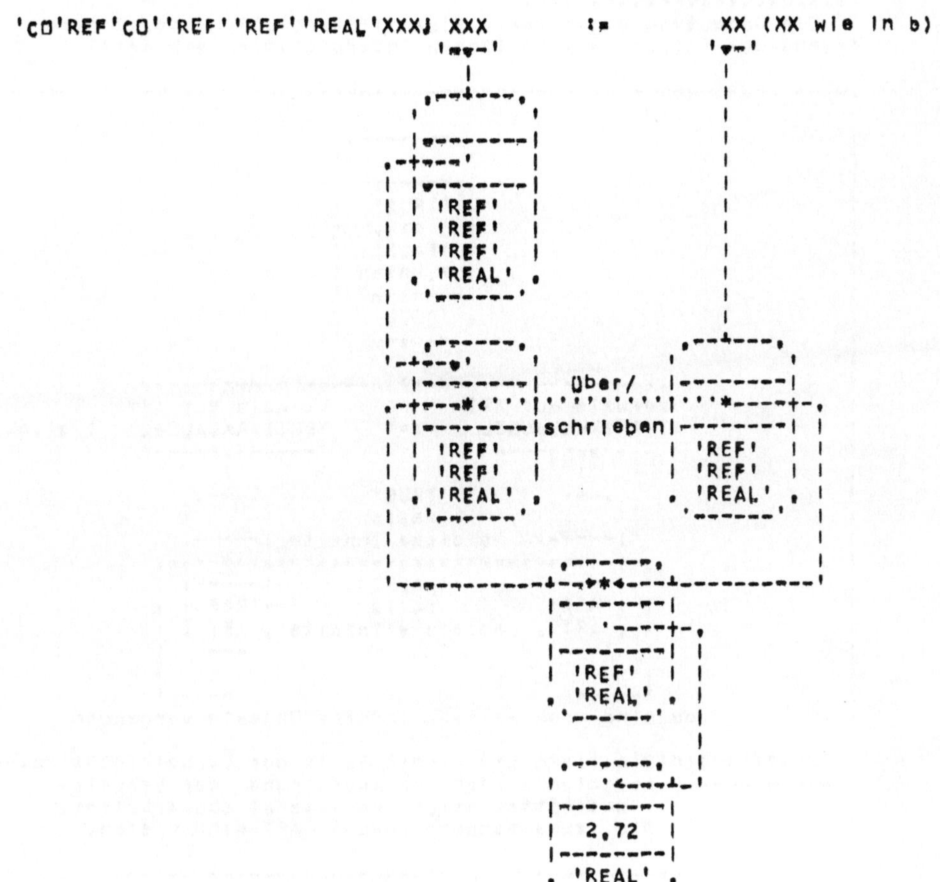

6.4   Verweisidentitätsrelation
=============================
Die Bedeutung einer Verweisidentitätsrelation (6.1) wird
anhand der folgenden graphischen Interpretation erklärt:

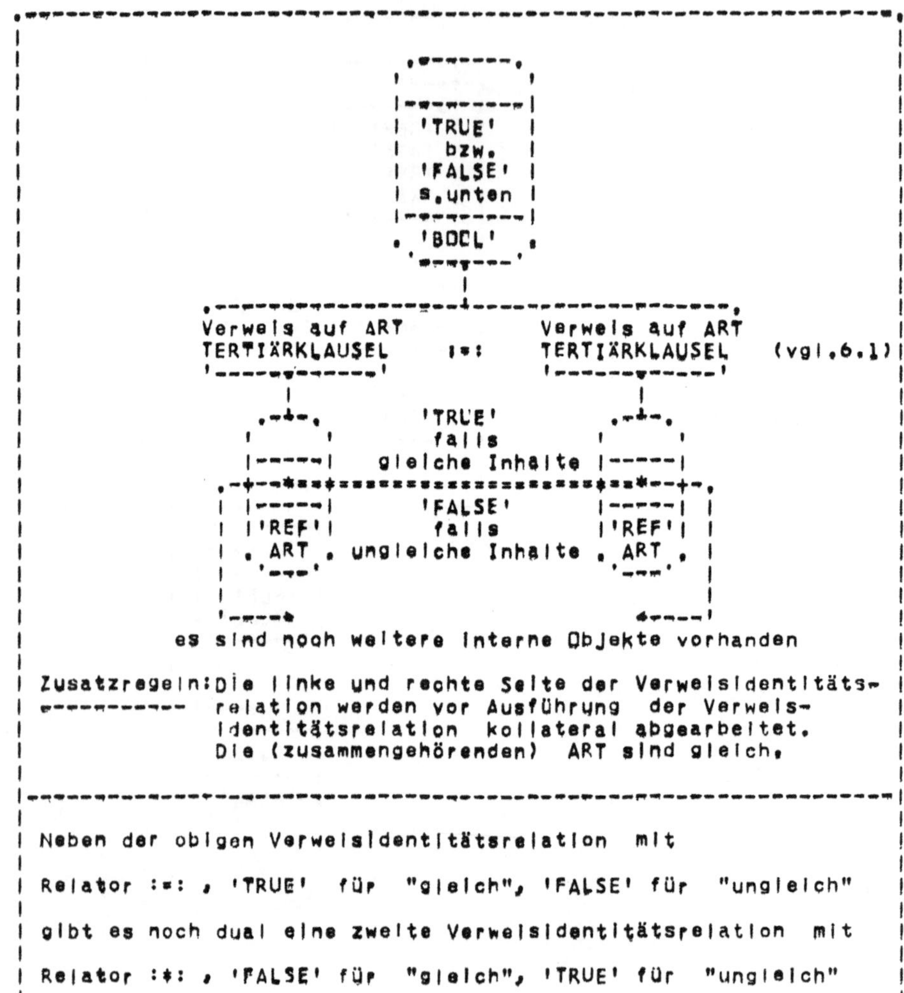

Beispiel a:

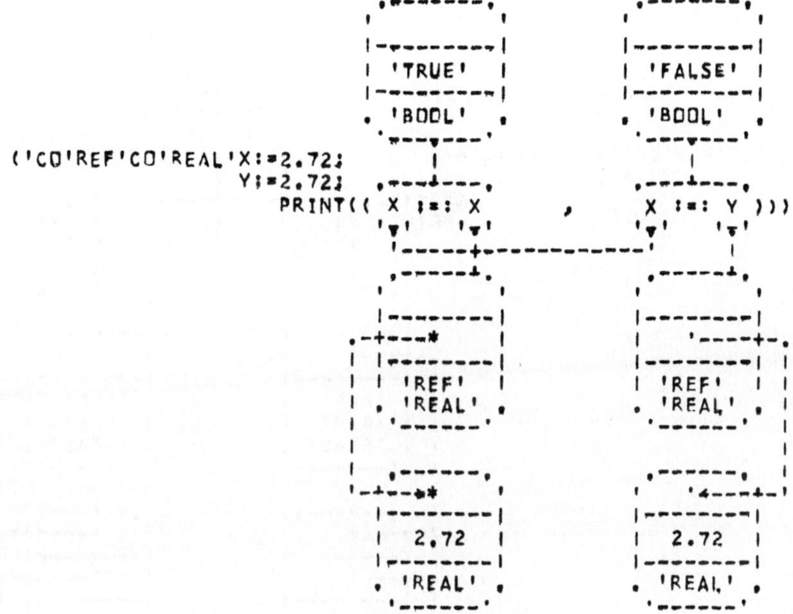

Beispiel b:

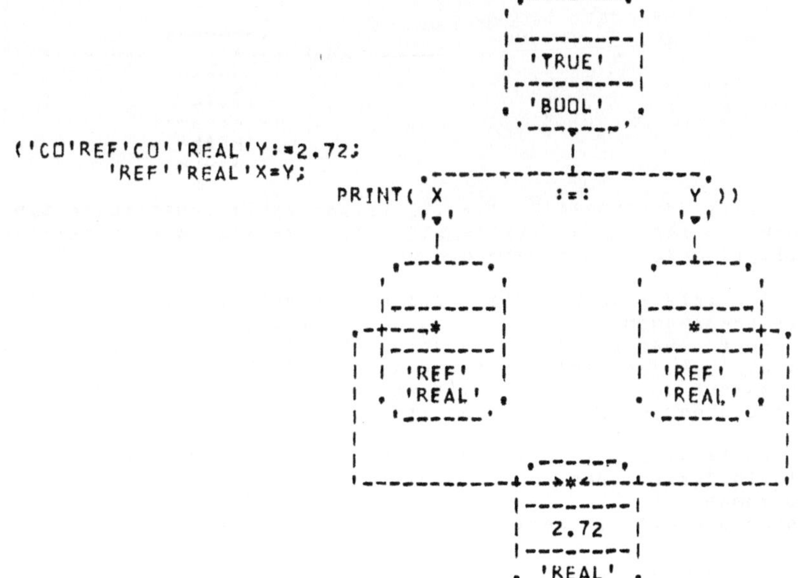

Beispiel c:

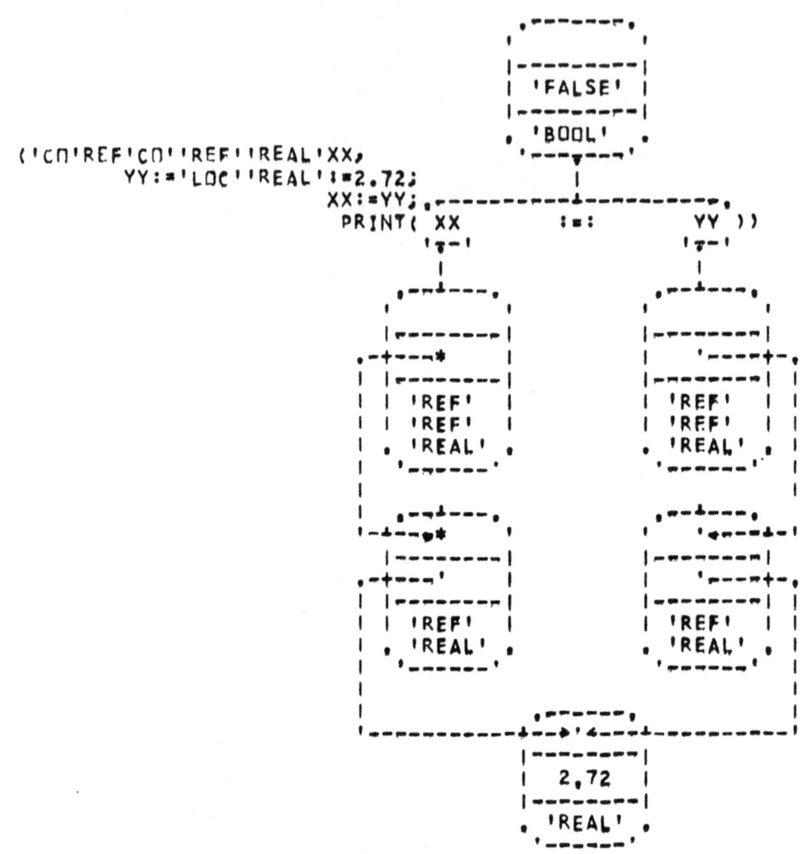

   Statt YY:='LOC''REAL':=2.72 (siehe Variablenerzeuger 6.9.1) kann
auch   'REF''REAL'(YY):=2.72 (siehe explizite Konvertierung
6.10.1) geschrieben werden.

   Die trivialen Beispiele a,b,c sind nur zur ersten Festigung
der erworbenen Kenntnisse gedacht. Der Leser wird vielleicht selbst
erkannt haben , daß in den obigen Programmen das Ergebnis der
jeweiligen Verweisidentittsrelation "statisch" ein für allemal
feststeht und dem Programmierer auf Grund seiner Vereinbarungen
hinreichend bekannt sein sollte.

   Echte Anwendungsbeispiele sind z. B. "dynamische" Strukturen
wie in 2.2.2b oder in 3.2.4.3. Hier werden Variablen paarweise oder
zusammen mit 'NIL' (siehe Leerverweis 6.8.2) auf ihre
Verweisidentität getestet.

6.5   Prozedurtext
       ============
       Siehe 7.2.1

6.6   Zielaufruf
       ==========
       Ein Zielaufruf kann nach 6.1

       entweder   ausführlich   durch   'GO TO'GRUNDNAME
       oder   knapp   durch   GRUNDNAME

erfolgen , ist an allen Stellen im Programm zulässig, an denen
eine ÄRT   Klausel zulässig ist (siehe 6.1) und kann jede ÄRT
annehmen, ohne daß dazu eine Konvertierung erforderlich wäre.
Dabei sei darauf hingewiesen, daß anders als in ALGOL 60 als Ziel-
name nur ein GRUNDNAME, aber keine Ganzdezimalzahl zugelassen ist.

     Ein Zielaufruf bedeutet " Sprung vom Ort des
Zielaufrufs zum Ort der durch den GRUNDNAMEn zugeordneten
Zielvereinbarung (siehe 5.2)".

     Je primitiver Programmiersprachen sind, desto mehr
ist der Programmierer auf Zielaufrufe angewiesen. Man denke
z. B. an " Turingprogramme" (Beispiel 0.2.3), deren Zustände z
als Ziele z gedeutet werden könnten oder an "frühe Fortran-
Programme", die uns heute als " Spaghetti- Programme" erscheinen.

     Allgemein gilt es daher als "guter Stil" in einer höheren
Programmiersprache, möglichst wenig Zielaufrufe und statt dessen
etwa Schleifen- Klauseln oder UNTERSCHEIDUNG - Klauseln oder
serielle Klauseln mit alternativen Trennern zu verwenden ("strukturiertes Programmieren", E. W. Dijkstra: "GOTO statement considered harmful", Comm. ACM 11 (1968)). Dabei denkt man insbesondere daran, daß klar geschachtelte Programme leichter zu verstehen
und zu übersetzen sind als " Spaghetti- Programme".
(Theoretisch läßt sich nach der Turing'schen These jeder in
ALGOL 68 geschriebene Algorithmus simulieren durch das als
Einführungsbeispiel 0.2.3 gebrachte ALGOL 68 - Programm ohne
Zielaufrufe, abgesehen vom eigentlichen Ausgang STOP) .

     Vielleicht aber betrifft diese Problematik nicht in erster
Linie den Programmierer, sondern mehr den (künftigen) Sprach-
konstrukteur.

     Eine Verallgemeinerung für Zielaufrufe in Form des ALGOL 60-
SWITCH (Feld aus Zielen mit aufrufbaren Elementen) erübrigt sich
ebenso wie die Einführung einer Art 'LABEL' , da entsprechende
Simulationen mit den bereits vorhandenen Sprachmitteln möglich
sind (siehe nachfolgendes Beispiel).

6.6.1 Beispiel

6.6.1.1 Simulation des ALGOL 60 - SWITCH

```
'CO'SIMULATION VON ()LABEL (SWITCH),VERSION MIT ()PROCVOID'CO'

'BEGIN'

  'MODE''SWITCH'=[-1:1]'PROC''VOID';
  'SWITCH'ZIEL=('VOID':NEG,'VOID':NULL,'VOID':POS);

  'REAL'X;READ(X);
  ZIEL[(X<0|-1|:X=0|0|1)]];
  NEG : PRINT("NEG") 'EXIT'
  NULL: PRINT("NULL")'EXIT'
  POS : PRINT("POS")

'END'
```

Eingabe	Ausgabe
-3.14	NEG

Da ein Zielaufruf nach 6.6 jede ÄRT , also auch 'PROC''VOID' annehmen kann, könnte man sogar 'SWITCH'ZIEL=(NEG,NULL,POS) vereinbaren!

6.7   Leerklausel

Eine Leerklausel (6.1)

         'SKIP' (Ersatzdarstellung für ~)

ist an allen Stellen im Programm zulässig, an denen eine ÄRT Klausel zulässig ist und kann jede ÄRT annehmen,ohne daß dazu eine Konvertierung erforderlich wäre. Dabei ist, anders als bei der "leeren" Anweisung (dummy statement, Wortlänge 0) in ALGOL 60, die Leerklausel 'SKIP' (Wortlänge 1) in ALGOL 68 keine tatsächlich "leere" Klausel.

Eine Leerklausel hat die Bedeutung eines " Lückenbüßers   ohne Effekt" und wird verwendet in Programmkonstruktionen, die an der betreffenden Stelle notwendigerweise eine Klausel verlangen, ohne daß dort vom Programmierer ein Effekt beabsichtigt ist. Der Inhalt des 'SKIP' zugeordneten internen Objekts ist nicht definiert und daher , anders als bei 'NIL' (siehe 6.8.2), vom Programm her nicht abfragbar.

Beispiele:

    ''' ;'IF'AMPEL="GRUEN"'THEN''SKIP''ELSE'STOP; '''

    ''' ;'WHILE'READ(BUCHSTABE);BUCHSTABE=" "'DO''SKIP''OD'; '''

    ''' ;'BEGIN' ''' ;'GO TO'END; ''' ;END;'SKIP''END'; '''

    ''' ;[1:3]'INT'FELD:=(1,2,'SKIP');READ(FELD[3]); '''

6.8   TERTIÄRKLAUSEL

Eine TERTIÄRKLAUSEL (siehe Übersichtsschema 6.1) kann im
einzelnen sein: ein(e)

- Leerverweis (6.8.2)   'NIL'   ;
- Operationsaufruf (siehe 7.2.7) ,z. B. 'SIGN'X   ;
- SEKUNDÄRKLAUSEL (6.9)   .

6.8.1 Operationsaufruf
Siehe 7.2.7

6.8.2 Leerverweis

Ein Leerverweis (6.1)

'NIL' (Ersatzdarstellung für o)

ist an allen Stellen im Programm zulässig, an denen eine
'REF' ART TERTIÄRKLAUSEL zulässig ist und kann jede 'REF' ART
annehmen, ohne daß dazu eine Konvertierung erforderlich wäre.

Ein 'REF' ART Leerverweis hat die Bedeutung eines Verweises
auf ein internes ART Objekt mit " Endstation- Effekt" und wird
verwendet in Programmkonstruktionen, die an der betreffenden Stelle
notwendigerweise eine 'REF' ART TERTIÄRKLAUSEL verlangen, ohne
daß dort vom Programmierer außer einem Verweis auf ein internes
ART Objekt noch ein Effekt beabsichtigt ist.
Der Inhalt des 'NIL' zugeordneten internen Objekts ist definiert
als die Adresse des internen ART Objekts mit " Endstation-
Effekt" und ist vom Programm her, z. B. mit Hilfe der Verweis-
Identitätsrelation (6.4), abfragbar. Für gleiche ART verweist
jeder 'REF' ART Leerverweis auf das gleiche interne ART Objekt
mit " Endstation- Effekt".

Im übrigen empfehlen wir dem Leser die Durcharbeitung des
nachfolgenden Beispieles 6.8.2.1 und der Beispiele 0.1 , 2.2.2.2/3
und 9.2.4.2 .

6.8.2.1 Beispiel
        ========
6.8.2.1.1 Leerverweis, Verweisidentitätsrelation
          =======================================

```
.----------------------------------------------------------------------.
|                                                                      |
| 'CO'NIL ALS ENDSTATION IN EINER (KURZEN) VERWEISKETTE'CO'            |
|                                                                      |
| 'BEGIN'                                                              |
| 'MODE''FOLGE'='STRUCT'('STRING'TEXT,'REF''FOLGE'FOLG);               |
|                                                                      |
|  'FOLGE'KURZ  := ( "KURZ" ,                    'NIL' ) ;             |
|                                                '-.-.                 |
|            '-.-.        .-----------------.-----+--.                 |
|              |          |                 |     .--------------.     |
|            .--.--.      |               .--.--. |              | |   |
|            .      .     |               .      . |              | |  |
|            |------|     |               |------| | gleiche     | |  |
|          .-+--. '  |    |             |  o-----+-. | Endstation| |  |
|          | |------| |    |             |------| | | (o=o')    | |  |
|          | | 'REF'|  |    |             | 'REF'| | | bzw nicht | |  |
|          | . 'FOLGE' . |  |             . 'FOLGE'. | (o#o')    | |  |
|          |  '------'  |  |             '------' | |           | |  |
|          |            |  |                      |  .--.  | .--. |   |
|          | .----.     .  |            .---.     .  o-+----| ' o'-+-. |
|        .--+--.  |    .  '                |     |  .--|-+ <-+---. |  |
|        |.-+----. || über/|               |     |  |   | |   |  | | |
|        || |   + ||schrie|               |     |  |   | |   |  | | |
|        || |---+-+| /ben  |------+---|    |     |  |---| |   |--| | |
|        || KURZ| o-+-. <'' KURZ| o-+-'    ---       |    ---   | |
|        || |---+-.| |  |-----+--|         -         |    -     | |
|        || . 'FOLGE'. | .'FOLGE'.                    |          | |
|        ||  '------'  | '------'                     |          | |
|        ||            '-------------------------------'         | |
|        ||                                                      | |
|        || .----.                     .----.                    | |
|        || .    .                     .    .                    | |
|        || |----|                     |-----|                   | |
|        || '-+--'                     | o'---+-----------'       | |
|        || |----|                     |-----|                   | |
|        || | 'REF'|                     | 'REF'|                | |
|        || | 'REF'|                     | 'REF'|                | |
|        || . 'FOLGE'.                    . 'FOLGE'.              | |
|        ||  '--.---'                     '--.--'                 | |
|        ||     | bestimmt die             |                     | |
|        ||     | Art der                  |                     | |
|        ||     | rechten Seite            |                     | |
|        ||  .--.------.              .--.-.                      | |
|        |PRINT( FOLG'OF'KURZ  :=:            'NIL' );            |
|        '----.          .                 .---------------------'
|             |Ent/        bestimmt     .----------.
|             |verweisen   die Art der |
|           .--.------.    linken Seite |
|        PRINT( FOLG'OF'KURZ  :=: 'REF''FOLGE'('NIL') )          |
|        'CO'VERSCHIEDENARTIGE NIL KOENNEN (JE NACH RECHNER) AUF |
|            VERSCHIEDENE BZW GLEICHE ENDSTATIONEN VERWEISEN'CO' |
|        'END'                                                    |
'----------------------------------------------------------------------'

| Ausgabe
+--------
|01
```

6.9   SEKUNDÄRKLAUSEL
==================
Eine SEKUNDÄRKLAUSEL   (siehe Übersichtsschema 6.1) kann im
einzelnen sein: ein(e)

- Variablenerzeuger (6.9.1)   ,z. B. 'LOC''REAL'   ;
- Komponentenaufruf (siehe 2.2.1) ,z. B. NACHFOLGER'OF'EINS   ;
- PRIMÄRKLAUSEL (6.10)   .

6.9.1 Variablenerzeuger
======================
Variablenerzeuger erzeugen extern namenlose Objekte, deren
Art mit 'REF' beginnt, d.h.(Verweis-) Variablen (siehe auch
Verweisung 6.3).

Die Bedeutung eines Variablenerzeugers (6.1) wird
anhand der folgenden graphischen Interpretation erklärt:

Im Übrigen verweisen wir auf " Bereichsschachtelung" (7.1).

   Da Variablenerzeuger nur extern-namenlose Objekte erzeugen,
muß sinnvollerweise jeder Variablenerzeuger *) im Programm an eine
Größe mit (wiederaufrufbarem) externen Namen "gekoppelt" werden:

Beispiel a (Grund- Vereinbarung, vgl.5.5) :

    'REF''REAL'X = 'LOC''REAL' := 2.72
             '------v-----'
                   *)

Beispiel b (Struktur- Kette , vgl. 2.2.2.2b, 9.2.4.2):

    FOLG'OF'ZEIGN := 'HEAP''FOLGE' := (E,'NIL')
             '-------v----v-'
                   *)

   Man beachte, daß wie bei Variablen- Vereinbarungen (5.6) ,
auch bei Variablenerzeugern im Programm immer abkürzend ein
'REF' weniger geschrieben wird als die Art der erzeugten
Variablen tatsächlich aufweist.

6.9.2 Komponentenaufruf
```
===================
```
Siehe 2.2.1

6.10 PRIMÄRKLAUSEL
```
===============
```
   Eine PRIMÄRKLAUSEL   (siehe Übersichtsschema 6.1) kann im
einzelnen sein: ein(e)

- explizite Konvertierung (6.10.1),z. B. 'REAL'(X)   ,
- Formattext (siehe 9.2.2)   ,z. B. $ZD.D$,
- Eigenbenennung (6.10.3)   ,z. B. 'CO'E'CO'2.72   ,
- Teilfeldaufruf (siehe 2.1.1)   ,z. B. A[I]   ,
- Routineaufruf (siehe 7.2.4)   ,z. B. SQRT(X)   ,
- aufgerufene Benennung mit GRUNDNAME (6.10.6),z. B. K2R   ,
- GEKLAMMERTE Klausel (siehe 4.1)   .

6.10.1 Explizite Konvertierung
```
=========================
```
   Eine explizite Konvertierung ist nach Übersichtsschema 6.1
von der Form

```
                     ÄRT
            explizite Konvertierung
                     551a
        .------------A--------------.
          formale       ÄRT
            ÄRT      GEKLAMMERTE
        Vereinbarer    Klausel
```

und hat folgende Bedeutung:

a)explizite Angabe der vom Programmierer gewünschten
  a posteriori ÄRT   für die GEKLAMMERTE Klausel
  durch den formalen Vereinbarer und

b)Versetzung der GEKLAMMERTEn Klausel In elne "starke Position"
  (vgl. Hyperregel 551a In A3.15) so daß Impllzlte
  Konvertlerung (slehe 6.2) der GEKLAMMERTEn Klausel In dle
  a posterlorl ÄRT mögllch wlrd, falls dles nach dem Dlagramm
  für Impllzlte Konvertlerung (6.2.2) zulässlg Ist.

Prlnziplell gehören also zum Repertolr der expllzlten
Konvertlerung genau dle "harmlosen" Effekte (Entprozedurleren,
Entverwelsen, Vorelnlgen, Löschen, Erweltern, Relhen) der
Impllzlten Konvertlerung und nlcht mehr.

Belsplel al :

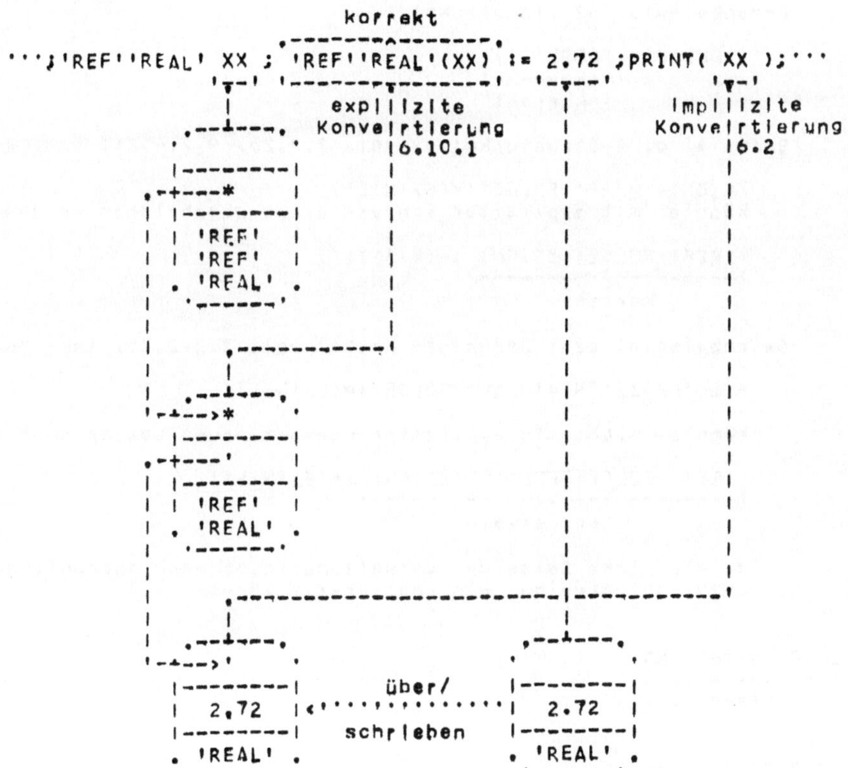

6.10 PRIMÄRKLAUSEL

Gegenbeispiel a2 (inkorrekt) :

```
'REF''REAL'XX:= 'REF''REAL'(2.72)
               !----------v----------!
                     inkorrekt
```

Beispiel b1 (Leerverweis, vgl. 6.8.2.1.1) :

```
FOLP'OF'KURZ:=: 'REF''FOLGE'('NIL')
               !--------------v--------------!
                       korrekt
```

Gegenbeispiel b2 (inkorrekt) :

```
'BOOL'B:= 'BOOL'(1)
         !---------v---------!
              inkorrekt
```

Beispiel c1 (Strukturkette, vgl. 2.2.2b, 9.2.4.2):

```
ZEIGN:='HEAP''FOLGE':=(E,'NIL')
```
könnte mit expliziter Konvertierung geschrieben werden als

```
'REF''FOLGE'(ZEIGN) :=(E,'NIL')
!----------------v----------------!
          korrekt
```

Gegenbeispiel c2 (Struktur- Kette, vgl. 2.2.2.2b, inkorrekt) :

```
FOLG'OF'ZEIGN:='HEAP''FOLGE':=(E,'NIL')
```

könnte nicht mit expliziter Konvertierung geschrieben werden als

```
'REF''FOLGE'(FOLG'OF'ZEIGN) :=(E,'NIL')
!----------------------------v-----------------------!
             Leerverweis
```

da die linke Seite der Verweisung (6.3) nach Abarbeitung
unzulässigerweise ein Leerverweis wäre.

6.10.2 Formattext
```
==========
```
Siehe 9.2.2

6.10.3 Eigenbenennung
```
===============
```
Eine Eigenbenennung hat nach Übersichtsschema 6.1 die Form

```
                    ÄRT
             Eigenbenennung
                    30a
        .----------------------wx----.
                    ÄRT
        Kompragmentare  Eigenname
        ^^^^^^^^^^^^^^^
```

Wir verweisen im einzelnen auf Kompragmentare k (0.3.3)
und Eigenname (1.3).

Beispiel a :

    'REAL'X:= 'CO'PI'CO''CO'3-STELLIG'CO'3,14
             '--------------------v-------------------'
                      'REAL' Eigenbenennung

Beispiel b (artleere Eigenname) :

    'UNION'([]'REAL',,'VOID')U:= 'CO'ARTLEERE EIGENNAME'CO''EMPTY'
                                '------------------v----------------'
                                    artleere Eigenbenennung

6.10.4 Teilfeldaufruf
Siehe 2.1.1

6.10.5 Routineaufruf
Siehe 7.2.4

6.10.6 Aufgerufene Benennung mit GRUNDNAME
      Eine " ÄRT   aufgerufene Benennung mit GRUNDNAME " hat nach
Übersichtsschema 6.1 die Form

                    GRUNDNAME

und ist an allen Stellen im Programm zulässig, an denen eine
ÄRT   PRIMÄRKLAUSEL zulässig ist, und kann
im einzelnen sein : Aufruf eines/einer/des

- (benannten) (Grund-) Konstante   ,z. B. PI   ,
- (externen) Namens eines (konstanten) Feldes ,z. B. FELD ,
- (externen) Namens einer (konstanten) Struktur ,z. B. NETZ ,
- (externen) Namens einer (konstanten) Routine ,z. B. SIN ,
- (Grund-, Feld-, Struktur-, Routine-, Vereinigung-)
  Variablen   ,z. B. K2R ,
- (externen) Namens einer (Struktur-) Komponente ,z. B. FOLG ,
- (externen) Namens eines (Prozedur-) Parameters ,z. B. A   ,

aber nicht: Zielaufruf
            (keine PRIMÄRKLAUSEL)

und nicht: Leerklausel, Leerverweis,
            Eigenbenennung, Eigenfeld, Eigenstruktur,
            Operatorname, Artname
            (kein GRUNDNAME),

   Alle oben angeführten Aufrufe sind nur im Aufrufbarkeitsbereich
einer entsprechenden vorher erfolgten Vereinbarung zulässig.
Im Übrigen verweisen wir auf " Bereichsschachtelung" (7.1).

```
6.11  Testfragen (mit Nummernhinweisen)              | Antworten
===========--------------------------------------+----------------------
                                                    |
6.1       Kann in der Verweisung                    | (keine K3)
                                                    |
6.3   K3:=K      K3 wieder eine solche sein    ?    | nein
                 K  wieder eine solche sein    ?    | ja
                                                    |
                                                    |
6.1       Kann in der Verweisidentitätsrelation     | (nicht 'REF'ART )
                                                    |
      K3:=:K3    K3 wieder eine solche sein    ?    | nein
                                                    |
                                                    |
6.1       Kann in der speziellen                    |
      expliziten Konvertierung                      |
                                                    |
6.10.1'REAL'(K)  K  wieder eine solche sein    ?    | ja
                                                    |
                                                    |
6.1       Ist ein                                   | n=nein,J=ja
                                                    |
      ( Ziel        )                               | n n n
      | Operations  |          ( PRIMÄR   )         | n n J
      < Komponenten >aufruf  ( SEKUNDÄR  >KLAUSEL | n J J
      | Teilfeld    |     eine ( TERTIÄR )          | J J J
      ( Routine     )                         ?     | J J J
                                                    |
6.2       Mache plausibel, warum Operanden im       | OPNAMEn
      Operationsaufruf eine "feste" Konvertie-      | sind nicht eindeutig,
      rungsposition besitzen,d.h. nicht implizit    | 'OP'+
      "erweitert" werden können,                    | hier ohne "erweitern"
                                                    | =('INT'A,B)'INT':'''
      hier am Beispiel  1+2                    ,    | oder mit "erweitern"
                                                    | =('REAL'A,B)'REAL':'''
      aber implizit "entverwiesen" werden können,   |
                                                    | ohne" Entverweisen"
      hier am Beispiel  X=2,72 (X sei 'REF''REAL')| wäre  X unzulässig,
                                                    |
6.2       Mache plausibel, warum Parameter im       | Routinenamen
      Routineaufruf eine "starke" Konvertierungs-   | sind eindeutige
      position besitzen, d.h. implizit              | GRUNDNAMEn.
      "erweitert" werden können,                    | 'PROC'SIN=
                                                    | ('REAL'A)'REAL':'''
      hier am Beispiel  sin(1)                 .   | d.h. SIN ist
                                                    | eindeutig.
      Was wird ausgedruckt    ?                     |

6.2   (PRINT(          1 =1.0))                      | Fehlermeldung
6.10.1(PRINT('REAL'(1)=1.0))                         | T
6.2   (PRINT(             2.72 =2.72₁0))             | Fehlermeldung
6.10.1(PRINT('COMPL'(2.72)=2.72₁0))                 | T
6.2   (PRINT(             2R10 =('FALSE','TRUE','FALSE')))  Fehlermeldung
6.10.1(PRINT([]'BOOL'(2R10)=('FALSE','TRUE','FALSE')))   T (BITSWIDTH=3)
6.2   (PRINT(             BITSPACK(('TRUE','FALSE'))   |
                         =('FALSE','TRUE','FALSE')))  | Fehlermeldung
6.10.1(PRINT([]'BOOL'(BITSPACK(('TRUE','FALSE'))   | T (BITSWIDTH=3)
                         =('FALSE','TRUE','FALSE')))  |
6.10.1(PRINT(           BYTESPACK("JA"))=(" ","J","A")))  Fehlermeldung
      (PRINT([]'CHAR'(BYTESPACK("JA"))=(" ","J","A")))   T (BYTESWIDTH=3)
```

```
6.3/4    Was wird ausgedruckt   ?                      |

   ('INT'A,B;A:=1;B:=2;        PRINT((A=B,A:=:B)))| FF
   ('INT'A,B;A:=B:=1;          PRINT((A=B,A:=:B)))| TF
   ('INT'A;'REF''INT'B=A:=1;PRINT((A=B,A:=:B)))| TT
                                                       |
6.6      Welche der folgenden sind korrekte            |
         (eigentliche) Programme mit korrekten         |
         Zielaufrufen STOP      ?                       | alle
                                                       |
   ('REAL'X:READ(X);(X<0|STOP);PRINT(LN(X)))           |
   ('REAL'X;READ(X);(X>0|PRINT(LN(X))|STOP))           |
   ('REAL'X;READ(X);PRINT((X>0|LN(X)|STOP)))           |
   ('REAL'X;READ(X);PRINT(LN((X>0|X|STOP))))           |
                                                       |
6.7      Was wird ausgedruckt   ?                       |

   ('INT'A       ='SKIP';PRINT(A = 'SKIP'))  | Rechner-abhängig
   ('INT'A       ='SKIP';PRINT(A:=:'SKIP'))  | Fehlermeldung
   ('INT'A      :='SKIP';PRINT(A = 'SKIP'))  | Rechner-abhängig
   ('INT'A      :='SKIP';PRINT(A:=:'SKIP'))  | Rechner-abhängig
   ('REF''INT'A='SKIP';PRINT(A = 'SKIP'))    | Rechner-abhängig
   ('REF''INT'A='SKIP';PRINT(A:=:'SKIP'))    | Rechner-abhängig
                                                       |
6.8.2    Was wird ausgedruckt   ?                       |

   ('INT'A       ='NIL' ;PRINT(A = 'NIL' ))  | Fehlermeldung
   ('INT'A       ='NIL' ;PRINT(A:=:'NIL' ))  | Fehlermeldung
   ('INT'A      :='NIL' ;PRINT(A = 'NIL' ))  | Fehlermeldung
   ('INT'A      :='NIL' ;PRINT(A:=:'NIL' ))  | Fehlermeldung
   ('REF''INT'A='NIL' ;PRINT(A = 'NIL' ))    | Fehlermeldung
   ('REF''INT'A='NIL' ;PRINT(A:=:'NIL' ))    | T
                                                       |
         Was wird ausgedruckt   ?                       |

6.10.3('UNION'('VOID','INT')EMPTY:='EMPTY';          | 1
      (EMPTY|('VOID'):PRINT(1),('INT'):STOP))          |
6.7   ('UNION'('VOID','INT')SKIP :='SKIP' ;           | Rechner-abhängig
      (SKIP |('VOID'):PRINT(1),('INT'):STOP))          |
                                                       |
6.9.1    Welche der folgenden sind korrekte            |
         Bereichs- bzw. Programm- Variablenerzeuger    |
         und welcher Art sind die erzeugten Größen ?   |
                                                       |
   'LOC''REF''REAL'                          | Ber, 'REF''REF''REAL'
   'REF''LOC''REAL'                          | nein
   'REF''REF''REAL'                          | nein
   'HEAP''UNION'('VOID')                     | Prg,
                                             | 'REF''UNION'('VOID')
   'LOC''VOID'                               | nein
   'LOC'[]'CHAR'                             | nein
   'HEAP''STRUCT'('INT','REAL')              | nein
   'LOC''STRUCT'([1:1]'INT'I)                | Ber, 'REF''STRUCT'
                                             |      ([1:1]'INT'I)
```

```
6.10.1    Welche der folgenden sind                   |
          korrekte explizite Konvertierungen    ?     |

          'VOID'(PRINT("TRUE"))                        | Ja
          'REAL'(FALSE)   vorher: ''';'REAL'FALSE;'''  | Ja
          'UNION'('INT','REAL','COMPL')                | nein ( Erklärer)
          'UNION'('INT',[]'CHAR','BOOL')("TRUE")       | Ja
          'VOID'(CHAR:=0)   vorher: ''';'INT'CHAR;'''  | Ja
          'REAL'(O)                                    | Ja
          'CHAR'('FALSE')                              | nein
          'INT'('TRUE')                                | nein
          'BOOL'(1)                                    | nein
          'COMPL'(O)                                   | Ja
          'STRING'("O")                                | Ja
                                                       |
                                                       |
6.10.3    Wieviele verschiedene Sorten von            | 7! artleere,reelle,
          Eigenbenennungen ( Eigennamen 1.3) gibt es ?| ganze, Zeichen, Text,
                                                       | logische, BITS
                                                       |
6.10.3    Gibt es Eigenbenennungen für  Bytes    ?    | nein
          Wenn nein, was gibt es an deren Stelle    ? | bytespack()
                                                       | ( Standardproz, 9,5)
                                                       |
6.10.3    Welche der folgenden sind korrekte Eigen-   |
          benennungen und welche Art haben sie dann ? |
                                                       |
          'LONG''CO'LANG'CO'16                         | nein
          'COMMENT'SHORT'COMMENT'16                    | 'INT'
          'CO'CA'CO'"LA"                               | []'CHAR'
          'CO'KOLK'CO''LONG'16RABE                     | 'LONG''BITS' falls
                                                       | LONGBITSWIDTH≥12
                                                       |
6.10.6    Bestimme vorkommende                        |
          "aufgerufene Benennung mit GRUNDNAME " .    |
                                                       |
          ('MODE''PERSON'='STRUCT'('STRING'NAME,      |
                       [1:2]'REF''PERSON'ELTERN);      |
          'PERSON'LUTZ,HARRY,ROSI;                     |
          LUTZ :=("LUTZ" ,(HARRY,ROSI ));             | LUTZ,HARRY,ROSI
          HARRY:=("HARRY",('NIL','NIL'));             | HARRY
          ROSI :=("ROSI" ,('NIL','NIL'));             | ROSI
          'FOR'BEIDE'TO'2'DO'                          |
          PRINT(NAME'OF'(ELTERN'OF'LUTZ)[BEIDE])'OD')| PRINT,NAME,ELTERN,
                                                       | LUTZ,BEIDE
```

7   BEREICHSSCHACHTELUNG UND PROZEDUREN
      ====================================
      Bei dem Bestreben,aus maschinenabhängigen Sprachen (Assembler)
eine formalisierte höhere Programmiersprache wie ALGOL 68 zu
entwickeln, erreicht man bei der " Bereichsschachtelung" und
den " Prozeduren" wohl einen Höhepunkt an Idealisierung und
Abstraktion.

      Der Programmierer wird sich dankbar dieser mächtigen
theoretischen Hilfsmittel bedienen, die vieles übersichtlicher
machen und ohne die umfangreiche Probleme, auch in Gemeinschafts-
arbeit, kaum programmtechnisch lösbar wären ("strukturiertes
Programmieren"). Dennoch darf man bei aller Idealisierung nicht
die Realität der zugrunde liegenden Maschinensprachen außer
Betracht lassen.

      Zum Beispiel wird der statisch formale (grammatisch erfaßte)
Aspekt des " Bereich"s stark relativiert durch den dynamisch
Maschinen-adäquaten (bisher nicht grammatisch erfaßten) Aspekt
der " Erzeugung", d.h. z. B. (inkorrekt)

      'BEGIN'READ(X);'REF''REAL'X='LOC''REAL';PRINT(X)'END'

ist nicht zulässig, da READ(X) zwar statisch im richtigen
Bereich, aber dynamisch fälschlich vor Erzeugung der Variablen X
steht.

      Ferner erweist sich an dem Beispiel

```
(-------------------------------------------------------------------.
|                                                                   |
| 'STRING'S:="UNTERPROGRAMM-TECHNIK";                               |
|                                                                   |
| 'PROC'P= .-----------'CO'PROZEDURTEXT'CO'-------------.           |
|          |                                            |           |
|          ('STRING'PARAMETER)'VOID':PRINT((PARAMETER,S))           |
|          |                                            |           |
|          '--------------------------------------------' ;         |
|                                                                   |
|          (----------'CO'INNERER BEREICH'CO'-----------.           |
|          |                                            |           |
|          | 'STRING'S:="MAKRO-KONSTRUKTION",           |           |
|          | AKTUELL:="PARAMETERVERSORGUNG,";           |           |
|          | P(AKTUELL)                                 |           |
|          |                                            |           |
|          '--------------------------------------------)           |
|                                                                   |
'-------------------------------------------------------------------)

| Ausgabe
+-----------------------------------------------------
|PARAMETERVERSORGUNG,UNTERPROGRAMM-TECHNIK
```

daß Vereinbarung und Aufruf von Prozeduren nicht durch Makro-
Konstruktionen innerhalb ALGOL 68 zu deuten sind ("copy-rule"),
sondern nur Maschinen-adäquat durch bekannte Unterprogramm-
Techniken ("subroutine-call"). Ein Rücksprung in einen
inneren Bereich läßt sich nicht durch ALGOL 68 - Sprach-
elemente simulieren. Die Abarbeitung des Prozedurtextes geschieht
am Ort des Prozedurtextes und nicht am Ort des Prozeduraufrufs.

7.1   Bereichsschachtelung

7.1   Bereichsschachtelung
=======================
   Aus Ersparnisgründen ,d.h. um die Verwendung desselben
externen Namens oder derselben internen Speicherplätze für
verschiedene Größen (an verschiedenen Stellen im Programm) zu
ermöglichen ,und zur Aufgliederung des Programms in einzelne
weitgehend unabhängige Bestandteile ("strukturiertes Programmieren") wird eine Bereichsschachtelung eingeführt.

7.1.1 Vereinbarungsbereich (englisch: defining range)
=======================
   Ein Programm (siehe 3.1) wird gedeutet als eine Schachtelung
(echt) "ineinander enthaltener" ((echt) "neuerer", "unter-
geordneter", "innerer" bzw. (echt) "älterer", "übergeordneter",
"äußerer") bzw. "nicht ineinander enthaltener" Bereiche.

   Ein " Bereich", synonym " Vereinbarungsbereich", ist
(ein Programmteil, für den die zweischichtige Grammatik zu dem
Vereinbarungsspeicher DEF einen mit "neu" beginnenden
Vereinbarungsspeicher NEU   rechts hinzufügt, d.h.) :

7.1.1.1   eine ÄRT geklammerte serielle Klausel (siehe 3.1, 4.1) bzw.

7.1.1.2   eine in 'IF''''''FI' bzw. (''') bzw. 'ELIF''''''FI'
          bzw. |!''') "geklammerte"
          ÄRT logische- Unterscheidung- Klausel (siehe 4.5.1) bzw.
7.1.1.3   eine in 'CASE''''''ESAC' bzw. (''') bzw. 'OUSE''''''ESAC'
          bzw. |!''') "geklammerte"
          ÄRT   ganze- Unterscheidung- Klausel (siehe 4.5.1) bzw.
7.1.1.4   eine in 'CASE''''''ESAC' bzw. (''') bzw. 'OUSE''''''ESAC'
          bzw. |!''') "geklammerte"
          ÄRT   VEREINIGUNG - Unterscheidung- Klausel (siehe 4.5.1) bzw.
7.1.1.5   eine in 'THEN''''''ELSE' bzw. |'''| bzw. 'ELSE''''''FI' bzw. |''')
          bzw. 'OUT''''''ESAC' "geklammerte"
          ÄRT serielle Klausel (siehe 4.5.1) bzw.
7.1.1.6   eine in 'IN''''', bzw. ,''', bzw. ,''''OUT' bzw. ,''''OUSE'
          bzw. (''', bzw. ,''') "geklammerte"
          ÄRT spezifizierte Klausel (siehe 4.5.1) bzw.

7.1.1.7   eine in 'FOR''''''OD' "geklammerte"
          artleere Schleifen- Klausel (siehe 4.6.1) bzw.
7.1.1.8   eine in 'FOR''''''OD' "geklammerte"
          artleere Schleifen- Klausel abzüglich ihres
          in 'FROM''''''WHILE' "geklammerten" Teils (siehe 4.6.1) bzw.
7.1.1.9   eine in 'WHILE''''''OD' "geklammerte"
          logische serielle Klausel mit VSPEICHER zuzüglich
          einer mit 'DO' beginnenden artleeren seriellen Klausel
          (siehe 4.6.1) bzw.
7.1.1.10 eine in 'DO''''''OD' "geklammerte"
          artleere serielle Klausel (siehe 4.6.1) bzw.

7.1.1.11 ein z. B. in (''') "geklammerter"
          PROZ Prozedurtext (siehe 7.2.1,7.3).

   In den Übersichtsschemata sind Bereiche durch gestrichelte
Umrahmungen wiedergegeben (siehe 3.1, 4.1, 4.5.1, 4.6.1, 7.2.1).

Um nicht unnötig viele Bereiche ertstehen zu lassen, was
besonders die Aufrufbarkeit von Zielen und von internen, durch
Bereichs- Variablenerzeuger erzeugten Größen einschränken
würde, gibt es folgende Ausnahmeregelungen für die Bildung von
Bereichen:

7.1.1.12 Eine serielle Klausel (7.1.1.1/5/9/10, d.h. nach 'BEGIN' ,
    nach (, nach 'THEN' , nach 'ELSE' , nach 'OUT' , nach | ,
    nach 'WHILE' , nach 'DO') oder eine UNTERSCHEIDUNG - Klausel
    (7.1.1.2/3/4) bilden keinen Bereich,wenn sie nur Zielvereinbarungen
    und/oder (dyadische) Vorrang- Vereinbarungen, aber keine sonstigen
    Vereinbarungen enthält.

    Beispiele:

        ('CHAR'O:="O",K:="K";OK;('PRIO'+=9,*=1;OK: PRINT(2*O+K)))

    oder

        ('CHAR'O:="O",K:="K";OK;('PRIO'+=9,*=1;OK:'TRUE'|PRINT(2*O+K)))

        | Ausgabe   Zielvereinbarungen und Vorrangver-
        +--------   einbarungen werden nicht wie Vari-
        |OKOK   ablenerzeuger dynamisch zur Lauf-
                                          zeit erzeugt, sondern statisch vom
                                          Übersetzer im Voraus getroffen.

7.1.1.13 Eine spezifizierte Klausel (7.1.1.6) bildet nur hinsichtlich
    der durch sie spezifizierten Größe einen Bereich, sonst nicht.

    Beispiel:

        'BEGIN'
         'UNION'('INT')I:=0;'REF'INT'II:='LOC''INT':=0;
         'CASE'I'IN'('INT'I):I:=1;II:='LOC''INT':=1'ESAC';
         PRINT((I,NEWLINE,II))
        'END'

        | Ausgabe   Nur bezüglich I gibt es einen
        +-----------------   inneren Bereich, aber nicht be-
        | +0   züglich 'LOC''INT' .
        | +1

7.1.1.14 Eine Schleifen- Klausel (7.1.1.7/8) bildet nur hinsichtlich
    ihrer Laufvariablen einen Bereich, sonst nicht.

    Beispiele:

        'BEGIN'
         'INT'I:=0;'REF''INT'II:='LOC''INT':=0;
         'FOR'I'TO'1'DO'II:='LOC''INT':=1'OD';
         PRINT((I,NEWLINE,II))
        'END'

        | Ausgabe   Nur bezüglich I gibt es einen
        +----------------   inneren Bereich, aber nicht be-
        | +0   züglich 'LOC''INT' ,
        | +1   siehe 7.1.1.12,

aber

```
'BEGIN'
'INT'I:=0;'REF''INT'II:='LOC''INT':=0;
'FOR'I'TO'1'DO''REF''INT'II:='LOC''INT':=1'OD';
PRINT((I,NEWLINE,II))
'END'
```

| Ausgabe | | Jetzt entsteht durch die
+------------------+   Variablen- Vereinbarung 'REF''INT'II:= '''
| +0 | ein Bereich 'DC' ''' 'OD' , siehe 7.1.1.10.
| +0 |

7.1.2 Bereichs- Größen (englisch: 'LOC')

Innerhalb der Bereichsschachtelung gibt es folgende Größen,
zu deren Aufruf stets eine Vereinbarung oder eine Variablenerzeugung im selben Bereich erforderlich ist:

(allgemeine) Art	(externer) Name	Größe	
(ÄRT u.a.m.)	(NAME)	z. B.	(Objekt u.a.m.)
GRUNDART	GRUNDNAME	PI	(benannte Grund-) Konstante
VRW auf ART	GRUNDNAME	X	(externe) Variable
VRW auf ART	'LOC'ART	'LOC''INT'	(interne) Variable (unben.)
FELD	GRUNDNAME	VEKT	Feld
STRUKTUR	GRUNDNAME	NETZ	Struktur
ART Komponente	GRUNDNAME	FOLG	(Struktur-) Komponente
PROZ	'VOID':-	'VOID':-	Prozedurtext (unbenannt)
PROZ	GRUNDNAME	SIN	Routine
ART Parameter	GRUNDNAME	A	(Prozedur-) Parameter
VEREINIGUNG	GRUNDNAME	WAS	Vereinigung
Ziel	GRUNDNAME	START	Ziel
Vorrang RANG	DOPNAME	'UND',+	Vorrang (dyad. Operat.)
EZPROZ	OPNAME	'UND',+	Operation
ÄRT	'GRUNDNAME'	'GANZ'	(benannte) Art

Der innerste (neueste) Bereich,der die Vereinbarung einer
" Bereichs- Größe" enthält, z. B.

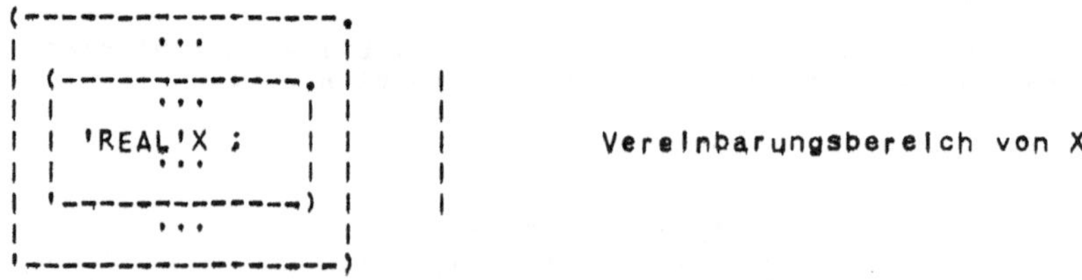

Verelnbarungsbereich von X

ist dieser Größe als ihr Verelbarungsbereich zugeordnet.
In diesem Vereinbarungsbereich heißt (und ist) die Größe
"vereinbart" und sonst "nicht vereinbart".

Die (interne) Speicherung von Bereichs- Größen erfolgt
zur Laufzeit durch Belegen entsprechender Speicher (i.a. konsekutiv
nacheinander) dynamisch bei der Vereinbarung bzw. Variablenerzeugung
der Größe und durch Ein/ Aus- Lesen in/aus diese Speicher
dynamisch beim Aufruf der Größe.

Beim Verlassen des Vereinbarungsbereichs wird die gesamte
Speicherzone aller in diesem Vereinbarungsbereich vereinbarten
Größen gelöscht (d.h. wieder freigegeben).

```
,-------------------------------------------------------------,
|                                                             |
|    Eine nicht (mehr) vereinbarte Größe  verliert ihren      |
|  (externen) Namen und ihren (internen) Wert                 |
|  ( Ersparnis von Namen und Speichern).                      |
|                                                             |
'-------------------------------------------------------------'
```

In theoretischer Informatik vorgebildete Leser seien darauf
hingewiesen, daß "konsekutive Kellerung mit Lesemöglichkeit
im ganzen Keller" bekanntlich in der Automatentheorie durch
Verallgemeinerung von Keller- Automaten (push down automaton)
zu ("im ganzen Keller lesenden") Stapel- Automaten (stack
automaton) realisiert wird.

Formal-sprachlich interessierte Leser seien darauf hingewiesen,
daß die zweischichtige Grammatik Art und Namen der Größe rechts
im letzten mit "neu" beginnenden Teil NEU des Vereinbarungsspeichers DEF nennt (siehe A3.5 Hyperregel 48a, A3.8 Hyperregel 48c).

7.1.3 Lokalbereich (englisch: reach)
======================
Ein " Lokalbereich" entsteht aus einem Bereich durch Ausschluß
aller ihm untergeordneten Bereiche.
Mit dem Vereinbarungsbereich ist einer Größe demnach auch
ein Lokalbereich zugeordnet. In diesem Lokalbereich heißt die
Größe "lokal" und sonst "nicht lokal".

In einem Lokalbereich dürfen nicht zwei verschiedene Größen
vereinbart sein, die gleichen Namen

und entweder gleiche Art haben, z. B. (inkorrekt)

    'BEGIN''REAL'X;'REAL'X;''''END'

oder sonst beim Aufruf verwechselt werden können, z. B. ist
(inkorrekt)

    'BEGIN''REAL'X;'INT'X;READ(X);''''END'

in X verwechselbar, und z. B. ist (inkorrekt)

    ('OP''O'=('UNION'('STRING','VOID')A)'VOID':PRINT("VEREINIGT");
     'OP''O'=('STRING'A)'VOID':PRINT("UNVERAENDERT");'O'"FESTE")

in 'O' verwechselbar, und z. B. ist (inkorrekt)

    ('OP''OM'=('REAL'A)'VOID':(PRINT("CP");STOP);
     'MODE''OM'='REAL;'OM'PI;PRINT("MODE"))

in 'OM' verwechselbar,

aber z. B. ist

   'BEGIN'PRINT(1=-1)'END'

in -1 (monadisch) und 1=-1 (dyadisch) unverwechselbar oder z. B. ist

   'BEGIN''STRUCT'('STRING'A)A:=("A");PRINT(A'OF'A)'END'

in A'OF' (vorn Komponentenname) und A (Strukturname)
unverwechselbar.

```
.------------------------------------------------------------------.
|                                                                  |
|    Außerhalb des Lokalbereichs einer Größe  dürfen   andere      |
| Größen  gleichen Namens vereinbart werden                        |
| ( Ersparnis von Namen).                                          |
|                                                                  |
'------------------------------------------------------------------'
```

   Formal-sprachlich interessierte Leser seien darauf hingewiesen,
daß die zweischichtige Grammatik die Zulässigkeit einer
Vereinbarung anhand des Vereinbarungsspeichers DEF (mit den
Hyperregeln 71a,b,c) überprüft.

   Ein " Globalbereich" ist das Komplement eines Lokalbereichs
bezüglich des Bereichs (aus dem der Lokalbereich entstanden ist).
Eine vereinbarte, nicht lokale Größe heißt "global".

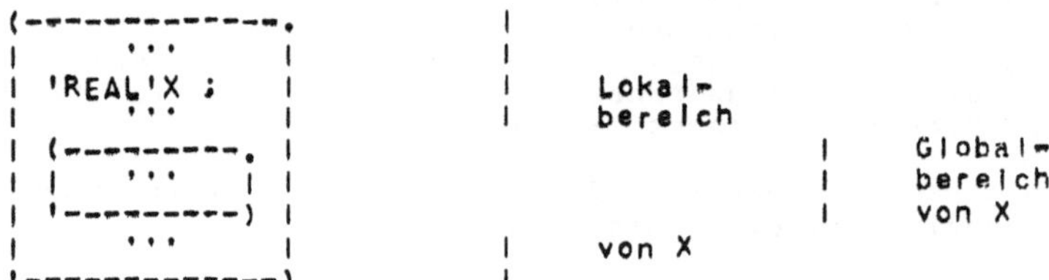

7.1.4 Syntaktischer Aufrufbarkeitsbereich (englisch nicht benannt)

   Der "syntaktische Aufrufbarkeitsbereich" einer Größe entsteht
aus ihrem Vereinbarungsbereich durch Ausschluß aller derjenigen
echt untergeordneten Bereiche, die Vereinbarungsbereich einer
andern Größe sind, die gleichen Namen

und entweder gleiche Art hat, siehe Beispiele in 7.1.3,

oder sonst beim Aufruf mit der Größe verwechselt werden kann,
siehe Beispiel in 7.1.3.

In diesem syntaktischen Aufrufbarkeitsbereich heißt die Größe
"syntaktisch aufrufbar" und sonst "nicht syntaktisch aufrufbar".

    Formal-sprachlich interessierte Leser seien darauf hingewiesen,
daß die zweischichtige Grammatik die Zulässigkeit des
syntaktischen Aufrufs anhand des Vereinbarungsspeichers DEF
(mit den Hyperregeln 48b,d, 542a) überprüft.

    Der "syntaktische Unterdrückungsbereich" einer Größe ist
das Komplement ihres syntaktischen Aufrufbarkeitsbereichs
bezüglich ihres Vereinbarungsbereichs.

Eine vereinbarte, nicht syntaktisch aufrufbare Größe heißt
"syntaktisch unterdrückt".

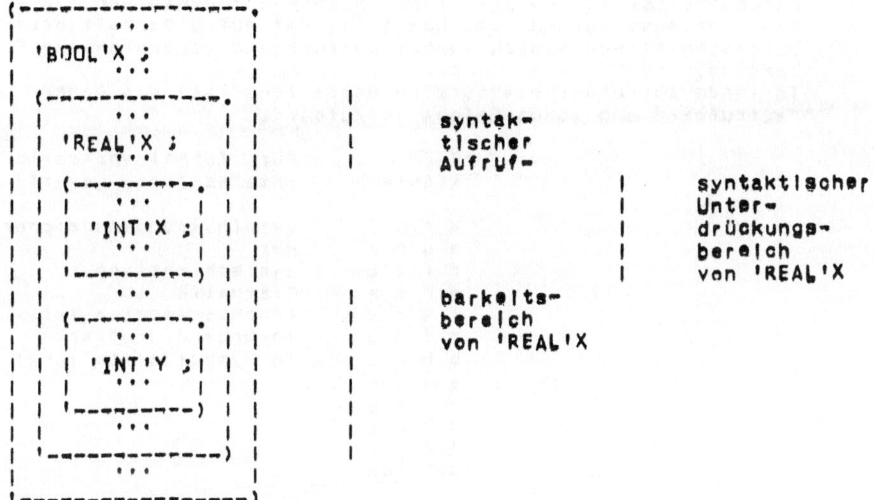

7.1.5 Erzeugungsbereich (englisch: scope)

    Der " Erzeugungsbereich" einer Größe ensteht aus ihrem
Vereinbarungsbereich durch Ausschluß desjenigen Anfangsteils,
in dem die Größe noch nicht dynamisch (vereinbart bzw.) erzeugt
worden ist, z. B. ist in (inkorrekt)

    (READ(X);'REAL'X;''')

der Aufruf von X in READ(X)
syntaktisch korrekt, d.h. syntaktisch gilt X bereits als vereinbart
und wird von der Grammatik akzeptiert, aber
tatsächlich inkorrekt, d.h. dynamisch wurde X noch nicht
(vereinbart bzw. bei dieser Vereinbarung) erzeugt
und wird vom Übersetzer nicht akzeptiert.

In ihrem Erzeugungsbereich heißt (und ist) die Größe
"erzeugt" und sonst "nicht erzeugt".

In Präzisierung von 7.1.2 gilt nunmehr:

```
.----------------------------------------------------------------.
|                                                                |
|    Eine (noch nicht oder) nicht (mehr) erzeugte Größe          |
| besitzt keinen (internen) Wert                                 |
| ( Ersparnis von Speichern).                                    |
|                                                                |
'----------------------------------------------------------------'
```

Der " Aufrufbarkeitsbereich" einer Größe entsteht aus ihrem
syntaktischen Aufrufbarkeitsbereich durch Ausschluß desjenigen
Anfangsteils, in dem die Größe noch nicht dynamisch (vereinbart
bzw.) erzeugt worden ist. Damit ist der Aufrufbarkeitsbereich
Durchschnitt aus syntaktischem Aufrufbarkeitsbereich und Erzeugungsbereich.
In ihrem Aufrufbarkeitsbereich heißt (und ist) die Größe
"aufrufbar" und sonst "nicht aufrufbar".

```
                          'REF'         Für formal-sprachlich
                          'REAL'X       interessierte Leser!

                          V A U E       Vereinbarungsspeicher
                          e u n r       der
                          r f t z       zweischichtigen
                          e r e e       Grammatik
                          l u r u       (rechts letzter Teil,
                          n f d g       abkürzend  notiert
                          b b r u       in Symboldarstellung)
                          a a ü n
                          r r c g
                          g k k s
                          ' ' ' ;
                          bereich


(------------.        |         neu 'REF''REAL'X
|    ...     |        |         neu 'REF''REAL'X
| (-------.  |        |         neu 'REF''REAL'X  neu 'REF''INT'X
| |  ...  |  |        |         neu 'REF''REAL'X  neu 'REF''INT'X
| | 'INT'X ;||        |         neu 'REF''REAL'X  neu 'REF''INT'X
| |  ...  |  |        |         neu 'REF''REAL'X  neu 'REF''INT'X
| '-------)  |        |         neu 'REF''REAL'X  neu 'REF''INT'X
|    ...     |        |         neu 'REF''REAL'X
| 'REAL'X ;  |        | |   |   neu 'REF''REAL'X
|    ...     |        | |   |   neu 'REF''REAL'X
| (-------.  |        |   | |   neu 'REF''REAL'X  neu 'REF''INT'X
| |  ...  |  |        |   | |   neu 'REF''REAL'X  neu 'REF''INT'X
| | 'INT'X ;||        |   | |   neu 'REF''REAL'X  neu 'REF''INT'X
| |  ...  |  |        |   | |   neu 'REF''REAL'X  neu 'REF''INT'X
| '-------)  |        |   | |   neu 'REF''REAL'X  neu 'REF''INT'X
|    ...     |        | |   |   neu 'REF''REAL'X
| (-------.  |        | | |     neu 'REF''REAL'X  neu 'REF''INT'Y
| |  ...  |  |        | | |     neu 'REF''REAL'X  neu 'REF''INT'Y
| | 'INT'Y ;||        | | |     neu 'REF''REAL'X  neu 'REF''INT'Y
| |  ...  |  |        | | |     neu 'PFF''REAL'X  neu 'REF''INT'Y
| '-------)  |        | | |     neu 'REF''REAL'X  neu 'REF''INT'Y
|    ...     |        | |   |   neu 'REF''REAL'X
'------------)        | |   |   neu 'REF''REAL'X
```

Der " Unterdrückungsbereich" einer Größe ist das Komplement
ihres Aufrufbarkeitsbereichs bezüglich ihres Erzeugungsbereichs.
Eine erzeugte, nicht aufrufbare Größe heißt (und ist)
"unterdrückt".

```
.-------------------------------------------------------------.
|                                                             |
|    Eine (vorübergehend)  unterdrückte  Größe  behält  ihren |
| (bisherigen internen) Wert                                  |
| ( Speicher bleibt reserviert).                              |
|                                                             |
'-------------------------------------------------------------'
```

Der Vereinbarungsbereich/ Erzeugungsbereich/ Aufrufbarkeitsbereich

- einer Struktur (2.2) ist der kleinste aller
  Vereinbarungsbereiche/ Erzeugungsbereiche/ Aufrufbarkeitsbereiche
  ihrer Komponenten,

- eines Feldes ist der kleinste aller
  Vereinbarungsbereiche/ Erzeugungsbereiche/ Aufrufbarkeitsbereiche
  seiner Elemente,

- eines Ziels ist sein
  Vereinbarungsb./ Vereinbarungsb./ syntaktischer Aufrufbarkeitsb.

    Man könnte vorschlagen, die zweischichtige Grammatik
dahingehend zu ändern, daß nicht nur der Vereinbarungsbereich,
sondern auch der Erzeugungsbereich adäquat beschrieben wird.
Allerdings erhält man dann eine weitergehende Schachtelung
als die bisherige Bereichsschachtelung.

7.1.6 Programm- Größen (englisch: 'HEAP') und sonstige Größen

    Außerhalb der Bereichsschachtelung gibt es im Programm folgende
Größen, zu deren Aufruf nicht notwendig eine Vereinbarung
oder eine Variablenerzeugung im selben Bereich erforderlich ist:

```
    (allgemeine) Art | (ext.) Eigenname  |          Größe
                     |                   |
    ( ÄRT  u.a.m.)   | ( NAME ) |   z. B. | ( Objekt u.a.m.)
    -----------------+----------+---------+--------------------------
    ÄRT               | Eigenname|  3.14  | Eigenname ( Konstante)
    VRW auf ART       |'HEAP'ART 'HEAP''INT'(Interne) Variable (unben.)
    FELD              | Eigenfeld|  (1,X) | Eigenfeld     ( Multipel)
    STRUKTUR          | Eigstrukt|  (1,X) | Eigenstruktur ( Multipel)
```

Der Vereinbarungsbereich/ Erzeugungsbereich/ Aufrufbarkeitsbereich

- eines Eigennamens (1,3) ist das
  Programm/ Programm/ Programm,

- einer " Programm- Größe" ,
  d.h. einer mit 'HEAP' erzeugten extern unbenannten Variablen
  (siehe Variablenerzeuger 6.9.1 und vergleiche Vereinbarungen 5)
  ist das
  Programm/ Programm/ Programm, in den beiden letzten Fällen
  vorausgesetzt, daß die Größe bereits dynamisch erzeugt wurde,

- einer Eigenfeld- Klausel (4.4) ist der kleinste aller
  Vereinbarungsbereiche/ Erzeugungsbereiche/ Aufrufbarkeitsbereiche
  ihrer Elemente,

- einer Eigenstruktur - Klausel (4.4) ist der kleinste aller
  Vereinbarungsbereiche/ Erzeugungsbereiche/ Aufrufbarkeitsbereiche
  ihrer Komponenten.

   Die (interne) Speicherung von Programm- Größen erfolgt
zur Laufzeit durch Belegen entsprechender Speicher (i.a. nicht
konsekutiv nacheinander) dynamisch bei der Erzeugung der
Programm- Größe.
   Im Unterschied zu Bereichs- Größen wird der Speicher von
Programm- Größen nicht beim Verlassen eines Vereinbarungs-
bereichs gelöscht, denn das Programm als einziger hier in Frage
kommender Bereich kann innerhalb des Laufs des eigentlichen
Programms dynamisch nicht verlassen werden. Man wird also
sinnvollerweise für i.a. langlebige Programm- Größen andere
Speicherzonen benutzen als für i.a. kurzlebige Bereichs-
Größen.

   Theoretisch sind Programm- Größen innerhalb des Programms
"unsterblich". Da aber Programm- Größen extern unbenannt sind
und zum Zwecke des Wiederaufrufs stets per Verweis an mindestens
eine extern benannte Bereichs- Größe gekoppelt sein müssen,
"sterben" Programm- Größen praktisch doch und zwar dann, wenn
keine der ehemals auf sie verweisenden Bereichs- Größen mehr
erzeugt ist, z. B.

     (('REF''INT'NN;('REF''INT'MM;*NN:='HEAP''INT':=1;'''};''');''')
                                          '-v-'
                                          hier ist
                                          'HEAP''INT'
                                          praktisch
                                            eine
                                          " Leiche"

   Ein auf Speicher- Ersparnis hin konzipierter Compiler wird also
von Zeit zu Zeit nach " Leichen" von Programm- Größen fahnden,
etwa durch " Null- Prüfung" von passiven Verweis- Zählern (reference counter) , die zu allen internen Objekten angelegt werden.
Den so gesammelten Müll wird der Compiler dann aus der für die
Programm- Größen vorgesehenen Speicherzone eliminieren durch
Wiederfreigabe der betreffenden Speicherplätze. Dazu wird eine
Freispeicherliste geführt, die im allgemeinen organisiert ist in
Form einer Ringkette aus Knoten, von denen jeder auf seinen Vor-
gänger und seinen Nachfolger zeigt und Angaben über Anfangs-
adresse des betroffenen Freispeicher- Teilbereichs, Länge des
Freispeicher- Teilbereichs u.a.m. enthält.

Man benötigt Algorithmen zum Suchen in der Freispeicherliste,
zur Einfügung und Herausnahme von Knoten, zur Umsortierung von
Knoten sowie zur Verschmelzung (Kompaktifizierung) von Knoten,
deren Speicheradressen benachbart sind.

Diese Speicherbereinigung, auch " Müllabfuhr" (garbage collection) oder " Entschrottung" genannt, findet wiederholt zur Laufzeit
statt und ist relativ zeitaufwendig. Daher sollte die Verwendung
von Programm- Größen auf ein absolut notwendiges Minimum einge-
schränkt werden. Aus diesem Grung gibt es auch keine abkürzenden
Schreibweisen, die dem Programmierer die Verwendung von 'HEAP'
erleichtern würden (siehe 5.6).

Ein physikalisches Modell für Speicherbereinigung ist die
Entnahme einer Menge feinkörnigen Stoffes (z. B. Sand) aus
einem aufgeschütteten Haufen (auch Halde) dieses Stoffes. Nach
der Entnahme fließt der Haufen (englisch: heap) wieder von selbst
lückenlos zu einem neuen Haufen zusammen.

7.1.7 Unzulässige Verweisungen
==

Bei der Vereinbarung (5) oder Variablenerzeugung (6.9.1) einer
Größe werden höchstens zwei und damit keinesfalls alle internen
Objekte, die zur internen Verweiskette der Größe schließlich
gehören, von Anfang an erzeugt. Die i.a. restlichen internen
Objekte werden an die Verweiskette erst später z. B. mittels
Verweisungen (6.3) angefügt . Diese Verweisungen können bewirken,
daß interne Objekte aus verschiedenen Vereinbarungsbereichen
aufeinander verweisen.

Damit besteht die Gefahr, daß bei Aufruf der Größe innerhalb
ihres Erzeugungsbereichs, aber außerhalb des Erzeugungsbereichs
eines der internen Objekte in ihrer Verweiskette,
etwa durch implizites Entverweisen (6.2) ein nicht mehr erzeugtes
internes Objekt erreicht wird (Gegenbeispiele a1/2).

Gegenbeispiel a1 (inkorrekt):

('REF''REAL'XX:=('REAL' Y   :=3,1;   V);PRINT(XX))

Dieses Gegenbeispiel a1 ist eine Variante von a2, siehe unten.

Gegenbeispiel a2 (Inkorrekt):

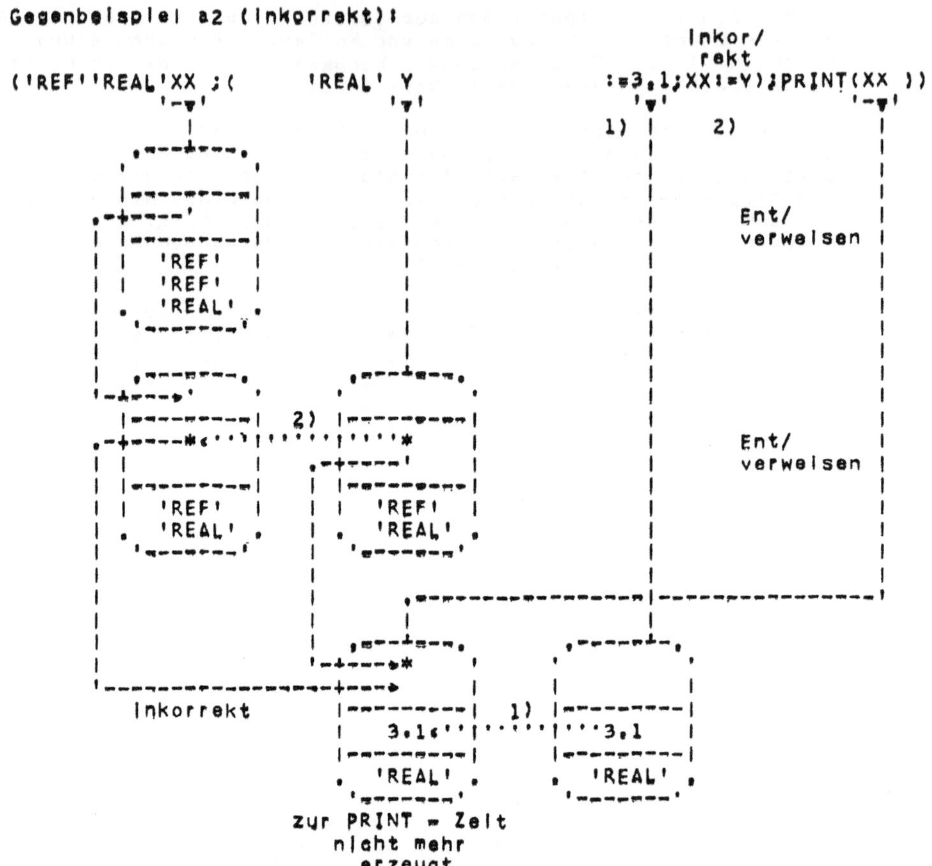

Um derartige Verweisungen mit inkorrekten Folgen von
vornherein auszuschließen, wird gefordert:

    Verweisungen (6.3) sind unzulässig, falls sie bewirken,
    daß ein internes Objekt
    mit echt übergeordnetem Vereinbarungsbereich
    verweist auf ein internes Objekt
    mit echt untergeordnetem Vereinbarungsbereich.

Damit wird das Gegenbeispiel a als inkorrekt erkannt, aber
die Korrektheit der folgenden Beispiele b,c nicht in Frage gestellt.

Beispiel b1 (korrekt):

                    'HEAP''REAL'Y
('REF''REAL'XX:=('REF''REAL' Y ='HEAP''REAL':=3.1;   Y);PRINT(XX))

    Dieses Beispiel b1 ist eine Variante von b2, siehe unten.

Beispiel b2 (korrekt):

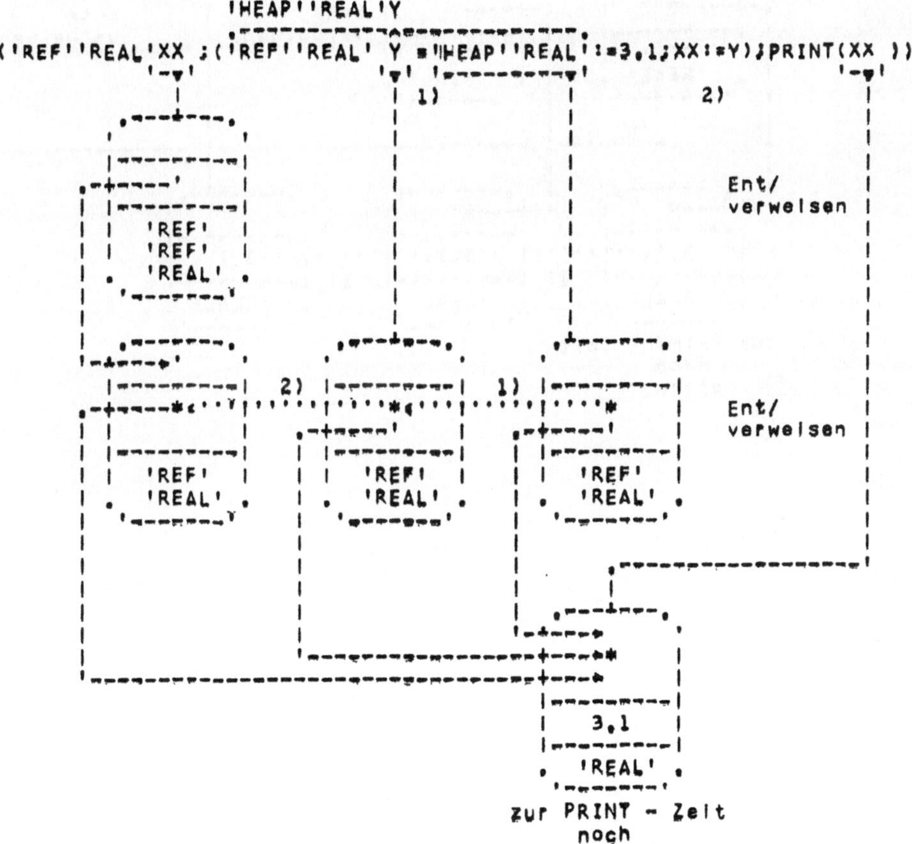

Beispiel c1 (korrekt):

```
(     'REAL' X:=(        'REAL' Y                  :=3.1;    Y);PRINT( X ))
```

Dieses Beispiel c1 ist eine Variante von c2, siehe unten.

Beispiel c2 (korrekt):

```
(     'REAL' X ;(        'REAL' Y              :=3.1; X:=Y);PRINT( X ))
              '▼'                 '▼'                '▼'                '▼'
               |                   |                  |                 |
                                                   1) |      2)         |
           .---+---.           .---+--.               |                 |
           '       '           '      '               |                 |
           |-------|           |------| bei 2)        |                 |
         .-+----*  |         .-+----' | Ent/          |      Ent/       |
         | |-------|         | |------| verweisen     |      verweisen  |
         | | 'REF' |         | | 'REF'|               |                 |
         | | 'REAL'|         | | 'REAL'.              |                 |
         | '-------'Y        | '------'               |                 |
         |                   |                        |                 |
         |             .-----|------------------------|-----------------|
         |             |     |                        |
         | .---+--.    | .------.          .----+-.
         '-+---*  '    '-+--'   '          '        '
         |-------|      |-------|          |--------|
         | 3.1<'Y|''''''|''3.1<''|'''''''|''3.1   |
         |-------| 2) |------|  1) |--------|
         ' 'REAL' '    ' 'REAL' '      ' 'REAL'  '
         '-------'     '------'        '-------'
      zur PRINT - Zeit
            noch
          erzeugt
```

7.2   Prozeduren
========

Eine " Prozedur" (dieser Sammelbegriff kommt im Report nicht vor)
ist eine Größe (7.1.2) der Art PROZ (A2.2 Metaregel 12N),
die im einzelnen sein kann:

- eine nullparametrige Routine,   z. B.

      Grund- Vereinbarung   (5.7)   'PROC'N='VOID':PRINT(0)   ,
      aufgerufene Benennung   (6.10.6)   N   ,

- eine nichtnullparametrige Routine,z. B.

      Routine- Vereinbarung   (5.7)   'PROC'R=('INT'I)'VOID':PRINT(I)
      Routineaufruf   (7.2.4)   R(1)   ,
      aufgerufene Benennung   (6.10.6) (BOOL|R|S)(1)   ,

- eine einparametrige Operation,   z. B.

      Operations- Vereinbarung(5.8)   'OP''E'=('INT'I)'VOID':PRINT(I)
      Operationsaufruf   (7.2.7)   'E'1   ,

- eine zweiparametrige Operation,   z. B.

      Operations- Vereinbarung(5.8)   'OP''Z'=('INT'I1,I2)'VOID':
                                               PRINT((I1,I2))   ,
      Vorrang- Vereinbarung   (5.9)   'PRIO''Z'=9   ,
      Operationsaufruf   (7.2.7)   1'Z'2   ,

d.h. eine PROZ Prozedur hat folgende unterschiedliche Spezialfälle:

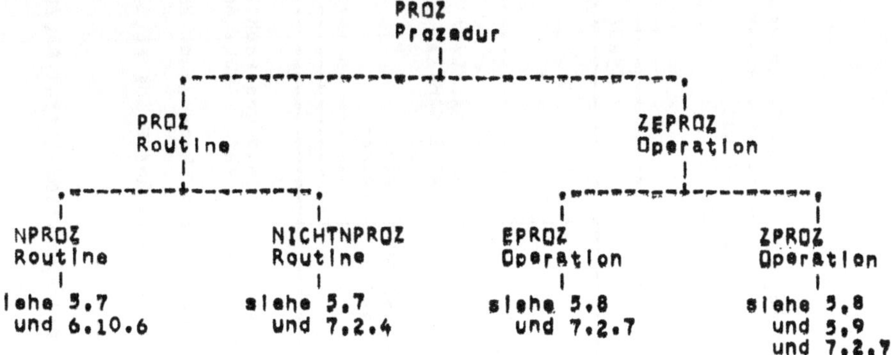

Prozeduren, d.h. Routinen bzw. Operationen, werden (direkt
oder indirekt, siehe Vereinbarungen 5) letztlich definiert
durch Prozedurtexte (siehe obige Beispiele und unten Übersichtsschema 7.2.1).

Die Verwendung von Prozeduren macht Programme übersichtlicher
("strukturiertes Programmieren"). Prinzipiell soll man im Programm
nie zu früh spezialisieren. Auch sind als Prozeduren allgemein
formulierte Algorithmen besser durchschaubar als spezielle "trick-
reiche" Programmpassagen.

7.2.1 Übersichtsschema für PROZ Prozedurtext
==
(ohne Konvertierungspositionen ,
 Vereinbarungenspeicher
 und Kompragmentare)

```
.------------------------------------------------------------------------------.
|           PROZ           |            PROZ   Prozedurtext 541a                |
|--------------------------+---------------------------------------------------|
|Prozedur                  |                                                   |
|                          |                                                   |
|<mit                      |                                                   |
|<    Para/        Para/   | .-----------------------------------------------. |
|<ART1 me/ 11'''ART1 me/ 1nl| |for/                   for/            for/    | |
|<     ter         ter     | |male GRUND/,''',GRUND/  male GRUND/,''',GRUND/ male | |
|<                         | |(ART1 NAME11     NAME1N1,''',ARTM NAMEM1   NAMEMNM) XRT  :  XRT | |
|<    Para/        Para/   | |Ver/                   Ver/            Ver/    | |
|<ARTM me/ m1'''ARTM me/ mnm| |ein/                   ein/            ein/ Klausel| |
|<     ter         ter     | |barer                  barer           barer   | |
|                          | ^^^^^^^^^^^^^^^^^^^^^^^^^^^^^^^^^^^^^^^^^^^^^^^^  | |
|ergebend XRT              | '-----------------------------------------------' |
'------------------------------------------------------------------------------'
```

Zusatzregeln: Schlängelungen links und rechts sind zusammengehörig (nullparametrige Prozedur)
------------ Zusammengehörige XRT   (bzw. ART bzw. PROZ) sind gleich.

   Nach diesem Übersichtsschema kann jeder PROZ Prozedurtext erzeugt werden:

z. B. ('INT'WERT,'REF'[]'INT'VERWEIS AUF FELD,'PROC'('INT')'INT'PROZEDURNAME)'VOID':'SKIP' oder

z. B. 'INT':3.14   ,aber

nicht ([1:2]'INT'FELD,'PROC'('INT'I)'INT'PROZEDURNAME)'VOID':'SKIP' (keine formalen Vereinbarer)

7.2.2 Ubergabe- und Sprungtechnik beim Prozeduraufruf
===

     Am Anfang von Kapitel 7 wurde bereits an einem Einführungs-
beispiel dargelegt, daß es sich bei einem Prozeduraufruf handelt
um einen Unterprogrammansprung ("subroutine-call") mit vorheriger
Übergabe der aktuell aufgerufenen Parameter (im Prozeduraufruf)
an die formal vereinbarten Parameter (im Prozedurtext), Abarbeitung
des Unterprogramms (Prozedurtext) am Ort seiner Vereinbarung
(im Vereinbarungsbereich der Prozedurtextniederschrift),nachfolgende
Rückgabe des Ergebnisses nach Unterprogramm- Abarbeitung
(Prozedurtext) mit anschließendem Rücksprung zum Ort des
Unterprogrammaufrufs (Prozeduraufruf),

     Die Identifikation des zum Prozeduraufruf gehörigen
Prozedurtextes erfolgt über den vereinbarten Prozedurnamen,
d.h. entweder über den GRUNDNAMEn der Routine oder über den
OPNAMEn der Operation,

     Neben einfachen Fällen,

     z. B.   ('PROC'P=('STRING'FORMAL)'STRING':FORMAL + "PARAMETER" ;
                   PRINT(P("AKTUELL")))

gibt es Fälle,
wo die Wahl des Prozedurnamens vom Ablauf des Programms
abhängig ist,

     z. B.   ('BOOL'BOOL;READ(BOOL);
                   'PROC'NAME1=('STRING'S)'STRING': S + "1" ;
                   'PROC'NAME2=('STRING'S)'STRING': S + "2" ;
                   PRINT((BOOL|NAME1|NAME2)("NAME")))

oder wo die Wahl des Prozedurtextes vom Ablauf des Programms
abhängig ist,

     z. B.   ('BOOL'BOOL;READ(BOOL);
                   'PROC'P1=('STRING'S)'STRING': S + "1" ;
                   'PROC'P2=('STRING'S)'STRING': S + "2" ;
                   'PROC'('STRING')'STRING'P=(BOOL|P1|P2);
                   PRINT(P("PROZEDURTEXT")))

     Prozedurtexte können per Vereinbarung (obige Beispiele)
oder per Verweisung (folgendes Beispiel) an Prozedurnamen gekoppelt
werden, oder sogar über mehrere Vereinbarungen bzw. Verweisungen
weitergegeben werden,

     z. B.   ('INT'I:=1;'PROC'P1:=('INT'J)'INT':I+J;PRINT(P1(0));
                   ('INT'I:=2;'PROC'('INT')'INT'P2:=P1   ;PRINT(P2(0))))

                  Ausgabe: +1   +1

```
.------------------------------------------------------------------.
|                                                                  |
|    Es werden grundsätzlich  niemals Prozedurtexte umkopiert      |
|  ("copy-rule") oder etwa in andere Vereinbarungsbereiche         |
|  verpflanzt, sondern es wird (im Sinne speichersparender         |
|  Unterprogramm- Technik) nur das jeweilige Prozedurtext-         |
|  Ansprungziel weitergereicht,                                    |
|                                                                  |
.------------------------------------------------------------------.
```

Die Bedeutung der Übergabe- und Sprungtechnik beim
Prozeduraufruf (d.h. Routineaufruf 7.2.4 oder aufgerufene
Benennung speziell einer nullparametrigen Routine 6.10.6 oder
Operationsaufruf 7.2.7) wird anhand der folgenden graphischen
Interpretation erklärt:

```
.---------------------------------------------------------------------.
|                                                                     |
|                        Prozedurtext                                 |
| .-----------------------------------------------------------------. |
| |     formale                                                     | |
| | Parametervereinbarung                                           | |
| |   .-----------A------.                                          | |
| |     formale                          formale        ÄRT        | |
| ( ''' , ART   GRUNDNAME , ''' )        ÄRT  : Klausel2           | |
| |     Verein/ '---v--'                 Verein/ '--v--'           | |
| |     barer      |                     barer      |             | |
| +^^^^^^^^^^^^^^^^^+^^^^^^^^^^^^^^^^             |               | |
| |                 |                    Abarbeitung | zur Zeit | |
| |                 |                    des Prozedur | aufrufs, | |
| |                 |                    Rücksprung   | zum Ort  | |
| |                 |                    des Prozedur | aufrufs  | |
| |                 |                              .-+-.        | |
| | Internes Objekt  .-+-.                        |   |         | |
| |  neu erzeugt    |----|                        |----|        | |
| | zur Zeit der    | .<'|'.                       | *''|'.     | |
| | Prozedurtext/   |----| '                      |----| '      | |
| |  erzeugung   . ART .'                          . ÄRT .'     | |
| |               '-v-'                             '-v-'        | |
| '--------------------------------------------------------------' |
|                     'Über/                         'über/        |
|                     'schrie/                       'schrie/      |
|                     'ben                           'ben          |
|              .---.                             .---.             |
|             |----|       Internes Objekt      |----|            |
|             | .''|''      neu erzeugt         | *<'|''           |
|             |----|       zur Zeit des         |----|            |
|             . ART .      Prozedur/            . ÄRT .           |
|              '-v-'        aufrufs              '-v-'             |
|         Abarbeitung | zur Zeit                   |              |
|         des Prozedur | aufrufs,                  |              |
|            Sprung | zum Ort                      |              |
|         des Prozedur | textes                    |              |
|       .---------------------|--------------------+---.          |
|              .--+--.                                            |
|                ART                                              |
|         '''  Klausel1        '''                                |
|              '--v--'                                            |
|              aktuelle                                           |
|           Parameteraufruf                                       |
|       ^^^^^^^^^^^^^^^^^^^^^^^^^^^^                               |
| '----------------------------v-----------------------------'    |
|                     Prozeduraufruf                              |
|                                                                 |
| Zusatzregeln: Schlängelungen  sind zusammengehörig             |
| ---------------  (nullparametrige Prozedur).                   |
|               Es gilt die Einschränkung 7.2.9.                 |
|                                                                 |
'---------------------------------------------------------------------'
```

Der Effekt der Parameterübergabe bzw. der Ergebnisrückgabe
ist, je nachdem ob der "überschriebene Inhalt" eine interne
Darstellung eines Endwerts oder eine Adresse ist,

- entweder eine "nicht mit dem Original verbundene Kopie"
  (siehe etwa Beispiel 7.2.5.1), d.h. Schutz des aktuellen Eingabe-
  parameters gegen Überschreibung, durch ART - Vereinbarung
  des formalen Parameters, wobei ART nicht mit 'REF' beginnen soll,
  dies entspricht dem "call by value" in ALGOL 60 ,

- oder eine " Verbindung mit dem Original durch Verweis" (siehe
  etwa Beispiel 7.2.5.2), d.h. Ermöglichung von Ein- und auch
  Ausgabe über den aktuellen Parameter und Vermeidung von
  Speicherduplizierungen, z. B. bei Feldern bzw. Strukturen,
  durch 'REF'ART - Vereinbarung des formalen Parameters,
  dies entspricht dem "call by name (reference)" in ALGOL 60 .

Da Parameter jeder ART formal vereinbart und aktuell aufgerufen
werden können, kann auch formal ein PROZ Parameter vereinbart
und aktuell z. B. ein Prozedurtext aufgerufen werden (siehe etwa
Beispiel 7.2.5.4), d.h. Einbringung einer Formel, dies entspricht
dem " Jensen device" in ALGOL 60 . Prozeduren mit 'VOID' - Ergebnis
(siehe etwa Beispiel 7.2.5.2) entsprechen den " Prozeduranweisungen
(eigentliche Prozeduren)" in ALGOL 60 und Prozeduren mit ART - Ergebnis (siehe etwa Beispiel 7.2.5.1) entsprechen den " Funktions-
prozeduren" in ALGOL 60 .

```
.----------------------------------------------------------------------.
|                                                                      |
|     Aus dem oben erklärten  einheitlichen Konzept der                |
|  Übergabe-  und Sprungtechnik ergibt sich                            |
|  in Verbindung mit dem sehr allgemeinen Art- Konzept (1.4)           |
|  die  Vielzahl verschiedener Anwendungsmöglichkeiten  für            |
|  Prozeduren.                                                         |
|                                                                      |
|     Die Übergabe  ist vergleichbar mit der Grund- Verein-            |
|  barung (5.5), aber der Unterprogramm-( An-, Rück-)- Sprung          |
|  ist nicht vergleichbar mit dem Zielaufruf (6.6),                    |
|  da beim Unterprogrammansprung aus einem inneren Bereich             |
|  dieser Bereich nicht "verlassen" wird in dem Sinne, daß             |
|  die betreffende Speicherzone des inneren  Bereichs                  |
|  gelöscht  wird, und da ein Unterprogrammrücksprung  in              |
|  einen inneren Bereich nicht durch einen Zielaufruf                  |
|  simuliert werden kann,                                              |
|                                                                      |
'----------------------------------------------------------------------'
```

Rekursiver Aufruf einer Prozedur, d.h. Vorkommen eines
Prozeduraufrufs auch in der Klausel des eigenen Prozedurtextes
(siehe etwa Beispiele 7.2.5.1, 7.2.5.3 und Einführungsbeispiel
0.2.2b) ist in einer höheren Programmiersprache wie ALGOL 68
selbstverständlich zugelassen.

Ferner zeigt sich am letzten Beispiel 7.2.2 (außerdem 7.2.5.4b
und Einführungsbeispiel 7), daß in einem Prozedurtext, der ja nach
7.1.1.11 ein Vereinbarungsbereich ist, auch globale Größen, d.h.
Größen, die nicht als Parameter oder sonst im Prozedurtext vereinbart wurden, hier I , vorkommen können. Da der Prozedurtext nicht
an einen anderen Ort kopiert wird, ist jede globale Größe schon zur
Zeit der Prozedurtexterzeugung identifizierbar und zwar in einem
die Prozedurtextniederschrift umgebenden Vereinbarungsbereich.

7.2.3 Routinen
========

     Routine- Vereinbarungen, die stets als Abkürzung von Grund-
Vereinbarungen zu deuten sind, wurden im Kapitel 5 (Vereinbarungen)
unter 5.7 ausführlich besprochen.

     Routinen unterscheiden sich von Operationen
durch ihren GRUNDNAMEn ,der nicht in Apostroph gesetzt ist,
und durch ihren Aufruf (siehe unten Übersichtsschema 7.2.3), der
Klammern für die aktuellen Parameter enthält, weshalb auch
für (Schachtelung der) Routineaufrufe keine Vorrang- Vereinbarung
erforderlich ist.

     z. B.   SIN(X)
                 K2R(X,2.7)
                 F(X,G(Y,H(Z)))

     Einen Sonderfall stellen die nullparametrigen Routinen dar,
deren Aufruf nicht in das Übersichtsschema 7.2.4 paßt
(der nullparametrige Fall ist darin nicht enthalten), sondern die
als "aufgerufenen Benennung mit GRUNDNAME " (siehe 6.10.6)
aufgerufen werden.

     z. B.   R
                 UNTERPROGRAMMANSPRUNG
                 ALARM

     Im übrigen kann auch ein GRUNDNAME einer nichtnullparametrigen
Routine ohne Klammern und aktuelle Parameter als "aufgerufene
Benennung mit GRUNDNAME (6.10.6) aufgerufen werden.

     z. B.   G:=('INT'I)'VOID':PRINT(I)
                 F:=G

Vergleichbar ist die aufgerufene Benennung von GRUNDNAMEn
bei Feldern (2.1) oder bei Strukturen (2.2) .

7.2.4 Übersichtsschema für ÄRT   Routineaufruf
===
     (Ohne Konvertierungspositionen,
       Vereinbarungenspeicher und Kompragmentare)

```
.---------------------------------------------------------------.
|                                                               |
|                          ÄRT                                  |
|                       Routineaufruf                           |
|                        | 543a                                 |
|          .------------------------------------------.         |
|           Prozedur mit                              |         |
|          ÄRT1    Parameter                          |         |
|                    ...                              |         |
|          ÄRTN    Parameter                          |         |
|           ergebend ÄRT      ÄRT1          ÄRTN      |         |
|          PRIMÄRKLAUSEL  ( Klausel1 ,...; Klauseln ) |         |
|                                                     |         |
|                                                     |         |
| Zusatzregel: Zusammengehörige  ÄRT  sind gleich     |         |
| ------------                                        |         |
|                                                     |         |
|---------------------------------------------------------------|
```

Nach diesem Übersichtsschema kann jeder (nichtnullparametrige)
Routineaufruf erzeugt werden:

z. B. ROUTINE(X,3)   oder

z. B. ROUTINE(X)(3) (ROUTINE(X) ist eine PRIMÄRKLAUSEL) oder

z. B. ('INT'I;READ(I);FELD[I])(X)   (geklammerte serielle Klausel
                                       als PRIMÄRKLAUSEL), aber

nicht 'GOTO'ROUTINE(4) ('GOTO'RCUTINE ist keine PRIMÄRKLAUSEL).

7.2.5 Beispiele

7.2.5.1 Größter gemeinsamer Teiler

```
'CO'GROESST.GEM.TEILER VON M,N NAT, VERSION OHNE REKURSION'CO'

'BEGIN'

 'PROC'GGT=('INT'M,N)'INT': ('INT'A:=M,B:=N;
          'WHILE'A#B'DO'(A<B|B-:=A|A-:=B)'OD';A);

 'INT'MO,NO;READ((MO,NO));PRINT(GGT(MO,NO))
'END'
```

Eingabe	Ausgabe
66 385	+11

Um die aktuellen Eingabeparameter MO, NO vor Überschreibung
zu schützen, wird formal 'INT'M,N vereinbart. Dann allerdings
benötigt man Hilfsvariable A für M und B für N, um die
Verweisungen A:= und B:= (links 'REF'ART erforderlich)
durchführen zu können.

```
'CO'GROESST.GEM.TEILER VON M,N NAT, VERSION MIT REKURSION'CO'

'BEGIN'

 'PROC'GGT=('INT'M,N)'INT':(M=N|M|GCT(N,'ABS'(M-N));

 'INT'MO,NO;READ((MO,NO));PRINT(GGT(MO,NO))
'END'
```

Ein/ Ausgabe wie oben.

In dieser rekursiven Fassung ist der zugrunde liegende
Algorithmus (Euklid, ca.300 v. Chr.) am deutlichsten zu erkennen:
" Da jeder Teiler von m,n auch Teiler von n,Im-nI ist, kann man
das zu untersuchende Zahlenpaar durch fortlaufende Subtraktion
bis auf das Zahlenpaar m',m' reduzieren und erhält m' als den
gesuchten gemeinsamen Teiler". Die Hilfsvariablen A,B (aus der
Version ohne Rekursion) kommen nicht mehr vor ("strukturiertes
Programmieren", F. L. Bauer:" Variables considered harmfull",
TU München 1975, Report Nr. 7513).

   Wie bereits zum Einführungsbeispiel 0.2.2b bemerkt wurde,
ist nach den bisherigen Erfahrungen die für mehrfachen Unter-
programmaufruf benötigte Maschinenzeit zuungunsten rekursiv
programmierter Algorithmen in Rechnung zu stellen. Es ist zu
hoffen, daß verbesserte Unterprogrammtechniken bzw. automatische
Umsetzung in eine effektivere Fassung hier zukünftig Abhilfe
schaffen.

7.2.5.2 Tausch

```
'CO'TAUSCH REELLER WERTE'CO'

'BEGIN'

 'PROC'TAUSCH=('REF''REAL'X,Y)'VOID'I('REAL'T=X;X:=Y;Y:=T);

 'REAL'XO,YO;READ((XO,YO));TAUSCH(XO,YO);PRINT((XO,YO))
'END'
```

Eingabe	Ausgabe
2.72 3.14	+3.140000000E +0 +2.719999999E +0

   Da X,Y sowohl Eingabe- als auch Ausgabeparameter sind
(ohne Eingabe könnte man die XO,YO - Werte nicht abfragen und
ohne Ausgabe könnte man die vertauschten Werte nicht zuweisen)
muß formal 'REF''REAL'X,Y vereinbart werden.

   Auch ohne Hilfsspeicher T ist Tausch von X,Y möglich, z. B.
durch X+:=Y;Y:=X-Y;X-:=Y oder gemäß 7.3 (Testfrage zu 7.2.5.2).

   Leider gibt es keinen einfacheren Tausch in ALGOL 68 .
X:=Y;Y:=X ist zwar zugelassen, ergibt aber keinen Tausch.
(X,Y):=(Y,X) ist nicht zugelassen (links keine 'REF'ART , siehe
Verweisung 6.3).

Eine von vornherein (oder im Standard Vorspiel) definierte Operation X=:=Y zum Tausch der Werte von X, Y gibt es leider nicht; sie kann jedoch entsprechend der Routine TAUSCH vereinbart werden. Dies geschieht im nachfolgenden Beispiel, in dem nicht nur Werte, sondern auch innerhalb von 'UNION'(''',''') vorgegebene " Arten vertauscht" werden.

```
'CO'TAUSCH VON WERT UND ART'CO'

'BEGIN'

 'OP' =:= =('REF''ART'X,Y)'VOID':('ART'T=X;X:=Y;Y:=T);

 'MODE''ART'='UNION'('BOOL','STRING');
 'ART'XO:='TRUE',YO:="FALSE";XO=:=YO;PRINT((XO,YO))
'END'
```

```
| Ausgabe
+-------
|FALSET
```

7.2.5.3 Wert eines reellen Polynoms

```
'CO'WERT EINES REELLEN POLYNOMS , VERSION OHNE REKURSION'CO'

'BEGIN'

 'PROC'POL=('REF'[]'REAL'A,'REAL'X)'REAL':
  'BEGIN'
   'INT'N='UPB'A;'REAL'P:=A[O];
   'FOR'I'TO'N'DO'P:=P*X+A[I]'OD';P
  'END'

 'INT'NO;'REAL'XO;READ((NO,XO));
 [O:NO]'REAL'AO;READ(AO);
 PRINT(POL(AO,XO))
'END'
```

```
| Eingabe      | Ausgabe
+--------------+---------------
| 3 2 4 3 2 1 |+4.900000000E  +1
```

Um Speicherduplizierung beim Feld   AO zu vermeiden, wird formal 'REF'[]'REAL'A vereinbart.

Das reelle Polynom wird nicht in der Form
A[O]*X*X*X+A[1]*X*X+A[2]*X+A[3]   (6 Multiplikationen)
sondern in der Form
((A[O]*X+A[1])*X+A[2])*X+A[3]   (3 Multiplikationen)
berechnet.

```
'CO'WERT EINES REELLEN POLYNOMS , VERSION MIT REKURSION'CO'

'BEGIN'

 'PROC'POL=('REF'[]'REAL'A,'REAL'X)'REAL':
          ('INT'N='UPB'A;(N=0|A[0]|POL(A[0:N-1],X)*X+A[N])));

 'INT'NO;'REAL'XO;READ((NO,XO));
 [0:NO]'REAL'AO;READ(AO);
 PRINT(POL(AO,XO))
'END'
```

Ein/ Ausgabe wie oben.

   Rekursiver Aufruf von POL mit Teilfeldaufrufen A[0:N-1] (2.1).

   In der Version mit Rekursion kommt die Hilfsvariable P (aus der
Version ohne Rekursion) nicht mehr vor ("strukturiertes Programmieren").

7.2.5.4 Summe über vorgebbare Funktion f(I)

```
'CO'SUMME UEBER F(I),I VON M BIS N'CO'

'BEGIN'

 'PROC'SUM=('INT'M,N,'PROC'('INT')'REAL'F)'REAL':
  ('REAL'S:=0;'FOR'I'FROM'M'TO'N'DO'S+:=F(I)'OD';S);

 'INT'MO,NO;READ((MO,NO));
 PRINT(SUM(MO,NO,('INT'IO)'REAL':8/((4*IO-3)*(4*IO-1)))))
'END'
```

```
| Eingabe | Ausgabe
+----------+------------------
| 1 4      |+3.017071817E  +0
```

   Leibniz'sche Reihe π =8*(1/1*3 +1/5*7 +1/9*11 +1/13*15 +...)

   Um eine beliebige Formel F(I) in die Routine SUM einbringen
zu können , wird formal eine Prozedur F vereinbart und
aktuell ein Prozedurtext aufgerufen.

   Da es in ALGOL 60 noch keine Prozedurtexte gab, behalf man sich
dort mit dem Aufruf des rechts nach dem Doppelpunkt des Prozedurtextes stehenden " Ausdruck" und vereinbarte die im " Ausdruck"
vorkommende Variable IO=I global außerhalb der Vereinbarung von SUM.

7.2.5.5 Häufigkeiten im Pseudo- Roulette
==================================

```
'CO'HAEUFIGKEITEN IM PSEUDO-ROULETTE, VERSION MIT RANDOM'CO'

'BEGIN'
 'PROC'ROULETTE='INT':'ENTIER'(37*RANDOM);

 [0:36]'INT'HAEUF;
 'FOR'I'FROM'0'TO'36'DO'HAEUF[I]:=0'OD';
 'FOR'I'TO'3700'DO'HAEUF[ROULETTE]+:=1'OD';
 'FOR'I'FROM'0'TO'36'DO'PRINTF(($QZD,Q2ZDL$,I,HAEUF[I]))'OD'
 'END'
```

Ausgabe

0	112
1	103
2	81
3	96
.	
.	
.	
34	94
35	114
36	108

Die Routine ROULETTE benutzt die in 3.3 und 8.6 definierte Standard-Routine RANDOM .

Auf die Theorie der Pseudo-Zufallszahlen - Erzeugung (siehe z. B. D. E. Knuth: " The Art of Computer Programming, Seminumerical Algorithms", Vol.2, Addison- Wesley, Reading, Mass.1969) kann in diesem Lehrbuch über ALGOL 68 nicht im einzelnen eingegangen werden.

Ohne erläuternde Theorie ist es nicht sinnvoll, hier eigene Zufallszahlengeneratoren,

    z. B. X:=(A+B*X)'MOD'C,
          A=1, B=1+2↑7, C=2↑35, 0≤X≤2↑35-1 ganzzahlig,

und anspruchsvolle Tests auf Gleichverteilung, z. B. den Chi-Quadrat- Test, vorzuführen.

ROULETTE ist eine nullparametrige Routine und wird daher nicht per " Routineaufruf" (7.2.4), sondern per "aufgerufene Benennung mit GRUNDNAME" (siehe 7.2.3) aufgerufen.

7.2.5.6 Sortieren nach Hoare (1961)
==============================

Anders als sonst in diesem Skriptum (siehe 9.2.3.1) wird im nachfolgenden Beispiel QUICKSORT (Hoare 1961) zwecks Verkürzung der Ausgabe INTWIDTH=1 angenommen.

QUICKSORT benötigt zum Sortieren von n Zahlen größenordnungsmäßig n*log2(n) Vergleiche, ist also für große n schneller als z. B. das gewöhnliche " Sortieren durch Maximumsuche", das größenordnungsmäßig n*n Vergleiche benötigt (siehe auch Übungsaufgaben 10.8).

```
 .----------------------------------------------------------------.
 |                                                                |
 | 'CO'QUICKSORT, FORTLAUFENDES SORTIEREN NACH KLEINEREN,         |
 |     MITTLEREN (GLEICHEN) UND GROESSEREN ELEMENTEN'CO'          |
 |                                                                |
 | 'BEGIN'                                                        |
 |  'PROC'QUICKSORT('REF'[]'INT'A)'VOID':                         |
 |   ('INT'L:='LWB'A,U:='UPB'A;'INT'        MITTE=A[L] ;          |
 |    'WHILE'             L<U'DO'                                  |
 |    'WHILE'MITTE≤A[U] ^L<U'DO'U-:=1'OD';A[L]:=A[U] ;            |
 |    'WHILE'A[L] ≤MITTE^L<U'DO'L+:=1'OD';A[U]:=A[L] ;            |
 |                                'OD';A[L]:=MITTE;               |
 |   ('LWB'A<L-1      | QUICKSORT(A['LWB'A:L-1    ])) ;           |
 |   (U+1    <'UPB'A | QUICKSORT(A[U+1    :'UPB'A])) );           |
 |                                                                |
 |  [1:5]'INT'AO;READ(AO);QUICKSORT(AO);PRINT(AO)                 |
 | 'END'                                                          |
 |                                                                |
 '----------------------------------------------------------------'
```

```
                      erläuterndes
 | Eingabe          | Zwischenerg.  | Ausgabe
 +------------------+---------------+------------------+    )
 |       .----.     |               |                  |    > erläuternde
 |    ↑  |   ↓  |   |  ↑     ↓  ↑   |   ↓          ↓   |    ) Angaben
 |    3  5  1  2  4 |  2  1  3  5  4| +1 +2 +3 +4 +5   |
 |    ↑  ↑  |       |  ↑ |      ↑  ||                  |    )
 |    | '--'  |     |  '--'     '--'|                  |    > erläuternde
 |    '--------'    |               |                  |    ) Angaben
```

7.2.6 Operationen
==========

Operations- Vereinbarungen (5.8) und Vorrang- Vereinbarungen
(5.9) wurden im Kapitel 5 (Vereinbarungen) ausführlich
besprochen.

Operationen unterscheiden sich von Routinen durch ihren
OPNAMEn (1.2), der entweder ein Operationszeichen +,-,+:=,''' oder
ein in Apostroph gesetzter 'GRUNDNAME' ist, und durch ihren
Aufruf (siehe unten Übersichtsschema 7.2.6), der keine Klammern
für die aktuellen Parameter enthält, weshalb bei (Schachtelung
von) zweiparametrigen Operationsaufrufen eine Vorrang- Vereinbarung
erforderlich ist,

    z. B. X+2.72   ;
    bzw.   'ENTIER'2.72   ;
    bzw.   3*X+2.72   (standardmäßig 'PRIO'+:=6,*=7) .

    Es gibt in ALGOL 68 nur ein- oder zweiparametrige Operationen.

    Außerdem gibt es nicht wie bei Routinen (7.2.2) oder Feldern
oder Strukturen oder sonst wie in ALGOL 68 die Möglichkeit,
OPNAMEn ohne Operanden als "aufgerufene Benennung mit OPNAME "
als Klausel aufzurufen. Man überzeuge sich, daß ein derartiger
Spezialfall im Übersichtsschema 6.1 nicht vorgesehen ist.
Der Grund liegt darin, daß eine "aufgerufene Benennung mit
GRUNDNAME" , d.h. auch ein Routinename, eindeutig ist, während
OPNAMEn ,d.h. Operationsnamen (ohne Nennung der Operanden),
mehrdeutig sind, z. B. gibt es mehrere verschiedene Operationen
mit Namen - oder 'UPB' , sowohl monadisch als auch dyadisch.

7.2.7 Übersichtsschema für ÄRT   ADISCHE Operationsaufruf
(ohne Konvertierungspositionen ,
 Kompragmentare und Vereinbarungenspeicher)

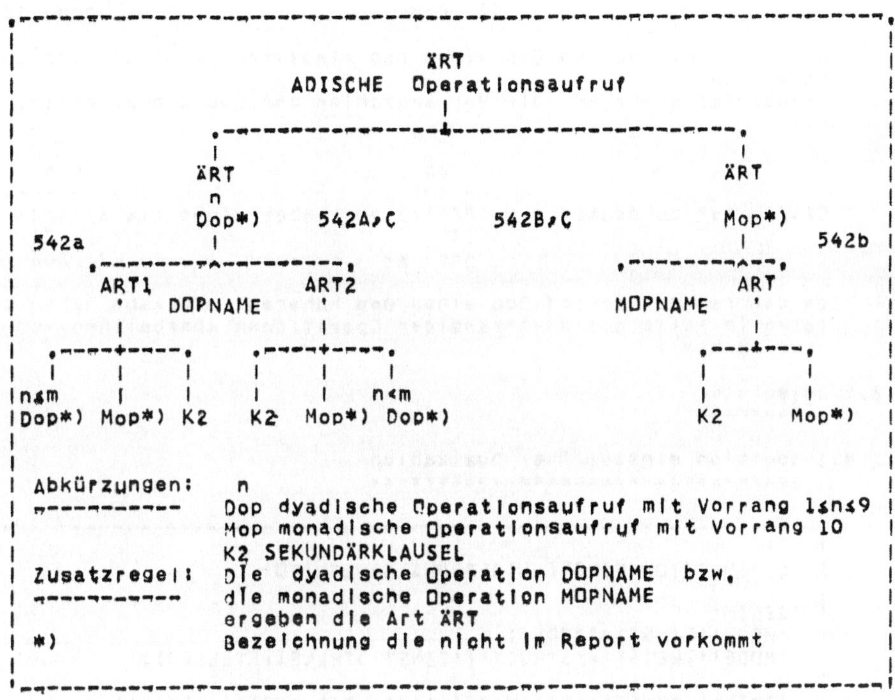

Nach diesem Übersichtsschema kann jeder Operationsaufruf
erzeugt werden (einschließlich ineinander geschachtelter
Operationsaufrufe).

Das Übersichtsschema legt zusammen mit den vereinbarten
Vorrangzahlen für die Operationen (siehe Vorrang- Vereinbarung
5.9) die Reihenfolge der Ausführung der einzelnen
Operationen fest.

Die Verwendung des Schemas wird an einigen Beispielen
erläutert:

$-3 \uparrow 2$ ist zu deuten als $(-3)\uparrow 2 = 9$, aber nicht als $-(3\uparrow 2) = -9$,

da der Operand eines Mop kein Dop sein darf
(andernfalls hätte ein Mop nicht höheren Vorrang als jeder Dop)

```
                        6                                         7
                       Dop                                       Dop
                    .---^---.                                 .---^---.
2+3*4   ist zu deuten als 2+(3*4) = 14,aber nicht als (2+3)*4 = 20,
                       7                                         6
                     K2  Dop                                   Dop  K2
```

da der linke Operand Dop eines Dop mindestens gleichen Vorrang
haben muß
(andernfalls würden die Vorrangzahlen der Dop's mißachtet).

```
                        7                                         7
                       Dop                                       Dop
                    .---^---.                                 .---^---.
8/4/2   ist zu deuten als (8/4)/2 =  1,aber nicht als 8/(4/2) =   4,
                       7                                         7
                     Dop  K2                                   K2  Dop
```

da der rechte Operand Dop eines Dop höheren   Vorrang haben muß
(also im Falle gleichvorrangiger Operationen Abarbeitung von links
nach rechts).

7.2.8 Beispiele

7.2.8.1 Addition einstelliger Dualzahlen

```
'CO'ADDITION EINSTELLIGER DUALZAHLEN'CO'

'BEGIN'
 'MODE''EINST'='BOOL';
 'MODE''ZWEIST'='STRUCT'('EINST'STELLE1,STELLE2);

 'OP'+=('EINST'A,B)'ZWEIST':(A'AND'B,'NOT'(A'EQ'B));

 'EINST'AO,BO;
 'TO'4'DO'READ((AO,BO));PRINT((AO+BO,NEW LINE))'DD'
'END'
```

Eingabe	Ausgabe
0 0	00
0 1	01
1 0	01
1 1	10

'TRUE' , 'FALSE' werden in
READ und PRINT (siehe 9,3)
dargestellt als rechnerabhängige
flip , flop Zeichen (siehe 8,2),
hier als 1 , 0 (nach Standard
Hardware Representation wird T, F
empfohlen).

Addiert man zwei einstellige Dualzahlen, so erhält man i.a.
eine zweistellige Zahl als Resultat,

z. B.   1 + 1 = 10   (dezimal 1 + 1 = 2)   .

Die erste Stelle des Resultats ist logisch als Konjunktion,
hier   1 ∧ 1 = 1

und die zweite Stelle als Antivalenz zu deuten,
hier   1 + 1 = 0 .

7.2.8.2 Formelmanipulation (Ableitung 'NACH' , Wertberechnung)

```
'CO'FORMELMANIPULATION'CO'

'BEGIN'MAKETERM(STANDIN," ");
 'MODE''FORM'='UNION'('REF''ELEM','REF''DOP');
 'MODE''ELEM'='STRUCT'('STRING'NAME,'REAL'WERT);
 'MODE''DOP'='STRUCT'('FORM'LOPAND,'INT'OP,'FORM'ROPAND);
 'HEAP''ELEM'NULL:=("0",0),EINS:=("1",1);
 'INT'PLUS=1,MAL=2;
 'PRIO''NACH'=9;

 'OP'==('FORM'A,'REF''ELEM'B)'BOOL':
  'CASE'A'IN'('REF''ELEM'E):E:=:B'OUT''FALSE''ESAC';

 'OP'+=('FORM'A,B)'FORM':
  (A=NULL | B |: B=NULL | A | 'HEAP''DOP':=(A,PLUS,B));

 'OP'*=('FORM'A,B)'FORM':
  (A=NULL v B=NULL | NULL |: A=EINS | B |: B=EINS | A |
                                    'HEAP''DOP':=(A,MAL ,B));

 'OP''NACH'=('FORM'A,'REF''ELEM'B)'FORM':
  'CASE'A'IN'
   ('REF'ELEM'E):(E:=:B | EINS | NULL),
   ('REF'DOP' D):('FORM'L =LOPAND'OF'D,R =ROPAND'OF'D;
                  'FORM'L1=L'NACH'B  ,R1=R'NACH'B  ;
                  'CASE'OP'OF'D'IN'L1+R1,L*R1+L1*R'ESAC')
  'ESAC';

 'PROC'WERT=('FORM'A)'REAL':
  'CASE'A'IN'
   ('REF''ELEM'E): WERT'OF'E,
   ('REF''DOP' D):('REAL'L=WERT(LOPAND'OF'D),
                         R=WERT(ROPAND'OF'D);
                  'CASE'OP'OF'D'IN'L+R,L*R'ESAC')
  'ESAC';

 'HEAP''ELEM'A,B,X;READ((A,NEWLINE,B,NEWLINE,X));
 'HEAP''FORM'F,G;F:=A*X+B;G:=F*F+EINS;
 PRINT((F,NEW LINE,WERT(G),WERT(G'NACH'X)))
 'END'
```

```
| Eingabe | Ausgabe
+---------+------------------------------------------------------
|A 2      |A +2.000000000E  +0                    +2X +4.000000000E  +0
|B 3      |                 +1B +3.000000000E  +0
|X 4      |+1.220000000E  +2 +2.200000000E  +1
```

    Als Strukturen werden eingeführt Elemente
mit festem Namen und festem Wert NULL:=("0",0),EINS:=("1",1) und
mit beliebigem Namen und Wert z. B. X:=("X",2,7),PI:=("PI",3,1)
sowie schachtelbare Operationen + (Addition), * (Multiplikation),
'NACH' (Differentiation) .

     Damit können im Programm " Formel"n ,

     z. B.   F := (EINS+PI*X)'NACH'X   ,

niedergeschrieben werden und formal entsprechend den Operationen
manipuliert werden , Diese " Formel"n (in Strukturdarstellung)   ,

     z. B.   PRINT(F)   ,

oder der berechnete " Formelwert aus gegebenen Elementwerten"   ,

     z. B.   PRINT(WERT(F))   ,

können ausgegeben werden,

     READ(F) ist leider nicht zulässig , da F von der Art 'UNION'
ist (siehe 4.5.2.5).

     Die Operationen + und * haben 'REF'ART - Ergebnisse, Wie
unten in 7.2.9 gezeigt wird, müssen derartige Operationen mit
'HEAP' programmiert werden, Ebenso alle in den Operationen
+ und * als Ergebnis vorkommenden Elemente.

7.2.9 Unzulässige Prozeduraufrufe

     Ähnlich wie bei unzulässigen Verweisungen (siehe 7.1.7)
können auch beim Aufruf von Prozeduren mit 'REF'ART - Ergebnis
interne Objekte aus verschiedenen Vereinbarungsbereichen
aufeinander verwiesen werden, was dazu führen kann, daß etwa
durch implizites Entverweisen ein nicht mehr erzeugtes internes
Objekt erreicht wird (Gegenbeispiel a).

     Um derartige Prozeduraufrufe mit inkorrekten Folgen von
vornherein auszuschließen, wird gefordert:

```
.---------------------------------------------------------------.
|                                                               |
|    Prozeduraufrufe sind unzulässig,  falls sie bewirken,      |
| daß ein internes Objekt                                       |
|  mit echt übergeordnetem  Vereinbarungsbereich                |
| verweist auf ein internes Objekt                              |
|  mit echt untergeordnetem Vereinbarungsbereich.              |
|                                                               |
'---------------------------------------------------------------'
```

     Damit wird das Gegenbeispiel a als inkorrekt erkannt, aber
die Korrektheit der folgenden Beispiele b,c nicht in Frage
gestellt.

Gegenbeispiel a (Inkorrekt):

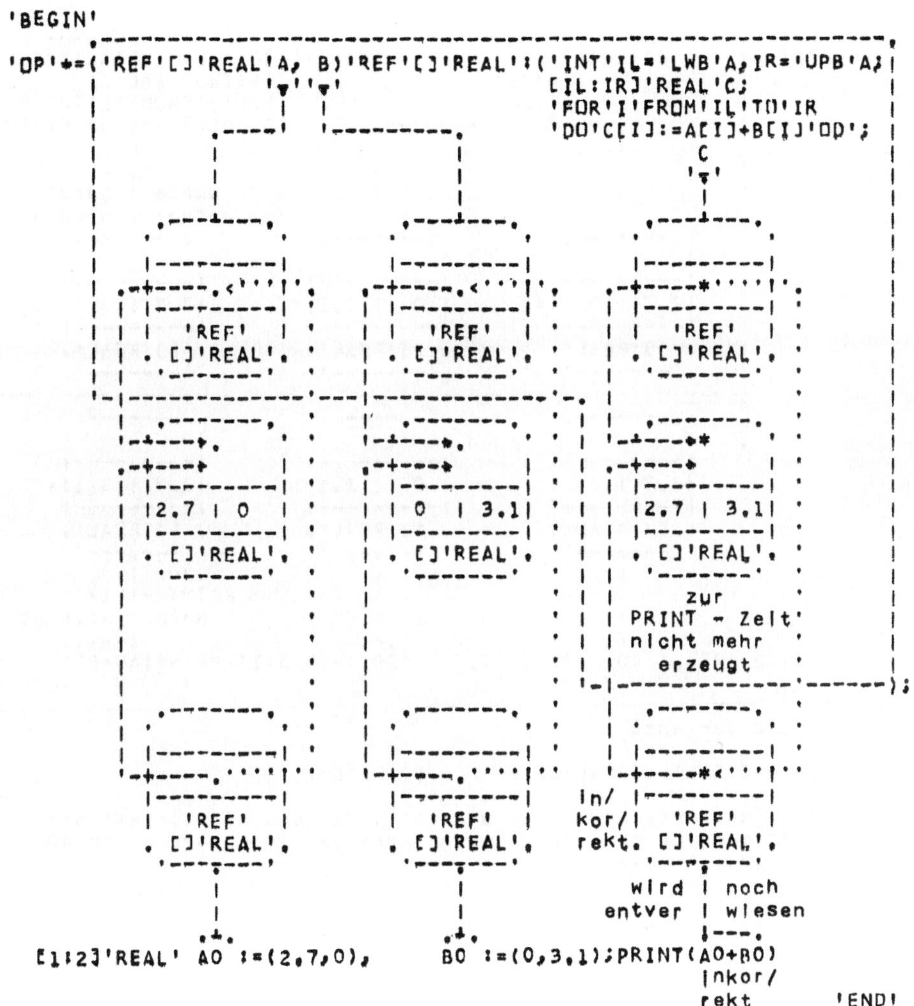

Das Gegenbeispiel a zeigt, daß "schnelle Feldoperationen"
i.a. ohne 'HEAP' nicht programmiert werden können.

Wir verweisen auf eine Arbeit von C.H.A. Koster : " The
Algorithmic Notion of Type", Technische Universität Berlin,
März 1975, in der Vorschläge zur Behebung dieses Mangels
gemacht werden.

Im übrigen wird im Beispiel c eine spezielle "schnelle Feld-
operation" ohne 'HEAP' programmiert.

Beispiel b (korrekt):

'BEGIN'

'OP'+=(

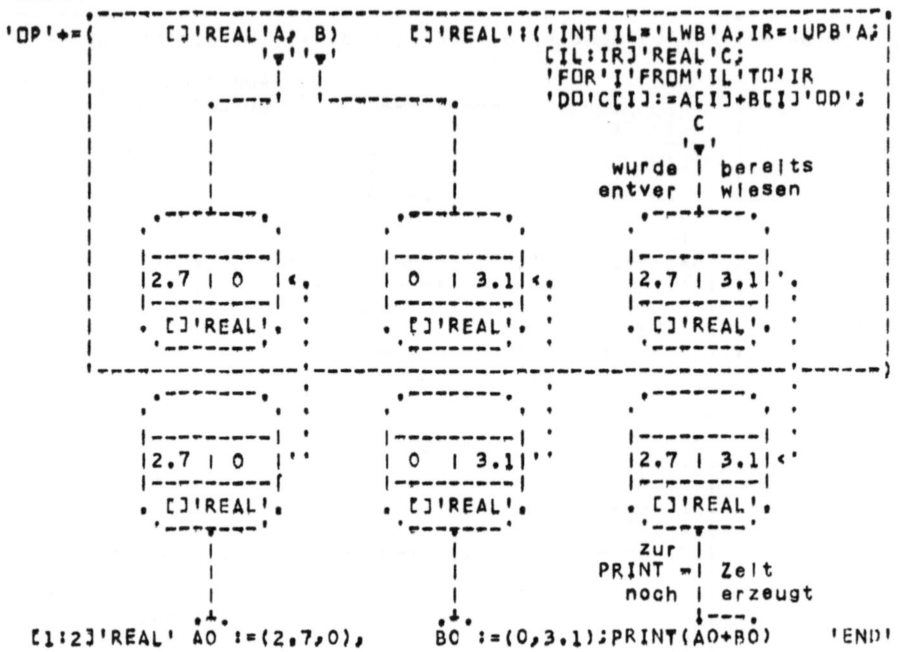

[1:2]'REAL' A0 :=(2,7,0),   B0 :=(0,3.1);PRINT(A0+B0)   'END'

Die Variante

'OP'+=('REF'[]'REAL'A, B)   '[]'REAL'; '''

wäre korrekt, aber kaum sinnvoll, da dann die Operation +
nicht mehr geschachtelt werden könnte, also etwa a0+b0+c0
unzulässig wäre.

Beispiel c (korrekt, vgl. 8.5):

'BEGIN'

 'OP'+:= = ('REF'[]'REAL'A,[]'REAL'B)'REF'[]'REAL':
    ('FOR'I'FROM''LWB'A'TO''UPB'A'DO'A[I]+:=B[I]'OD';A);

 [1:2]'REAL'A0:=(2,7,0);PRINT(A0+:=(0,3.1))

'END'

   Im Unterschied zu Gegenbeispiel a wird hier die Ausgabe nicht
über die 'REF'[]'REAL' - Ergebnis- Klausel, sondern über den
Parameter 'REF'[]'REAL'A vollzogen, dessen internes []'REAL' - Objekt nicht im Vereinbarungsbereich des Prozedurtextes, sondern im
Vereinbarungsbereich des Prozeduraufrufs liegt.

7.3 Testfragen (mit Nummernhinweisen)	Antworten

7.1.1.12 Welche der folgenden sind korrekte
(eigentliche) Programme und was wird dann
ausgedruckt   ?

```
(           'INT'I:=1;'GO TO'Z; Z:PRINT(I) )   | Ja, 1

(           'INT'I:=1;'GO TO'Z;(Z:PRINT(I)))   | Ja, 1

('GO TO'Z; 'INT'I:=1;          Z:PRINT(2) )    | Ja, 2

('GO TO'Z; 'INT'I:=1;         (Z:PRINT(2)))    | Ja, 2

('GO TO'Z;('INT'I:=1;         Z:PRINT(2)))     | nein
```

7.1.5   Bestimme Vereinbarkeitsbereich und
Aufrufbarkeitsbereich von 'REAL'X,'REAL'Y
und 'REF''REAL'X.

```
                                              V A   V A   V A
(----------------------------.                |
|  'REAL'X=3.14;             |                | |
|  (--------------------.    |                | | |
|  |  'REAL'Y=X;        |    |                | | | | |
|  |  (-------------.   |    |                | | | | | | |
|  |  |  'REAL'X:=Y;|   |    |                | | | | | | | | |
|  |  |  PRINT(X)   |   |    |                | | | | | | | | |
|  |  '------------)    |    |                | | | | | | | | |
|  '-------------------)     |                | | | | | |
'---------------------------)                 | | | |
```

7.2.1   Gib mindestens 9 verschiedene
Darstellungszeichen an, mit denen ein
Prozedurtext enden kann.

> BUCHSTABE   bzw ZIFFR
> bzw " bzw $ bzw]
> bzw) bzw 'FI'
> bzw 'OD' bzw 'SKIP'

7.2.1   Kann in einem Prozedurtext

```
('''')'''  : K
```

K wieder ein Prozedurtext sein   ? | Ja

7.2.1   Was wird ausgedruckt   ?

```
('REAL'X:=3.1;PRINT('REAL':+'REAL':=X))        | -3.1
```

7.2.4   Welche der folgenden sind
bei geeigneter Vereinbarung von ROUTINE
korrekte Routineaufrufe   ?

> links notwendig
> PRIMÄRKLAUSEL

```
(ROUTINE:=PROZEDURTEXT)("OK")                  | Ja

(ROUTINE:=:PROZEDURTEXT)("OK")                 | nein

(('STRING'S)'VOID':'SKIP')("OK")               | Ja
```

```
('GO TO'ROUTINE)("OK")                          | Ja

('SKIP')("OK")                                  | Ja

('AUFRUF'ROUTINE)("OK")                         | Ja

('NIL')("OK")                                   | nein

('LOC''PROC'('STRING')'VOID')("OK")             | nein

(CALL'OF'ROUTINE)("OK")                         | Ja

'PROC'('STRING')'VOID'(ROUTINE)("CK")           | Ja

$2A$("OK")                                      | nein

"ROUTINE"("OK")                                 | nein

ROUTINE["OK"]("OK")                             | Ja

ROUTINE("OK")("OK")                             | Ja

ROUTINE("OK")                                   | Ja
```

```
7.2.5     Schreibe eine Routine                 | Rekursiv und mit
                                                | Teilfeldaufruf von S
          'PROC'GRUNDNAME=('STRING'S)'BOOL'; '''| und mit
                                                | 'PROC'BUCHSTABE= '''
          zur Entscheidung, ob ein Text ein     | 'PROC'ZIFFER= '''
          GRUNDNAME (1.3) ist oder nicht
          ( Akzeptor, Bestandteil eines Übersetzers).


7.2.5.2  Was wird ausgedruckt    ?

         ('REAL'XO:=2.7,YO:=3.1;
5.5       'REAL'X  =XO ,Y  =YO ;
          X-:=Y:=(X+:=Y)-Y        ;PRINT((XO,YO)))   | 3.1   2.7  ( Tausch)


7.2.7     Was wird ausgedruckt    ?

         (PRINT(+-1+-2))                         | -3

         (PRINT(-1↑2+3))                         | 4

         (PRINT(+3-1↑2))                         | 2


7.2.7     Was wird ausgedruckt    ?

6.3      ('BOOL'B:='FALSE';PRINT(B:=B:=|B))     | T

6.4      ('INT'I:=0;        PRINT(I-:=I:=#:I-:=I))  | T

8.5      ('INT'I:=1;        PRINT(I-:=-I=:-I))   | 3
```

7.2.7	Welche der folgenden sind bei geeigneter Vereinbarung von 'OPERATION' korrekte Operationsaufrufe ?	rechts notwendig SEKUNDÄRKLAUSEL bzw mon. Operationsaufruf
	'OPERATION'(OPERAND:=WERT)	Ja
	'OPERATION'(OPERAND:=:VERWEIS)	Ja
	'OPERATION'('VOID'::'SKIP')	Ja
	'OPERATION'('GO TO'OPERAND)	Ja
	'OPERATION'('SKIP')	Ja
	'OPERATION''VON'OPERAND	Ja
	'OPERATION'('NIL')	Ja
	'OPERATION''LOC''PROC'('INT')'VOID'	nein
	'OPERATION'CALL'OF'OPERAND	Ja
	'OPERATION''STRING'(OK)	Ja
	'OPERATION'$2A$	Ja
	'OPERATION'"OK"	Ja
	'OPERATION'OK[1:2]	Ja
	'OPERATION'VON("OK")	Ja
	'OPERATION'OPERAND	Ja
7.2.8	Schreibe eine Operation 'OP''MAXINDEX'=('REF'[]'REAL'A)'INT': ''' zur Bestimmung des Index des (ersten) größten Elements des reellen Felds A .	('INT'J:='LWB'A; 'FOR'I'FROM'J+1 'TO''UPB'A'DO' (A[I]>A[J]|J:=I) 'OD';J)

8   STANDARD - VEREINBARUNGEN
        ==========================
        Das Standard- Vorspiel (3.1.1) des Programms(3.1) enthält u.a.
die für das eigentliche Programm (3.2) des Benutzers wichtigen
Standard- Vereinbarungen:

8.2   - der abfragbaren Rechner- Konstanten etc.   (Report 10.2.1),

            z. B. BITSWIDTH ,

8.3   - der Standard- Arten   (Report 10.2.2),

            z. B. 'INT' ,

8.4   - des Standard - Vorrangs von Operationen   (Report 10.2.3.0),

            z. B. 'PRIO' + = 6 ,

8.5   - der Standard- Operationen   (Report 10.2.3.1-11),

            z. B. + ,

8.6   - der Standard- Funktionen etc.   (Report 10.2.3.12),

            z. B. SIN() ,

8.7   -der Standard- Synchronisierungs- Operationen (Report 10.2.4),

            z. B. 'UP' ,

die nachfolgend in der Originalfassung des(Revised) Reports
(Acta Informatica 5(1-3), pp 1-236, 1975) wiedergegeben werden,

        Vorangestellt ist in 8.1 der Abschnitt 10.2.3 des Reports, in
dem abkürzende Schreibweisen für 8.2-7, d.h. für die Abschnitte
10.2.1-3 des Reports, eingeführt werden. Dem Leser wird empfohlen,
sich erst jeweils dann mit den abkürzenden Schreibweisen vertraut
zu machen, wenn er beim Lesen der Standard- Vereinbarungen auf eine
ihm nicht verständliche Abkürzung stößt,

wie z. B. ein fettgedrucktes **L** (für   'LONG''''LONG' etc.)

oder   ein fettgedrucktes **R** (für Relationen <,≤,=,≠,≥,>),

        Speziell für das Standard- Vorspiel wird ein sonst nicht
zulässiger Pragmentar- Begrenzer 'C' , dargestellt als fettgedrucktes **c**, eingeführt (vgl. 1.2 und 94h in A4.1).

8.1 Abkürzende Schreibweisen

10.1.3. The method of description of the standard environment

A representation of an **EXTERNAL-prelude**, **system-task** or **particular-postlude** is obtained by altering each form in the relevant sections of this chapter in the following steps:

Step 1: If a given form F begins with ***op*** (the **operator-symbol**) followed by one of the marks ***P***, ***Q***, ***R*** or ***E***, then F is replaced by a number of new forms each of which is a copy of F in which that mark (following the ***op***) is (all other occurrences in F of that mark are) replaced, in each respective new form, by:

Case A: The mark is ***P***:
- −, +, ⟨×, ∗⟩ or /
(−, +, × or /);

Case B: The mark is ***Q***:
- ⟨***minusab***, −:=⟩, ⟨***plusab***, +:=⟩, ⟨***timesab***, ×:=, ∗:=⟩ or ⟨***divab***, /:=⟩
(−:=, +:=, ×:= or /:=);

Case C: The mark is ***R***:
- ⟨<, ***lt***⟩, ⟨≤, <=, ***le***⟩, ⟨=, ***eq***⟩, ⟨≠, /=, ***ne***⟩, ⟨≥, >=, ***ge***⟩ or ⟨>, ***gt***⟩
(<, ≤, =, ≠, ≥ or >);

Case D: The mark is ***E***:
- ⟨=, ***eq***⟩ or ⟨≠, /=, ***ne***⟩
(= or ≠);

Step 2: If, in some form, as possibly made in the step above, ⁋ occurs followed by an **INDICATOR** (a **field-selector**) **I**, then that occurrence of ⁋ is deleted and each **INDICATOR** (**field-selector**) akin {1.1.3.2.k} to **I** contained in any form is replaced by a copy of one same **INDICATOR** (**field-selector**) which does not occur elsewhere in the **program** and Step 2 is taken again;

Step 3: If a given form F, as possibly modified or made in the steps above, begins with ***op*** (the **operator-symbol**) followed by a chain of **TAO-symbols** separated by **and-also-symbols**, the chain being enclosed between ⟨ and ⟩, then F is replaced by a number of different "versions" of that form each of which is a copy of F in which that chain, together with its enclosing ⟨ and ⟩, has been replaced by one of those **TAO-symbols** {; however, an implementation is not obliged to provide more than one such version (9.4.b)};

Step 4: If, in a given form, as possibly modified or made in the steps above, there occurs a sequence S of **symbols** enclosed between ⟨ and ⟩ and if, in that S, *L* ***int*** *L* ***real***, *L* ***compl***, *L* ***bits*** or *L* ***bytes*** occurs, then S is replaced by a chain of a sufficient number of sequences separated by **and-also-symbols**, the n-th of which is a copy of S in which copy each occurrence of *L* (***L***, ***K***, ***S***) is replaced by (n − 1) times *long* (***long***, ***leng***, ***shorten***), followed by an **and-also-symbol** and a further chain of a sufficient number of sequences separated by **and-also-symbols**, the m-th of which is a copy of S in which copy each occurrence of *L* (***L***, ***K***, ***S***) has been replaced by m times *short* (***short*** ***shorten***, ***leng***); the ⟨ and ⟩ enclosing that S are then deleted;

Step 5: If, in a given form F, as possibly modified or made in the steps above, *L int* (*L real*, *L compl*, *L bits*, *L bytes*) occurs, then F is replaced by a sequence of a sufficient number of new forms, the n-th of which is a copy of F in which copy each occurrence of L (*L*, *K*, *S*) is replaced by (n - 1) times *long* (*long*, *leng*, *shorten*), and each occurrence of *long L* (*long L*) by n times *long* (*long*), followed by a further sequence of a sufficient number of new forms, the m-th of which is a copy of F in which copy each occurrence of L (*L*, *K*, *S*) is replaced by m times *short* (*short*, *shorten*, *leng*), and each occurrence of *long L* (*long L*) by (m - 1) times *short* (*short*)·

Step 6: Each occurrence of F (*PRIM*) in any form, as possibly modified or made in the steps above, is replaced by a representation of a **letter-aleph-symbol** (**primal-symbol**) {9.4.a};

Step 7: If a sequence of representations beginning with and ending with **c** occurs in any form, as possibly modified or made in the steps above, then this sequence, which is termed a "pseudo-comment", is replaced by a representation of a **declarer** or **closed-clause** suggested by the sequence;

Step 8: If, in any form, as possibly modified or made in the steps above, a **routine-text** occurs whose calling involves the manipulation of real numbers, then this **routine-text** may be replaced by any other **routine-text** whose calling has approximately the same effect {: the degree of approximation is left undefined in this Report (see also 2.1.3.1.e)};

Step 9: In the case of an **EXTERNAL-prelude**, a form consisting of a **skip-symbol** followed by a **go-on-symbol** {*skip*;} is added at the end.

{The term "sufficient number", as used in Steps 4 and 5 above, implies that no intended **particular-program** should have a different meaning or fail to be produced by the syntax solely on account of an insufficiency of that number.}

Wherever {in the transput declarations} the representation $_{10}$ (\, ⊥) occurs within a **character-denotation** or **string-denotation**, it is to be interpreted as the representation of the **string-item** {8.1.4.1.b} used to indicate "times ten to the power" (an alternative form {, if any,} of "times ten to the power", "plus i times") on external media. {Clearly, these representations have been chosen because of their similarity to those of the **times-ten-to-the-power-symbol** (9.4.1.b) and the **plus-i-times-symbol** (9.4.1.c), but, on media on which these characters are not available, other **string-items** must be chosen (and the **letter-e-symbol** and the **letter-i-symbol** are obvious candidates).}

{The declarations in this chapter are intended to describe their effect clearly. The effect may very well be obtained by a more efficient method.}

8.2 Abfragbare Rechner - Konstanten etc.

10.2.1. Environment enquiries

a) *int int lengths = c 1 plus the number of extra lengths of integers (2.1.3.1.d) c ;*

b) *int int shorths = c 1 plus the number of extra shorths of integers (2.1.3.1.d) c ;*

c) *L int L max int = c the largest L integral value (2.2.2.b) c ;*

d) *int real lengths = c 1 plus the number of extra lengths of real numbers (2.1.3.1.d) c ;*

e) *int real shorths = c 1 plus the number of extra shorths of real numbers (2.1.3.1.d) c ;*

f) *L real L max real = c the largest L real value (2.2.2.b) c ;*

g) *L real L small real = c the smallest L real value such that both L 1 + L small real > L 1 and L 1 - L small real < L 1 (2.2.2.b) c ;*

h) *int bits lengths = c 1 plus the number of extra widths (j) of bits c ;*

i) *int bits shorths = c 1 plus·the number of extra shorths (j) of bits c ;*

j) *int L bits width = c the number of elements in L bits; see L bits (10.2.2.g); this number increases (decreases) with the "size", i.e., the number of 'long's (minus the number of 'short's) of which 'L' is composed, until a certain size is reached, viz., "the number of extra widths" (minus "the number of extra shorths") of bits, after which it is constant c ;*

k) *int bytes lengths = c 1 plus the number of extra widths (m) of bytes c ;*

l) *int bytes shorths = c 1 plus the number of extra shorths (m) of bytes c ;*

m) *int L bytes width = c the number of elements in L bytes; see L bytes (10.2.2.h); this number increases (decreases) with the "size", i.e., the number of 'long's (minus the number of 'short's) of which 'L' is composed, until a certain size is reached, viz., "the number of extra widths" (minus "the number of extra shorths") of bytes, after which it is constant c ;*

n) *op abs = (char a) int : c the integral equivalent (2.1.3.1.g) of the character 'a' c ;*

o) *op repr = (int a) char : c that character 'x', if it exists, for which abs x = a c ;*

p) *int max abs char = c the largest integral equivalent (2.1.3.1.g) of a character c ;*

q) *char null character = c some character c ;*

r) *char flip = c the character used to represent 'true' during transput (10.3.3.1.a, 10.3.3.2.a) c ;*

s) *char flop = c the character used to represent 'false' during transput c ;*

t) *char errorchar = c the character used to represent unconvertible arithmetic values (10.3.2.1.b,c,d,e,f) during transput c ;*

u) *char blank = "⌴" ;*

8.3   Standard – Arten

10.2.2. Standard modes

a) **mode void** = c *an actual-declarer specifying the mode 'void'* c ;

b) **mode bool** = c *an actual-declarer specifying the mode 'boolean'* c ;

c) **mode L int** = c *an actual-declarer specifying the mode 'L integral'* c ;

d) **mode L real** = c *an actual-declarer specifying the mode 'L real'* c ;

e) **mode char** = c *an actual-declarer specifying the mode 'character'* c ;

f) **mode L compl** = **struct** *(L* **real** *re, im)* ;

g) **mode L bits** = **struct** *([1 : L bits width]* **bool** *L F)* ; [See 10.2.1.j]
   [The **field-selector** is hidden from the user in order that he may not
   break open the structure: in particular, he may not subscript the field.]

h) **mode L bytes** = **struct** *([1 : L bytes width]* **char** *L F)* ; [See 10.2.1.m]

i) **mode string** = **flex** *[1 : 0]* **char** ;

8.4   Standard – Vorrang von Operationen

10.2.3.0. Standard priorities

a) **prio minusab** = 1, **plusab** = 1, **timesab** = 1, **divab** = 1, **overab** = 1,
   modab = 1, **plusto** = 1,
   $-:==1$, $+:==1$, $\times:==1$, $*:==1$, $/:==1$, $\bar{}:==1$, $\%:==1$, $^{-}\times:==1$,
   $\top*:==1$, $\%\times:==1$, $\%*:==1$, $+=:=1$,

   $\vee=2$, **or** = 2,

   $\wedge=3$, $\&=3$, **and** = 3,

   $==4$, **eq** = 4, $\neq=4$, $/==4$, **ne** = 4,

   $<=5$, **lt** = 5, $\leq=5$, $<==5$, **le** = 5, $\geq=5$, $>==5$, **ge** = 5, $>=5$, **gt** = 5,

   $-=6$, $+=6$,

   $\times=7$, $*=7$, $/=7$, $-=7$, $\%=7$, **over** = 7,
   $^{-}\times=7$, $\top*=7$, $\%\times=7$, $\%*=7$, **mod** = 7,
   $[]=7$, **elem** = 7,

   $\uparrow=8$, $**=8$, $\downarrow=8$, **up** = 8, **down** = 8, **shl** = 8, **shr** = 8,
   lwb = 8, **upb** = 8, $\llcorner=8$, $\ulcorner=8$,

   $\perp=9$, $+\times=9$, $+*=9$, $I=9$;

8.5   Standard - Operationen

10.2.3.1. Rows and associated operations

a)   **mode ⊹ rows** = *c an actual-declarer specifying a mode united from
      (2.1.3.6.a) a sufficient set of modes each of which begins with
      'row' c ;*

b)   **op ⊹lwb, ⸜ ⊹** = *(**Int** n, **rows** a) **Int** : c the lower bound in the n-th bound
      pair of the descriptor of the value of 'a', if that bound pair
      exists c ;*

c)   **op ⊹upb, ⸍ ⊹** = *(**Int** n, **rows** a) **Int** : c the upper bound in the n-th
      bound pair of the descriptor of the value of 'a', if that bound pair
      exists c ;*

d)   **op ⊹lwb, ⸜ ⊹** = *(**rows** a) **Int** : 1 ⸜ a ;*

e)   **op ⊹upb, ⸍ ⊹** = *(**rows** a) **Int** : 1 ⸍ a ;*

(The term "sufficient set", as used in a above and also in 10.3.2.2.b and
d, implies that no intended **particular-program** should fail to be produced
(nor any unintended **particular-program** be produced) by the syntax solely
on account of an insufficiency of modes in that set.)

10.2.3.2. Operations on boolean operands

a)   **op ⊹∨, or⊹** = *(**bool** a, b) **bool** : (a | **true** | b) ;*

b)   **op ⊹∧, &, and⊹** = *(**bool** a, b) **bool** : (a | b | **false**) ;*

c)   **op ⊹¬, ~, not⊹** = *(**bool** a) **bool** : (a | **false** | **true**) ;*

d)   **op ⊹=, eq⊹** = *(**bool** a, b) **bool** : (a ∧ b) ∨ (¬ a ∧ ¬ b) ;*

e)   **op ⊹≠, /=, ne⊹** = *(**bool** a, b) **bool** : ¬ (a = b) ;*

f)   **op abs** = *(**bool** a) **Int** : (a | 1 | 0) ;*

10.2.3.3. Operations on integral operands

a) $op \{<, lt\} = (L\ int\ a, b)\ bool$: c *true if the value of 'a' is smaller than*
    (2.1.3.1.e) that of 'b' and false otherwise c ;

b) $op \{\leq, <=, le\} = (L\ int\ a, b)\ bool$: $\neg (b < a)$;

c) $op \{=, eq\} = (L\ int\ a, b)\ bool$: $a \leq b \wedge b \leq a$;

d) $op \{\neq, /=, ne\} = (L\ int\ a, b)\ bool$: $\neg (a = b)$;

e) $op \{\geq, >=, ge\} = (L\ int\ a, b)\ bool$: $b \leq a$;

f) $op \{>, gt\} = (L\ int\ a, b)\ bool$: $b < a$;

g) $op - = (L\ int\ a, b)\ L\ int$: c *the value of 'a' minus (2.1.3.1.e) that of*
    'b' c ;

h) $op - = (L\ int\ a)\ L\ int$: $L\ 0 - a$;

i) $op + = (L\ int\ a, b)\ L\ int$: $a - -b$;

j) $op + = (L\ int\ a)\ L\ int$: a ;

k) $op\ abs = (L\ int\ a)\ L\ int$: $(a < L\ 0\ |\ -a\ |\ a)$;

l) $op \{\times, *\} = (L\ int\ a, b)\ L\ int$:
    $begin\ L\ int\ s := L\ 0,\ i := abs\ b;$
       $while\ i \geq L\ 1$
       $do\ s := s + a;\ i := i - L\ 1\ od;$
       $(b < L\ 0\ |\ -s\ |\ s)$
    end ;

m) $op \{\div, \%, over\} = (L\ int\ a, b)\ L\ int$:
    $if\ b \neq L\ 0$
    $then\ L\ int\ q := L\ 0,\ r := abs\ a;$
       $while\ (r := r - abs\ b) \geq L\ 0\ do\ q := q + L\ 1\ od;$
       $(a < L\ 0 \wedge b \geq L\ 0 \vee a \geq L\ 0 \wedge b < L\ 0\ |\ -q\ |\ q)$
    fi ;

n) $op \{\div\times, \div*, \%\times, \%*, mod\} = (L\ int\ a, b)\ L\ int$:
    $(int\ r = a - a \div b \times b;\ r < 0\ |\ r + abs\ b\ |\ r)$;

o) $op / = (L\ int\ a, b)\ L\ real$: $L\ real\ (a) / L\ real\ (b)$;

p) $op \{\uparrow, **, up\} = (L\ int\ a, int\ b)\ L\ int$:
    $(b \geq 0\ |\ L\ int\ p := L\ 1;\ to\ b\ do\ p := p \times a\ od;\ p)$;

q) $op\ leng = (L\ int\ a)\ long\ L\ int$: c *the long L integral value lengthened*
    from (2.1.3.1.e) the value of 'a' c ;

r) $op\ shorten = (long\ L\ int\ a)\ L\ int$: c *the L integral value, if it exists,*
    which can be lengthened to (2.1.3.1.e) the value of 'a' c ;

s) $op\ odd = (L\ int\ a)\ bool$: $abs\ a - \times L\ 2 = L\ 1$;

t) $op\ sign = (L\ int\ a)\ int$:
    $(a > L\ 0\ |\ 1\ |:\ a < L\ 0\ |\ -1\ |\ 0)$;

u) $op \{\perp, +\times, +*, I\} = (L\ int\ a, b)\ L\ compl$: (a, b) ;

10.2.3.4. Operations on real operands

a)   **op ǂ<, lt ǂ = (L real** a, b) **bool** : c *true if the value of 'a' is smaller than* (2.1.3.1.e) *that of 'b' and false otherwise* c ;

b)   **op ǂ≤, <=, le ǂ = (L real** a, b) **bool** : ¬ (b < a) ;

c)   **op ǂ=, eq ǂ = (L real** a, b) **bool** : a ≤ b ∧ b ≤ a ;

d)   ‘ **op ǂ≠, /=, ne ǂ = (L real** a, b) **bool** : ¬ (a = b) ;

e)   **op ǂ≥, >=, ge ǂ = (L real** a, b) **bool** : b ≤ a ;

f)   **op ǂ>, gt ǂ = (L real** a, b) **bool** : b < a ;

g)   **op - = (L real** a, b) **L real** : c *the value of 'a' minus* (2.1.3.1.e) *that of* 'b' c ;

h)   **op - = (L real** a) **L real** : L 0 - a ;

i)   **op + = (L real** a, b) **L real** : a - - b ;

j)   **op + = (L real** a) **L real** : a ;

k)   **op abs = (L real** a) **L real** : (a < L 0 | - a | a) ;

l)   **op ǂ×, ∗ ǂ = (L real** a, b) **L real** : c *the value of 'a' times* (2.1.3.1.e) *that of* 'b' c ;

m)   **op / = (L real** a, b) **L real** : c *the value of 'a' divided by* (2.1.3.1.e) *that of* 'b' c ;

n)   **op leng = (L real** a) **long L real** : c *the long L real value lengthened from* (2.1.3.1.e) *the value of 'a'* c ;

o)   **op shorten = (long L real** a) **L real** : c *if* **abs** a ≤ **leng** L max real, *then a L real value 'v' such that, for any L real value 'w',* **abs (leng** v - a) ≤ **abs (leng** w - a) c ;

p)   **op round = (L real** a) **L int** : c *a L integral value, if one exists, which is widenable to* (2.1.3.1.e) *a L real value differing by not more than one-half from the value of 'a'* c ;

q)   **op sign = (L real** a) **int** : (a > L 0 | 1 |: a < L 0 | - 1 | 0) ;

r)   **op ǂentier, ⌊ ǂ = (L real** a) **L int** :
    begin L int j := L 0;
        while j < a **do** j := j + L 1 **od**;
        while j > a **do** j := j - L 1 **od**;
        j
    end ;

s)   **op ǂ⊥, +×, +∗, I ǂ = (L real** a, b) **L compl** : (a, b) ;

10.2.3.5. Operations on arithmetic operands

a)   **op P = (L real** a, **L int** b) **L real** : a **P L real** (b) ;

b)   **op P = (L int** a, **L real** b) **L real** : **L real** (a) **P** b ;

c)   **op R = (L real** a, **L int** b) **bool** : a **R L real** (b) ;

d)   **op R = (L int** a, **L real** b) **bool** : **L real** (a) **R** b ;

e)   **op ǂ⊥, +×, +∗, I ǂ = (L real** a, **L int** b) **L compl** : (a, b) ;

f)   **op ǂ⊥, +×, +∗, I ǂ = (L int** a, **L real** b) **L compl** : (a, b) ;

g)   **op ǂ↑, ∗∗, up ǂ = (L real** a, **int** b) **L real** :
    (L real p := L 1; **to abs** b **do** p := p × a **od**; (b ≥ 0 | p | L 1 / p)) ;

10.2.3.6. Operations on character operands

a)   **op** R = *(char a, b)* **bool** : **abs** a R **abs** b ; {10.2.1.n}

b)   **op** + = *(char a, b)* **string** : *(a, b)* ;

10.2.3.7. Operations on complex operands

a)   **op** *re* = *(L compl a)* L **real** : *re* **of** a ;

b)   **op** *Im* = *(L compl a)* L **real** : *im* **of** a ;

c)   **op** **abs** = *(L compl a)* L **real** : L *sqrt (re a* ↑ *2 + Im a* ↑ *2)* ;

d)   **op** **arg** = *(L compl a)* L **real** :
    if L **real** *re* = *re a, im* = *Im a;*
      re ≠ L *0* ∨ *im* ≠ L *0*
    then if abs *re* > **abs** *im*
      then L *arctan (im / re)* + L *pi /* L *2* ×
        (im < L *0|* **sign** *re* - *1| 1* - **sign** *re)*
      else -L *arctan (re / im)* + L *pι /* L *2* × **sign** *im*
      fi
    fi ;

e)   **op** *conj* = *(L compl a)* L **compl** : *re a* ⊥ -*Im a* ;

f)   **op** ⊹ =, **eq** ⊹ = *(L compl a, b)* **bool** : *re a* = *re b* ∧ *Im a* = *Im b* ;

g)   **op** ⊹ ≠, /=, **ne** ⊹ = *(L compl a, b)* **bool** : ¬ *(a = b)* ;

h)   **op** - = *(L compl a, b)* L **compl** : *(re a* - *re b)* ⊥ *(Im a* - *Im b)* ;

i)   **op** -= *(L compl a)* L **compl** : - *re a* ⊥ -*Im a* ;

j)   **op** + = *(L compl a, b)* L **compl** : *(re a* + *re b)* ⊥ *(Im a* + *Im b)* ;

k)   **op** + = *(L compl a)* L **compl** : a ;

l)   **op** ⊹ ×, * ⊹ = *(L compl a, b)* L **compl** :
    (re a × *re b* - *Im a* × *Im b)* ⊥ *(re a* × *Im b* + *Im a* × *re b)* ;

m)   **op** / = *(L compl a, b)* L **compl** :
    (L **real** *d* = *re (b* × *conj b)*; L **compl** *n* = a × *conj b*;
    (re n / d) ⊥ *(Im n / d))* ;

n)   **op** *leng* = *(L compl a)* **long** L **compl** : *leng re a* ⊥ *leng Im a* ;

o)   **op** *shorten* = *(long L compl a)* L **compl** :
    shorten re a ⊥ *shorten Im a* ;

p)   **op** P = *(L compl a, L Int b)* L **compl** : a P L **compl** *(b)* ;

q)   **op** P = *(L compl a, L real b)* L **compl** : a P L **compl** *(b)* ;

r)   **op** P = *(L Int a, L compl b)* L **compl** : L **compl** *(a)* P b ;

s)   **op** P = *(L real a, L compl b)* L **compl** : L **compl** *(a)* P b ;

t)   **op** ⊹ !, **, **up** ⊹ = *(L compl a, Int b)* L **compl** :
    (L **compl** *p* := L *1;* **to abs** b **do** *p* := *p* × *a* **od**; *(b* ≥ *0| p|* L *1 / p))* ;

u)   **op** E = *(L compl a, L Int b)* **bool** : a E L **compl** *(b)* ;

v)   **op** E = *(L compl a, L real b)* **bool** : a E L **compl** *(b)* ;

w)   **op** E = *(L Int a, L compl b)* **bool** : b E a ;

x)   **op** E = *(L real a, L compl b)* **bool** : b E a ;

10.2.3.8. Bits and associated operations

a)   **op** $\{=,$ **eq** $\} = (L$ **bits** $a, b)$ **bool** :
         begin bool c;
             for i **to** L **bits** $width$
             while $c := (L\ F\ \textbf{of}\ a)\lfloor i \rfloor = (L\ F\ \textbf{of}\ b)\lfloor i \rfloor$
             do skip od;
             c
         end ;

b)   **op** $\{\neq,$ /=, **ne** $\} = (L$ **bits** $a, b)$ **bool** : $\neg\ (a = b)$;

c)   **op** $\{\vee,$ **or** $\} = (L$ **bits** $a, b)\ L$ **bits** :
         begin L **bits** c;
             for i **to** L $bits\ width$
             do $(L\ F\ \textbf{of}\ c)\lfloor i \rfloor := (L\ F\ \textbf{of}\ a)\lfloor i \rfloor \vee (L\ F\ \textbf{of}\ b)\lfloor i \rfloor$ **od**;
             c
         end ;

d)   **op** $\{\wedge,$ &, **and** $\} = (L$ **bits** $a, b)\ L$ **bits** :
         begin L **bits** c;
             for i **to** L $bits\ width$
             do $(L\ F\ \textbf{of}\ c)\lfloor i \rfloor := (L\ F\ \textbf{of}\ a)\lfloor i \rfloor \wedge (L\ F\ \textbf{of}\ b)\lfloor i \rfloor$ **od**;
             c
         end ;

e)   **op** $\{\leq,$ <=, **le** $\} = (L$ **bits** $a, b)$ **bool** : $(a \vee b) = b$;

f)   **op** $\{\geq,$ >=, **ge** $\} = (L$ **bits** $a, b)$ **bool** $\cdot\ b \leq a$;

g)   **op** $\{\uparrow,$ **up**, **shl** $\} = (L$ **bits** $a,$ **int** $b)\ L$ **bits** .
         if abs $b \leq L$ $bits\ width$
         then L **bits** $c := a$;
             to abs b
             do if $b > 0$ **then**
                 for i **from** 2 **to** L $bits\ width$
                 do $(L\ F\ \textbf{of}\ c)\lfloor i-1 \rfloor := (L\ F\ \textbf{of}\ c)\lfloor i \rfloor$ **od**;
                 $(L\ F\ \textbf{of}\ c)\lfloor L\ bits\ width \rfloor := $ **false**
             else
                 for i **from** L $bits\ width$ **by** -1 **to** 2
                 do $(L\ F\ \textbf{of}\ c)\lfloor i \rfloor := (L\ F\ \textbf{of}\ c)\lfloor i-1 \rfloor$ **od**;
                 $(L\ F\ \textbf{of}\ c)\lfloor 1 \rfloor := $ **false**
             fi od;
             c
         fi ;

h)   **op** $\{\downarrow,$ **down**, **shr** $\} = (L$ **bits** $x,$ **int** $n)\ L$ **bits** : $x \uparrow -n$;

i)   **op abs** $= (L$ **bits** $a)\ L$ **int** :
         begin L **int** $c := L\ 0$;
             for i **to** L $bits\ width$
             do $c := L\ 2 \times c + K$ **abs** $(L\ F\ \textbf{of}\ a)\lfloor i \rfloor$ **od**;
             c
         end ;

j)   **op bin** = *(L int a) L bits* :
     if $a \geq L\ 0$
     then L **int** $b := a;$ L **bits** $c;$
         for i **from** L bits width **by** -1 **to** 1
         do $(L\ F$ **of** $c) [i] := $ **odd** $b;$ $b := b \div L\ 2$ **od**;
         c
     fi ;

k)   **op** ⧣**elem,** []⧣ = *(int a,* L **bits** *b) bool* : $(L\ F$ **of** $b) [a]$;

l)   **proc** L **bits pack** = *([ ] bool a) L bits* :
     if int $n =$ ʳ $a [@ 1];$
         $n \leq L$ bits width
     then L **bits** $c;$
         for i **to** L bits width
         do $(L\ F$ **of** $c) [i] :=$
             $(i \leq L$ bits width $- n\ |$ **false** $|\ a [@ 1] [i - L$ bits width $+ n])$
         od;
         c
     fi ;

m)   **op** ⧣-, ~, **not**⧣ = *(L bits a) L bits* :
         begin L **bits** $c;$
         for i **to** L bits width **do** $(L\ F$ **of** $c) [i] := - (L\ F$ **of** $a) [i]$ **od**;
         c
         end ;

n)   **op leng** = *(L bits a) long L bits* : $long\ L\ bits\ pack\ (a)$;

o)   **op shorten** = *(long L bits a) L bits* : L bits pack ([| bool (a)
     [long L bits width $- L$ bits width $+ 1$:]);

10.2.3.9. Bytes and associated operations

a)   **op** R = *(L bytes a, b) bool* : **string** *(a)* R **string** *(b)* ;

b)   **op** ⧣**elem,** []⧣ = *(int a,* L **bytes** *b) char* : $(L\ F$ **of** $b) [a]$;

c)   **proc** L **bytes pack** = *(string a) L bytes* :
     if int $n =$ ʳ $a [@ 1];$
         $n \leq L$ bytes width
     then L **bytes** $c;$
         for i **to** L bytes width
         do $(L\ F$ **of** $c) [i] := (i \leq n\ |\ a [@ 1] [i]\ |\ null\ character)$ **od**;
         c
     fi ;

d)   **op leng** = *(L bytes a) long L bytes* : $long\ L\ bytes\ pack\ (a)$;

e)   **op shorten** = *(long L bytes a) L bytes* :
     L bytes pack (**string** *(a)* [: L bytes width]) ;

10.2.3.10. Strings and associated operations

```
a)      op { <, lt } = (string a, b) bool :
            begin int m = ⌐ a [@ 1], n = ⌐ b [@ 1]; int c := 0;
                for i to (m < n | m | n)
                while (c := abs a [@ 1] [i] - abs b [@ 1] [i]) = 0
                do skip od;
                (c = 0 | m < n ∧ n > 0 | c < 0)
            end ;

b)      op { ≤, <=, le } = (string a, b) bool : ¬ (b < a) ;

c)      op { =, eq } = (string a, b) bool : a ≤ b ∧ b ≤ a ;

d)      op { ≠, /=, ne } = (string a, b) bool : ¬ (a = b) ;

e)      op { ≥, >=, ge } = (string a, b) bool : b ≤ a ;

f)      op { >, gt } = (string a, b) bool : b < a ;

g)      op R = (string a, char b) bool : a R string (b) ;

h)      op R = (char a, string b) bool : string (a) R b ;

i)      op + = (string a, b) string :
            (int m = (int la = ⌐ a [@ 1]; la < 0 | 0 | la),
                n = (int lb = ⌐ b [@ 1]; lb < 0 | 0 | lb);
            [1 : m + n] char c;
            c [1 : m] := a [@ 1]; c [m + 1 : m + n] := b [@ 1]; c) ;

j)      op + = (string a, char b) string : a + string (b) ;

k)      op + = (char a, string b) string : string (a) + b ;

l)      op { ×, * } = (string a, int b) string : (string c; to b do c := c + a od; c) ;

m)      op { ×, * } = (int a, string b) string : b × a ;

n)      op { ×, * } = (char a, int b) string : string (a) × b ;

o)      op { ×, * } = (int a, char b) string : b × a ;
```

[The operations defined in a, g and h imply that if **abs** "a" < **abs** "b",
then "" < "a" ; "a" < "b" ; "aa" < "ab" ; "aa" < "ba" ; "ab" < "b" and
"ab" < "ba" .]

10.2.3.11. Operations combined with assignations

a)   **op ⨍minusab, -:=⨎ = (ref** L **int** a, L **int** b) **ref** L **int** : $a := a - b$;

b)   **op ⨍minusab, -:=⨎ = (ref** L **real** a, L **real** b) **ref** L **real** : $a := a - b$;

c)   **op ⨍minusab, -:=⨎ = (ref** L **compl** a, L **compl** b) **ref** L **compl** :
      $a := a - b$;

d)   **op ⨍plusab, +:=⨎ = (ref** L **int** a, L **int** b) **ref** L **int** : $a := a + b$;

e)   **op ⨍plusab, +:=⨎ = (ref** L **real** a, L **real** b) **ref** L **real** : $a := a + b$;

f)   **op ⨍plusab, +:=⨎ = (ref** L **compl** a, L **compl** b) **ref** L **compl** : $a := a + b$;

g)   **op ⨍timesab, ×:=, ∗:=⨎ = (ref** L **int** a, L **int** b) **ref** L **int** : $a := a \times b$;

h)   **op ⨍timesab, ×:=, ∗:=⨎ = (ref** L **real** a, L **real** b) **ref** L **real** : $a := a \times b$;

i)   **op ⨍timesab, ×:=, ∗:=⨎ = (ref** L **compl** a, L **compl** b) **ref** L **compl** :
      $a := a \times b$;

j)   **op ⨍overab, -:=, %:=⨎ = (ref** L **int** a, L **int** b) **ref** L **int** : $a := a - b$;

k)   **op ⨍modab, ÷×:=, ÷∗:=, %×:=, %∗:=⨎ =**
      (ref L **int** a, L **int** b) **ref** L **int** : $a := a \div\times b$;

l)   **op ⨍divab, /:=⨎ = (ref** L **real** a, L **real** b) **ref** L **real** : $a := a / b$;

m)   **op ⨍divab, /:=⨎ = (ref** L **compl** a, L **compl** b) **ref** L **compl** : $a := a / b$;

n)   **op** Q **= (ref** L **real** a, L **int** b) **ref** L **real** : a Q L **real** (b) ;

o)   **op** Q **= (ref** L **compl** a, L **int** b) **ref** L **compl** : a Q L **compl** (b) ;

p)   **op** Q **= (ref** L **compl** a, L **real** b) **ref** L **compl** : a Q L **compl** (b) ;

q)   **op ⨍plusab, +:=⨎ = (ref string** a, **string** b) **ref string** : $a := a + b$;

r)   **op ⨍plusto, +=:⨎ = (string** a, **ref string** b) **ref string** : $b := a + b$;

s)   **op ⨍plusab, +:=⨎ = (ref string** a, **char** b) **ref string** : $a +:= $ **string** (b) ;

t)   **op ⨍plusto, +=:⨎ = (char** a, **ref string** b) **ref string** : **string** $(a) +=: b$;

u)   **op ⨍timesab, ×:=, ∗:=⨎ = (ref string** a, **int** b) **ref string** : $a := a \times b$;

8.6   Standard - Funktionen etc.

10.2.3.12. Standard mathematical constants and functions

a)   *L* **real** *L pi* = **c** *a L real value close to* π; *see Math. of Comp. v. 16,
     1962, pp. 80-99* **c** ;

b)   **proc** *L sqrt = (L* **real** *x) L* **real** : **c** *if x* $\geq$ *L 0, a L real value close to
     the square root of 'x'* **c** ;

c)   **proc** *L exp = (L* **real** *x) L* **real** : **c** *a L real value, if one exists, close to
     the exponential function of 'x'* **c** ;

d)   **proc** *L ln = (L* **real** *x) L* **real** : **c** *a L real value, if one exists, close to
     the natural logarithm of 'x'* **c** ;

e)   **proc** *L cos = (L* **real** *x) L* **real** : **c** *a L real value close to the cosine of
     'x'* **c** ;

f)   **proc** *L arccos = (L* **real** *x) L* **real** : **c** *if* **abs** *x* $\leq$ *L 1, a L real value close
     to the inverse cosine of 'x', L 0* $\leq$ *L arccos (x)* $\leq$ *L pi* **c** ;

g)   **proc** *L sin = (L* **real** *x) L* **real** : **c** *a L real value close to the sine of
     'x'* **c** ;

h)   **proc** *L arcsin = (L* **real** *x) L* **real** : **c** *if* **abs** *x* $\leq$ *L 1, a L real value close
     to the inverse sine of 'x',* **abs** *L arcsin (x)* $\leq$ *L pi / L 2* **c** ;

i)   **proc** *L tan = (L* **real** *x) L* **real** : **c** *a L real value, if one exists, close to
     the tangent of 'x'* **c** ;

j)   **proc** *L arctan = (L* **real** *x) L* **real** : **c** *a L real value close to the
     inverse tangent of 'x',* **abs** *L arctan (x)* $\leq$ *L pi / L 2* **c** ;

k)   **proc** *L next random = (***ref** *L* **int** *a) L* **real** :
     *(a := ***c** *the next pseudo-random L integral value after 'a' from a
     uniformly distributed sequence on the interval
     [L 0, L max int]* **c** ;
     c *the real value corresponding to 'a' according to some mapping
     of integral values [L 0, L max int] into real values [L 0, L 1)
     (i.e., such that 0* $\leq$ *x < 1) such that the sequence of real values
     so produced preserves the properties of pseudo-randomness
     and uniform distribution of the sequence of integral values* **c** *)* ;

8.7 Standard - Synchronisierungs - Operationen etc.

10.2.4. Synchronization operations

The elaboration of a **parallel-clause** P (3.3.1.c) in an environ E is termed a "parallel action". The elaboration of a constituent **unit** of P in E is termed a "process" of that parallel action.

Any elaboration A (in some environ) of either of the **ENCLOSED-clauses** delineated by the **pragmats** (9.2.1.b) *pr start of incompatible part pr* and *pr finish of incompatible part pr* in the forms 10.2.4.d and 10.2.4.e is incompatible with (2.1.4.2.e) any elaboration B of either of those **ENCLOSED-clauses** if A and B are descendent actions (2.1.4.2.b) of different processes of some same parallel action.

a) *mode sema = struct (ref int F) ;*

b) *op level = (int a) sema : (sema s; F of s := heap int := a; s) ;*

c) *op level = (sema a) int : F of a ;*

d) *op down = (sema edsger) void :*
    begin ref int dijkstra = F of edsger;
      while
        pr start of incompatible part pr
          if dijkstra ≥ 1 then dijkstra -:= 1; false
          else
              c let P be the process such that the elaboration of this pseudo-comment (10.1.3.Step 7) is a descendent action of P, but not of any other process descended from P; the process P is halted (2.1.4.3.f) c;
              true
          fi
        pr finish of incompatible part pr
      do skip od
    end ;

e) *op up = (sema edsger) void :*
    pr start of incompatible part pr
      if ref int dijkstra = F of edsger; (dijkstra +:= 1) ≥ 1
      then
          c all processes are resumed (2.1.4.3.g) which are halted because the integer referred to by the name yielded by 'dijkstra' was smaller than one c
      fi
    pr finish of incompatible part pr ;

(For the use of **down** and **up**, see E.W. Dijkstra, Cooperating Sequential Processes, contained in Programming Languages, Genuys, F. (ed.), London etc., Academic Press, 1968; see also 11.12.)

9 DATENÜBERGABE

Bel der Datenübergabe, d.h. der Eingabe bzw. Ausgabe von
Daten (9.1) auf Ein / Ausgabe- oder Hintergrund- Geräte,
unterscheidet man

- formatierte Datenübergabe   (9.2), z. B. PRINTF(($3A$,"DAT")) ,

- unformatierte Datenübergabe   (9.3), z. B. PRINT ("DAT") ,

- binäre Datenübergabe   (9.4), z. B. WRITE BIN ("DAT") .

Die unformatierte Datenübergabe (9.3) , d.h. die Übergabe von
Daten im Standard- Format, wird als Spezialfall der

formatierten Datenübergabe (9.2) gedeutet, wobei statt explizit
wählbarer Formattexte (9.2.2) implizit vorgegebene Standard-
Formattexte (9.2.3) eingesetzt werden.

Die binäre Datenübergabe (9.4), bei der die Daten weder
explizit noch implizit formatiert werden, ist standardmäßig nur
für die (schnelle und kompakte) Zwischenspeicherung auf Hintergrundgeräten vorgesehen. Allerdings könnte binäre Datenübergabe z. B. auch für Lochkartengeräte programmiert werden, falls
die Lochkartengeräte der jeweiligen Rechenanlage dies technisch
gestatten und das Betriebssystem (3.1.3/4) dies durch Zurverfügungstellung geeigneter Kanäle (9.1.1) unterstützt.

Die folgende Einführung in die ALGOL 68 - Datenübergabe wird
ausreichen, um dem Leser einen ersten Überblick zu verschaffen und
ihm die Programmierung von normalerweise anfallenden und standardmäßig zu lösenden Problemen der Datenübergabe zu ermöglichen.
Für weitergehende Ansprüche und bei kniffligen Fragen nach
speziellen Effekten der standardmäßig vorgegeben Übergabeprozeduren und der standardmäßig vereinbarten Fehlerbehandlung-
Ereignisroutinen wird der Leser verwiesen auf den Report, wo diese
Prozeduren in ALGOL 68 dokumentiert sind.

Aus Gründen der Laufzeitoptimierung könnten allerdings die
standardmäßig in ALGOL 68 geschriebenen Übergabeprozeduren für
den Compiler entsprechend der ALGOL 68 - Dokumentation des Reports
in der jeweiligen Maschinensprache geschrieben werden.

9.1   Dateien, Kanäle, Geräte(Bücher)
===================================
     Daten (abstrakt "(Buch-) Text",engl. 'TEXT' 9.1.1) werden
im folgenden als (Verweis auf dreifache) Reihe von Zeichen
eingeführt.

     Die Übergabe (Ausgabe / Eingabe) von Daten erfolgt

- von bzw. auf im Programm vereinbarte Dateien (engl. 'FILE' 9.1.1),

- über Kanäle (engl. 'CHANNEL' 9.1.1) der Rechenanlage,

- auf bzw. von periphere oder Hintergrund- Geräte (engl. 'BOOK'
  9.1.1, d.h. " Bücher" mit " Seiten"," Zeilen" und " Stellen")
  der Rechenanlage wie z. B. Schnelldrucker, Kartenleser oder
  Plattenspeicher.

     Dabei werden nicht nur die Dateien, sondern auch die Kanäle
und sogar die Geräte (Bücher) formal in ALGOL 68 beschrieben,
d.h. innerhalb des Programms (siehe 3) vereinbart und aufgerufen
(siehe unten 9.1.1, 7.2.1, 9.3.1).

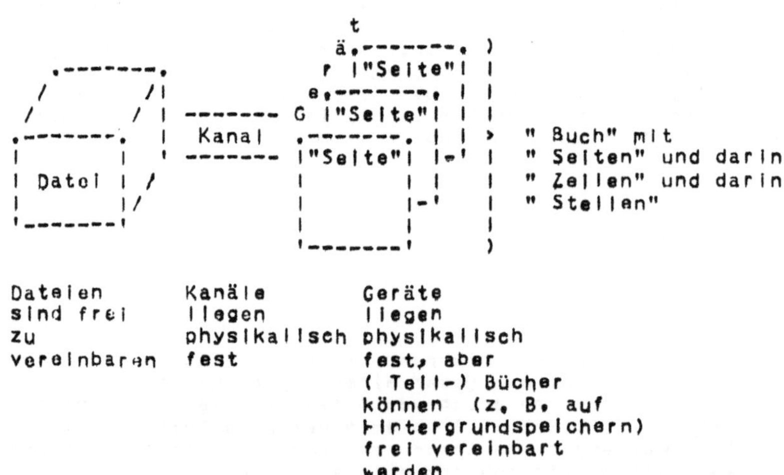

Dateien   Kanäle   Geräte
sind frei   liegen   liegen
zu   physikalisch   physikalisch
vereinbaren   fest   fest, aber
                                (Teil-) Bücher
                                können (z. B. auf
                                Hintergrundspeichern)
                                frei vereinbart
                                werden

     Der Leser möge sich davon überzeugen, daß die Einteilung
von " Büchern" in Seiten, Zeilen und Stellen nicht nur z. B. auf
einen Schnelldrucker paßt, sondern auch z. B. auf einen Kartenleser (etwa 6000 Karten ein Buch, 60 Karten eine Seite, 1 Karte
a 80 Kartenspalten eine Zeile, eine Kartenspalte eine Stelle),
auf einen Kartenstanzer, auf einen Plattenspeicher oder auf
irgend ein anderes Gerät.

     Standardmäßig sind vereinbart: drei Dateien (9.1.1)

        STAND OUT , STAND IN , STAND BACK   ,

drei zugehörige Kanäle (9.1.1)

     STAND IN CHANNEL , STAND OUT CHANNEL , STAND BACK CHANNEL ,

und drei zugehörige   Geräte (9.1.1)

                "" (Standard- Ausgabe- Buch)   ,
                "" (Standard- Eingabe- Buch)   ;
                "" (Standard- Hintergrund- Buch)   ,

wobei diese Geräte ausnahmsweise alle drei mit der gleichen
(abkürzenden) Buch- Identifikation "" versehen sind (die im
Zusammenhang mit Dateien und Kanälen innerhalb OPEN wohl
zu unterscheiden sind).

    Darüber hinaus kann der Benutzer neue Dateien als 'FILE' ver-
einbaren und für diese Dateien neue Bücher mit ESTABLISH erzeugen
oder vorhandene Bücher mit OPEN öffnen (9.1.1).

9.1.1 Aus Standard Vor-(A21a-362a),eigentlichem Vor-(A51a-I) und
      ===
      eigentlichem Nachspiel (A52a)
      ===============================
      (Die Arten 'TEXT','FLEXTEXT','POS','CONV','BOOK' und die
      Komponenten von 'FILE','CHANNEL' sind dem eigentlichen Programm
      nicht zugänglich)

A311b 'MODE''TEXT'='REF'[][][]'CHAR';

A311b 'MODE''FLEXTEXT'='REF''FLEX'[]'FLEX'[]'FLEX'[]'CHAR';

A311c 'MODE''POS'='STRUCT'('INT'P,L,C'CC'SEITE,ZEILE,STELLE'CO');

A312b 'MODE''CONV'='STRUCT'([1:'INT'('SKIP')]
                    'STRUCT'('CHAR'INTERNAL,EXTERNAL)F);

A313a 'MODE''FILE'='STRUCT'('REF''BOOK'BOOK,
                    'UNION'('FLEXTEXT','TEXT')TEXT,
                    'CHANNEL'CHAN,
                    'FORMAT'FORMAT'CO'LAUF.FORMAT'CO',
                    'INT'FORP'CO'LAUF.FORMAT-STELLE'CO',
                    'REF''BOOL'
                       READ MOOD'CC'EINGABE IN DATEI'CO',
                       WRITE MOOD'CO'AUSGABE AUS DATEI'CO',
                       CHAR MOOD'CO'ZEICHENWEISE UEBERGABE'CU',
                       OPENED'CO'BUCH FUER DATEI GEOEFFNET'CU',
                    'REF''POS'CPOS'CC'LAUF.TEXT-POSITION'CO',
                    'STRING'TERM
                       'CO'DIE CHAR-BEGRENZER F.STRING-EING.'CO',
                    'CONV'CONV'CO'INTERN-EXTERN-ZEICHENCODE'CO',
                    'PROC'('REF''FILE')'BOOL'
                       LOGICAL FILE MENDED,PHYSICAL FILE MENDED,
                       PAGE MENDED,   LINE MENDED,
                       FORMAT MENDED,   VALUE ERROR MENDED,
                    'PROC'('REF''FILE','REF''CHAR')'BOOL'
                                       CHAR ERROR MENDED
                       'CO'ROUTINEN ZUR BEHANDLUNG
                       (LOGISCHER) EINGABE- ODER
                       (PHYSIKALISCHER) AUSGABEFEHLER'CO');

A313k 'PROC'MAKETERM=('REF''FILE'F,'STRING'T)'VOID':TERM'OF'F:= T;

```
A51  c  'FILE'STAND OUT 'CO'STANDARD-AUSGABE-DATEI'CO',
            STAND IN  'CO'STANDARD-EINGABE-DATEI'CO',
            STAND BACK'CO'STANDARD-HINTERGRUND-DATEI'CO';

A312a 'MODE''CHANNEL'='STRUCT'('PROC'('REF''BOOK')'BOOL'
                          RESET,SET,GET,PUT
                          'CO'RESET,SET,GET,PUT MOEGLICH'CO',
                          BIN'CO'BINAERE UEBERGABE MOEGLICH'CO',
                          COMPRESS'CO'TEXT-KOMPRIMIERG.MOEGL.'CO',
                          REIDF'CO'BUCH-NEUIDENTIFIKAT.MOEGL.'CO',
                          'PROC''BOOL'ESTAB'CO'BUCH-ERZEUG.MGL.'CO',
                          'PROC''POS'MAX POS'CO'MAX.BUCH-POSIT.'CO',
                          'PROC'('REF''BOOK')'CONV'STANDCONV
                          'CO'INTERN-EXTERN-ZEICHENCODEROUTINE'CO',
                          'INT'CHANNEL NUMBER'CO'KANAL-NUMMER'CO');

A312f 'CHANNEL'STAND OUT  CHANNEL='PR'STANDARD-AUSGABE-KANAL,S.REP.'PR',

A312e          STAND IN   CHANNEL='PR'STANDARD-EINGABE-KANAL,S.REP.'PR',

A312g          STAND BACK CHANNEL='PR'STANDARD-HINTERGRUND-KANAL,SR'PR';

A311a 'MODE''BOOK'='STRUCT'('FLEXTEXT'TEXT'CO'TEXT DES BUCHES'CO',
                          'POS'LPOS'CO'LOGISCHES ENDE DES BUCHES'CO',
                          'STRING'IDF'CO'BUCH-IDENTIFIKATION'OO',
                          'BOOL'PUTTING'CO'BUCH BESCHREIBBAR'CO');

A314b 'PROC'ESTABLISH=('REF''FILE'FILE'CO'DATEI DES BENUTZERS'CO',
                      'STRING'IDF'CO'BUCH-IDENTIFIKATION'CO',
                      'CHANNEL'CHAN'CO'KANAL ZWISCHEN DATEI U. BUCH'CO',
                      'INT'MP,ML,MC'CO'VEREINBARTE MAX.BUCH-POS.'CO')
                      'INT':'PR'ERZEUGEN DES BUCHS,
                             OEFFNEN FUER DIESE DATEI,
                             O WENN ERFOLGREICH,SONST UNDEFINED,
                             SIEHE REPORT'PR';

A314d 'PROC'OPEN =('REF''FILE'FILE'CO'DATEI DES BENUTZERS'CO',
                  'STRING'IDF'CO'BUCH-IDENTIFIKATION'CO',
                  'CHANNEL'CHAN'CO'KANAL ZWISCHEN DATEI UND BUCH'CO')
                  'INT':'PR'OEFFNEN DES BUCHS FUER DIESE DATEI,
                         O WENN ERFOLGREICH,SONST UNDEFINED,
                         SIEHE REPORT'PR';

A51  c  OPEN(STAND OUT 'CO'STANDARD-AUSGABE-DATEI'CO',
            ""'CO'STANDARD-AUSGABE-BUCH'CO',
            STAND OUT  CHANNEL'CO'STANDARD-AUSGABE-KANAL'CO');

        OPEN(STAND IN  'CO'STANDARD-EINGABE-DATEI'CO',
            ""'CO'STANDARD-EINGABE-BUCH'CO',
            STAND IN   CHANNEL'CO'STANDARD-EINGABE-KANAL'CO');

        OPEN(STAND BACK'CO'STANDARD-HINTERGRUND-DATEI'CO',
            ""'CO'STANDARD-HINTERGRUND-BUCH'CO',
            STAND BACK CHANNEL'CO'STANDARD-HINTERGRUND-KANAL'CO');
```

```
A314n 'PROC'CLOSE=('REF''FILE'FILE'CO'DATEI DES BENUTZERS'CO')
              'VOID'I'PR'SCHLIESSEN DES FUER DIESE DATEI
                      GEOEFFNETEN BUCHS (NUR) FUER DIESE DATEI,
                      FUER DIE DANN (Z.B.ANDERE) BUECHER
                      GEOEFFNET WERDEN KOENNEN,
                      SIEHE REPORT'PR';

A314o 'PROC'LOCK=('REF''FILE'FILE'CO'DATEI DES BENUTZERS'CO')
              'VOID'I'PR'SCHLIESSEN DES FUER DIESE DATEI
                      GEOEFFNETEN BUCHS (NUR) FUER DIESE DATEI,
                      WEITERES OEFFNEN DES BUCHS NICHT MOEGLICH,
                      AUSSER DURCH BETRIEBSSYSTEM-EINGRIFF,
                      SIEHE REPORT'PR';

A52 a STOP:LOCK(STAND OUT);
           LOCK(STAND IN);
           LOCK(STAND BACK);
```

9.2   Formatierte Übergabe
       ======================
       Die formatierte Übergabe mit wählbaren Formattexten (siehe
       9.2.2) wird zuerst besprochen, da mit ihrer Hilfe dann leicht
       die spezielle unformatierte Übergabe (mit Standard- Format-
       texten, siehe 9.2.3) einzuführen ist.

       Standardmäßig sind vereinbart: zwei Übergabe- Routinen

                    PRINTF , READF ,

       und zwei zugehörige allgemeiner gehaltene Übergabe- Routinen

                    PUTF , GETF .

       Ausgegeben werden können nur (konstante) Werte der Art

                         'OUTTYPE'

       und eingegeben werden können nur Werte (auf Variablen) der Art

                         'INTYPE' .

9.2.1 Aus dem Standard (A21a-362a)- und eigentlichen (A51a-l) Vorspiel
      ==
       (Die Arten 'OUTTYPE','INTYPE' und die Komponente von 'FORMAT'
       sind dem eigentlichen Programm nicht zugänglich)

A321   'CO'ABFRAGBARE RECHNER-STANDARD-FORMAT-KONSTANTEN (VGL.8.2)
       --'CO'

    m)   **int** L int width =
          ¢ the smallest integral value such that 'L max int' may be
          converted without error using the pattern n(L int width)d ¢
        (**int** c := 1;
        while L 10 ↑ (c − 1) < L .1 × L max int **do** c +:= 1 **od**;
        c) ;

    n)   **int** L real width =
          ¢ the smallest integral value such that different strings are
          produced by conversion of '1.0' and of '1.0 + L small real' using
          the pattern d . n(L real width − 1)d ¢
        1 − **S entier** (L ln (L small real) / L ln (L 10)) ;

    o)   **int** L exp width =
          ¢ the smallest integral value such that 'L max real' may be
          converted without error using the pattern
          d . n(L real width − 1)d e n(L exp width)d ¢
        1 + **S entier** (L ln (L ln (L max real) / L ln (L 10)) / L ln (L 10)) ;

A322b 'MODE''OUTTYPE'='PR'AKTUELLER ERKLAERER FUER VEREINIGUNG AUS
                      GEWISSEN ARTEN UNGLEICH VOID UND OHNE FLEX,REF,
                      PROC,UNION 'PR';

A322d 'MODE''INTYPE' ='PR'AKTUELLER ERKLAERER FUER VEREINIGUNG AUS
                      GEWISSEN ARTEN REF FLEX[]CHAR ODER REF ART1,
                      WOBEI ART1 OHNE FLEX,REF,PROC,UNION 'PR';

A35 a 'MODE''FORMAT'='STRUCT'('FLEX'[1:0]'PIECE'F)
                      'PR'ART-VEREINBARUNGEN VON PIECE, COLLECTION,
                      PICTURE, PATTERN, FRAME, CPATTERN, FPATTERN,
                      GPATTERN, COLLITEM, INSERTION SIEHE REPORT
                      UND VERGLEICHE METAREGELN A2.3'PR';

A351a 'PROC'PUTF=('REF''FILE'F'CO'AUSGABE-DATEI'CO',
                  []'UNION'('FORMAT''CO'AUSGABE-FORMAT'CO',
                          'OUTTYPE''CO'AUSGABE-WERT'CO')X)
                  'VOID':'PR'AUSGABE DER GGF. GESTRECKTEN (9.4) WERTE
                          IN DAS BUCH DER AUSGABE-DATEI
                          GEMAESS FORMAT FORMATIERT BZW.(KEIN FORMAT)
                          GEMAESS OUTTYPE IM STANDARD-AUSGABE-FORMAT,
                          SIEHE REPORT'PR';

A352a 'PROC'GETF=('REF''FILE'F'CO'EINGABE-DATEI'CO',
                  []'UNION'('FORMAT''CO'EINGABE-FORMAT'CO',
                          'INTYPE' 'CO'EINGABE-WERT'CO')X)
                  'VOID':'PR'EINGABE DER GGF. GESTRECKTEN (9.4) WERTE
                          AUS DEM BUCH DER EINGABE-DATEI
                          GEMAESS FORMAT FORMATIERT BZW.(KEIN FORMAT)
                          GEMAESS INTYPE IM STANDARD-EINGABE-FORMAT,
                          SIEHE REPORT'PR';

A51 f 'PROC'PRINTF=([]'UNION'('FORMAT','OUTTYPE')X)
                  'VOID':PUTF(STAND OUT,X);

A51 g 'PROC'READF =([]'UNION'('FORMAT','INTYPE')X)
                  'VOID':GETF(STAND IN ,X);

```
9.2.2 Übersichtsschema  für                        FORMAT  Formattext
=====================                                    | A341a
FORMAT  Formattext                        ,------------A------------,
=====================                     $ f *  '''  * f $
(ohne Konvertierungs/                          | A341b          |
positionen und                     ,---------------------A-----,    |
Vereinbarungen/                    ( e r £ f *  '''  * f £ k ) .    |
speicher)                        k < ^ ^                  ^ > e     |
                                 ^ ( Format              ) *        |
                                 ^^^^^^                     |       |
                                 | A341c              A341d|        |
  ,------------------------------------------,    |       |  ,-A-,
  |                     |       |             |    |       |  k$
  |            komplexe-Format |             |    |       |  *
  |                | A345a |             |    |       |  |
  ,-----------------------A-------|------,       |  | siehe
  |      reelle- Format e S I reelle- Format   |  | 0.3.3
  |                   ^ ^        | A343a        |  |
  ,---------------------------------------,     |  ,--A--,
  |      ( Gleitpunktdezimalzahl - Platz)   |  x q''q
  |   v <                          >       |  ^ ^^^^^
  |   * ( Festpunktdezimalzahl- | Platz)   |  | A341e
  |   | A342c            | |             |  ,-A--------,
  ,-A------------, ,------|-A-----------|-----,  r Vorschub x
  |     obligate    ((geS,g)|)            |  *   |      ^
  n'''n Vorzeichen- << ^^ ^>'> e S C ganze- Format  |  ( K )
  ^^^^^* Stelle    |( eS,g) | ^ ^        | A342a  |  | X |
  |       |        |  ^^    |            |        |  | Y |
  ,---A-, ,-A-,    (    g   )          ,--A,    A341h| < L > A341f
  |  (+)              ^              v g    |  | P |
  e r Z    e < >                    ^ |    |  | Q |
  ^ ^      ^ (-)                  ,---A,    |
  ------------------v-----------,  d'''d   ( Ganzdezimalzahl )
  |        |           |       ,------A,  <              >
  | logische- Format  Bits- Format ( D) |  ganze         |
  |  | A344a         | A347a    e r S < > | N GEKLAMMERTE k |
  |  ,-A-,          ,---A------, ^ ^ ^ ( Z) ( Klausel    ^ )
  |                   ( 2)
  |  e B           e < 4> R g
  |  ^             ^ | 8|
  |                  (16)
  ,------v-----------------------v------------------------,
  |   |                    |                        |
  | Text-               logische-                 ganze-
  | Format Texteunterscheidung- Format Texteunterscheidung- Format
  |  | A346a            | A348b               | A348a
  | ,--A,          ,------A-----,      ,-------A-------,
  | w'''w          e B £kx *kx £k      e C £kx * ''' *kx £k
  |  |              ^   ^|  ^   ^        ^   |^     |^  |^
  | ,--A-,        ,-A--------,        ,A,      ,A, ,A,
  | e r S A       r y r y ... r y     k(     k, k)
  | ^ ^ ^         ^ | ^^^^^^^^^^      ^      ^  ^
  |               Texteigenname s.1.3
  ,------v---------------------------,
  |     |                    |
  | Routine- Format     Routine- Zahl- Format
  |  | A349a              | A34A a
  ,------A-----,  ,--------------A-------------,
     FORMAT        ganze      ganze      ganze
  e F GEKLAMMERTE e G £ Klausel * Klausel * Klausel £
  ^ Klausel       ^                 ^^^^^^^^^
                              ^^^^^^^^^^^^^^^^^
                      ^^^^^^^^^^^^^^^^^^^^^^^^^^^^
```

Zusatzregel: Im Bits- Format steht 2,4,8,16 jeweils für
-----------   Dual-, Quartal-, Oktal-, Sedezimaldarstellung,

*) Bezeichnung die nicht im Report vorkommt

Abkürzungen:	Bedeutung der Formatzeichen:
	A Zeichentextbestandteil
	B flip bzw. flop (siehe 8.2)
	B logische Texteunterscheidung
	C ganze- Texteunterscheidung
d Ziffer- Stellen	C Ziffer
e Einschübe	E Exponentzehn
	("mal zehn potenziert mit"),
	gibt außer E auch ⍵ oder / ein
f Formate	F Routine- Format
g ganze- Platz	G Routine- Zahl- Format
	I Imaginäreinheit ("plus I mal"),
	gibt außer I auch ⊥ ein
k Kompragmentare (siehe 0.3.3) r	K Schub auf Stelle r
	L Zeile Vorschub (NEWLINE)
n Nullunterdrückung- Stellen	Λ Replikator
	P Seite Vorschub (NEWPAGE)
q Einschub	C Zwischenraum
	gibt außer " " auch "⊥" ein
r obligate Replikator	R Zahlrang
	S Streichung
	gibt den Nachfolger nicht aus,
	gibt für SD SZ SA S. SE SI
	zusätzlich O O ⊥ . ⍵ ⊥
	ein
v Vorzeichen- Platz	
w Zeichen- Stellen	
x Texte	X Stelle Vorschub (SPACE)
	gibt " " aus, falls Stelle
	unbesetzt; zählt Stelle,
	aber gibt nicht ein
y Texteigenname (siehe 1.3)	Y Stelle Rückschub (BACKSPACE)
	Z Nullunterdrückung
	$ Formattextbegrenzer
	. Dezimalpunkt
	+ Vorzeichen im + und - Fall ;
	nach links bis vor Z≠0
	- Vorzeichen im - Fall,
	sonst Zwischenraum ;
	nach links bis vor Z≠0
	, kollaterale Trenner
	(knappe Beginn
	) knappe Ende

   Nach diesem Übersichtsschema 9.2.2 kann jeder Formattext
erzeugt werden, z. B. die Standardformate 9.2.3 .

   Formattexte sind von der Art FORMAT , die grammatisch als
Metazeichen FORMAT mit Metaregeln in A2.3 und programmtechnisch
als Art 'FORMAT' mit einer Art- Vereinbarung in 9.2.1 definiert
wurde.

Bedeutung der Formate:
=======================

```
r(f1,'''»fn)            f1,'''fn ,'''» f1,'''»fn        (r Replikator)
                        +-------r-------+

 (f1,'''»fn)            f1,'''fn ,'''» f1,'''»fn
                        +-"unendlich"--+

$Format1,'''»Formatn$,Parameter1,'''»Parameterm
```

```
                        Übergabe  von Parameterl (1≤l≤m≤n)
                        im Formatl     oder, falls 1≤n<l≤m ,
                        unformatiert (siehe 9.3, Standardformat 9.2.3)
```

ganze- Format	Format für 'INT' (1.3, 8.3) Parameter
reelle- Format	Format für 'REAL' (1.3, 8.3) Parameter
komplexe- Format	Format für 'CCMPL' (1.3, 8.3) Parameter
logische- Format	Format für 'BOOL' (1.3, 8.3) Parameter
Bits- Format	Format für 'BITS' (1.3, 8.3) Parameter
Text- Format	Format für 'STRING' (1.3, 8.3) Parameter

```
logische-             bei Ausgabe:
Texteunterscheidung-  Ausgabe von Text1, falls BOOL='TRUE'  ,
Format                Ausgabe von Text2, falls BOOL='FALSE' ,
d.h.                  bei Eingabe:
$B(Text1,Text2)$,BOOL BOOL:='TRUE' , falls Eingabe von Text1 ,
                      BOOL:='FALSE' , falls Eingabe von Text2

ganze-                bei Ausgabe: Ausgabe von Text1, falls INT=l
Texteunterscheidung-  bei Eingabe: INT:=l , falls Eingabe von Textl
Format d.h.                         (1≤l≤n)
$C(Text1,'''»Textn)$,INT

Routine- Format       Format zur Einbringung einer
zum                   GEKLAMMERTEn Klausel (4) der Art 'FORMAT'
Beispiel
$F(UNION|('INT'):$D$,('BOOL'):$B$)$,UNICN

Routine- Zahl-        einfaches Format insbes.für  'INT' und 'REAL'
Format d.h.           bei Ausgabe:
$G$,PARAMETER         im Standardformat          (siehe 9.2.3)
$G(I1)$        ,INT   wie WHOLE(INT ,I1)         (siehe 9.3,1/2)
$G(I1,I2)$     ,REAL  wie FIXED(REAL,I1,I2)      (siehe 9.3,1/2)
$G(I1,I2,I3)$,REAL    wie FLOAT(REAL,I1,I2)      (siehe 9.3,1/2)
                      bei Eingabe: unformatiert (siehe 9.3)
```

9.2.3 Standard- Format(texte) (A331/2)
=======================================

9.2.3.1 Standard - Ausgabe - Format(texte) (A331)

```
Ausgabe-  | Formattext                        | Gesamtbreite   Incl. 1) |123)
Format    |(analog LONG'''WIDTH etc)|           nach Ausgabe           |
----------+-------------------------+----------------------------------+---
ganze-    |$    N(INTWIDTH-1)Z+D       $|    INTWIDTH+2                  |JJJ
          |                             |                               |
reelle-   |$+D.N(REALWIDTH-1) D          |    REALWIDTH+EXPWIDTH+5       |JJJ
          | E  N(EXPWIDTH-1)Z+D        $|                               |
          |                             |                               |
komplexe- |$+D.N(REALWIDTH-1) D          | 2(REALWIDTH+EXPWIDTH)+11     |JJJ
          | E  N(EXPWIDTH-1)Z+D          |                               |
          | " "I                        |                               |
          | +D.N(REALWIDTH-1) D          |                               |
          | E  N(EXPWIDTH-1)Z+D        $|                               |
          |                             |                               |
logische- |$B                         $|    1                          |nJJ
          |                             |                               |
          | ( 2)                        |                               |
Bits-     |$< 4>RN(BITSWIDTH)D        $|    BITSWIDTH                   |nnn
          | | 8|                        |                               |
          | (16)                        |                               |
          |                             |                               |
Text-     |$N('PR'TEXTLAENGE'PR')A $|    'PR'TEXTLAENGE'PR'          |nnn
```

Erläuterungen: INTWIDTH , REALWIDTH , EXPWIDTH siehe 9.2.1,

Mit J (Ja) bzw. n (nein) notierte Ausgabe- Zusatzregeln:

```
1) Falls nicht Zeilenanfang               : vorweg zusätzlich  Q ,
2) Falls nicht Zeilenrest ≥ Gesamtbreite: vorweg zusätzlich  L ,
3) Falls nicht Zeile ≥ Gesamtbreite       : undefinierter Abbruch,
```

Beispiel:

```
(PRINT(("INTWIDTH              =",INTWIDTH            ,NEWLINE,
        "REALWIDTH             =",REALWIDTH           ,NEWLINE,
        "EXPWIDTH              =",EXPWIDTH            ,NEWLINE,
        "BITSWIDTH             =",BITSWIDTH           ,NEWLINE,
        "GANZE   -FORMAT Z.B.=",MAXINT               ,NEWLINE,
        "REELLE  -FORMAT Z.B.=",MAXREAL              ,NEWLINE,
        "KOMPLEXE-FORMAT Z.B.=",MAXREAL'I'MAXREAL,NEWLINE,
        "LOGISCHE-FORMAT Z.B.=",'FALSE'              ,NEWLINE,
        "BITS    -FORMAT Z.B.=",16RFFFFFFFFFFFF      ,NEWLINE,
        "TEXT    -FORMAT Z.B.=","TEXTLAENGE"         ,NEWLINE))
```

```
| Ausgabe
+-----------------------------------------------------------------------
|INTWIDTH              =              +14
|REALWIDTH             =              +1C
|EXPWIDTH              =               +3
|BITSWIDTH             =              +48
|GANZE   -FORMAT Z.B.= +70368744177663
|REELLE  -FORMAT Z.B.= +8.379879957E+152
|KOMPLEXE-FORMAT Z.B.= +8.379879957E+152 I+8.379879957E+152
|LOGISCHE-FORMAT Z.B.=F
|BITS    -FORMAT Z.B.=111111111111111111111111111111111111111111
|11111111111
|TEXT    -FORMAT Z.B.=TEXTLAENGE
```

9.2.3.2 Standard - Eingabe - Format(texte) (A332)

```
Eingabe- | Formattext                                 | Gesamtbreite|
Format   | KO ,''', K6 20 passend zur Eingabe         | incl. 3)    |123)
         |(analog LONG BITSWIDTH etc)                 | vor Eingabe |
---------+-------------------------------------------+-------------+---
ganze-   |$ N(KO)Q+N(K1)QN(K2)DD                    $| 21          |Jnn
         |        ^                                   |             |
         |                            (  .N(K3)DD)    |             |
reelle-  |$ N(KO)Q+N(K1)QN(K2)D<            >         | 21          |Jnn
         |        ^                  (DS.     )        |             |
         | EN(K4)Q+N(K5)QN(K6)DD                     $|             |
         |        ^                                   |             |
         | ^^^^^^^^^^^^^^^^^^^^^^^^                   |             |
         |                                            |             |
komplexe-|reelle - Eingabe - Format                   | 23          |Jnn
         |$ N(KO)QI                                  $|             |nJn
         |reelle - Eingabe - Format                   |             |Jnn
         |                                            |             |
logische-|$ N(KO)QB                                  $| 21          |nJn
         |                                            |             |
Bits-    |logische - Eingabe - Format  ) BITS/        | 2BITSWIDTH  |nJn
         |...              .           > WIDTH-        |             |...
         |logische - Eingabe - Format  ) mal          |             |nJn
         |                                            |             |
Text-    |$A                                        $| 1           |nnn
'CHAR'   |                                            |             |
         |                                            |             |
Text-    |$ N('PR'BIS BEGRENZER'PR')A               $| Textlänge   |nnJ
'STRING' | Die 'CHAR' Begrenzer des 'STRING'          | (ohne       |
         | sind mit MAKETERM zu vereinbaren.          | Begrenzer)  |
```

Erläuterungen: BITSWIDTH siehe 8.2, MAKETERM siehe 9.1.1 .

Mit J (Ja) bzw. n (nein) notierte Eingabe - Zusatzregeln:

1) Im Fehlerfall: Aufruf von ON VALUE ERROR (siehe Report).
2) Im Fehlerfall: Aufruf von ON CHAR ERROR (siehe Report).
3) Bei Zellenende: Aufruf von ON LINE END   (siehe Report).

Beispiel:

```
(MAKETERM(STANDIN,",");
 'INT'I;'REAL'R;'COMPL'C;'BOOL'B;'BITS'BITS;'CHAR'CHAR;'STRING'S;
 READ ((I,R,          C,B,            BITS,CHAR,S));
 PRINT((I,R,NEWLINE,C,B,NEWLINE,BITS,CHAR,S)))
```

```
| Eingabe                 | Ausgabe
+-------------------------+------------------------------------------
|1 - 2.3. + 4 5 ⊥ 6 F |              +1 -2.300000000E  +4
|111111111111             |+5.000000000E  +0 I+6.000000000E  +OF
|111111111111             |1111111111111111111111111111111111111111111
|11111111111              |11111111XSTRING
|11111111111111XSTRING,   |
```

9.2.4 Beispiele

9.2.4.1 Häufigkeiten von Satzzeichen (vgl. 0.2.1)

```
'CO'HAEUFIGKEITEN VON SATZZEICHEN'CO'

'BEGIN'

 'INT'CODE;[1:27]'INT'HAEUF;'FOR'I'TO'27'DO'HAEUF[I]:=0'OD';
 'FORMAT'FORMAT=$C("A","B","C","D","E","F","G","H","I","J",
                   "K","L","M","N","O","P","Q","R","S","T",
                   "U","V","W","X","Y","Z"," ","."          )$;
 'WHILE'READF((FORMAT,CODE));CODE#28
  'DO'HAEUF[CODE]+:=1'OD';
 'FOR'CODE'TO'27'DO''IF'HAEUF[CODE]#0'THEN'
  PRINTF(($QD$,HAEUF[CODE]));PRINTF((FORMAT,CODE))'FI''OD'

'END'
```

```
|Eingabe           |Ausgabe
+------------------+-----------------------------------
|BADEN VERBOTEN.|  1A 2B 1D 3E 2N 1O 1R 1T 1V 1
```

9.2.4.2 Struktur- Kette aus Variablen ohne externe Namen (vgl. 2.2.2.2b)

```
'CO'STRUKTUR-KETTE OHNE EXT.NAMEN, VERS. MIT READF PRINTF'CO'

'BEGIN'
 'MODE''FOLGE'='STRUCT'('STRING'TEXT,'REF''FOLGE'FOLG);
 'INT'I;'STRING'TEXT;'REF''FOLGE'ZEIG1,ZEIG,ZEIGN:='NIL';

 'DO'READF(($C("TEXTEIN","FOLGAUS"),X10AL$,I,TEXT));
 'CASE'I'IN'

  'IF''REF''FOLGE'(ZEIGN):=:'NIL'
   'THEN'ZEIG1:=            ZEIGN:='HEAP''FOLGE':=(TEXT,'NIL');
   'ELSE'ZEIGN:=FOLG'OF'ZEIGN:='HEAP''FOLGE':=(TEXT,'NIL')
  'FI',

  ZEIG:=ZEIG1;
  'WHILE''REF''FOLGE'(ZEIG):=:'NIL'
   'DO''IF'TEXT'OF'ZEIG=TEXT
        'THEN'PRINTF(($10AL$,TEXT'OF'FOLG'OF'ZEIG));WEITER
        'ELSE'ZEIG:=FOLG'OF'ZEIG'FI'
   'OD';WEITER:'SKIP'

 'ESAC'
 'OD'
'END'
```

```
|Eingabe               |Ausgabe
+----------------------+----------
|TEXTEIN EINS          |DREI
|TEXTEIN ZWEI          |FUENF
|TEXTEIN DREI          |
|FOLGAUS ZWEI          |
|TEXTEIN VIER          |
|TEXTEIN FUENF         |
|FOLGAUS VIER          |
|TEXTEIN SECHS         |
```

Das Programm endet, wenn die Eingabedaten erschöpft sind.
Fehlermeldungen für den Fall der Eingabe bereits vorhandener
bzw. den Fall der Ausgabe noch nicht vorhandener Texte
wurden der Kürze halber aus dem Programm fortgelassen.

9.3 Unformatierte (Standard- Format-) Übergabe
==

Die unformatierte Übergabe bietet dem Benutzer die
Möglichkeit, Daten ohne Angabe von Formattexten (9,2,2) , d.h.
mit einem Minimum an Programmieraufwand, auszugeben.
Dabei verwendet die unformatierte Übergabe implizit die in 9.2.3
definierten Standard- Formattexte, die Spezialfälle der in 9.2.2
definierten allgemeinen Formattexte sind.

Für einfache Übergabevorhaben, die einerseits über die
Standardformate hinausgehen, andererseits noch nicht die
Programmierung eigener Formattexte lohnen, bietet die unformatierte
Übergabe dem Benutzer außerdem einfach zu handhabende
Vorschub- und Zahlformatierungs- Routinen.

Standardmäßig sind vereinbart: zwei Übergabe- Routinen

                PRINT , READ ,

zwei zugehörige allgemeiner gehaltene Übergabe- Routinen

                PUT , GET ,

sowie vier leicht zu handhabende Vorschub- Routinen

        SPACE , BACKSPACE , NEWLINE , NEWPAGE ,

die innerhalb PRINT bzw. READ als Routinenamen ohne Klammern,
ohne Parameter, außerhalb jedoch als Routineaufruf mit Klammern
und einem aktuellen Parameter der Art 'FILE' aufzurufen sind,

und drei (nur für Ausgabezwecke verwendbare) leicht zu
handhabende Zahlformatierungsroutinen

                WHOLE , FIXED , FLOAT

die innerhalb PRINT als Routineaufruf ein Ergebnis der Art
'STRING' d.h. aus der Art 'OUTTYPE' liefern.

9.3.1 Aus dem Standard (A21a-362a)- und eigentlichen (A51a-) Vorspiel
      ===

A316a 'PROC'SPACE   =('REF''FILE'F)'VOID'::'PR'STELLE VORSCHUB,S.REP,'PR';

A316b 'PROC'BACKSPACE=('REF''FILE'F)'VOID'::'PP'STELLE RUECKSCHUB,S.R.'PR';

A316c 'PROC'NEWLINE =('REF''FILE'F)'VOID'::'PR'ZEILE VORSCHUB,S.REP.'PR';

A316d 'PROC'NEWPAGE =('REF''FILE'F)'VOID'::'PR'SEITE VORSCHUB,S.REP.'PR';

A321a 'MODE''NUMBER'='UNION'('PR'LONG...'PR''REAL',;'PR'LONG...'PR''INT');

A321b 'PROC'WHOLE=('NUMBER'V'CO'GANZDEZIMALZAHL'CO',
                  'INT'WIDTH'CO'+- FORMAT,TEXT-GESAMTBREITE BZW
                                   FALLS O KÜRZESTMÖGLICH'CO')
                  'STRING'::'PR'KONVERTIERUNG EINER GANZDEZIMALZAHL
                            IN EINEN (AUSGABE-)TEXT GGF
                            MIT ERROR CHAR (8.2),SIEHE REPORT'PR';

A321c 'PROC'FIXED=('NUMBER'V'CO'FESTPUNKTDEZIMALZAHL'CO',
                  'INT'WIDTH'CO'+- FORMAT,TEXT-GESAMTBREITE BZW
                                   FALLS O KÜRZESTMÖGLICH'CO',
                  AFTER'CO'TEXT-BREITE NACH DEZIMALPUNKT ,'CO')
                  'STRING'::'PR'KONVERTIERUNG EINER FESTPUNKTDEZIMALZAHL
                            IN EINEN (AUSGABE-)TEXT GGF
                            MIT ERROR CHAR (8.2),SIEHE REPORT'PR';

A321d 'PROC'FLOAT=('NUMBER'V'CO'GLEITPUNKTDEZIMALZAHL'CO',
                  'INT'WIDTH'CO'+- FORMAT,TEXT-GESAMTBREITE BZW
                                   FALLS O KÜRZESTMÖGLICH'CO',
                  AFTER'CO'TEXT-BREITE NACH . BIS VOR E 'CO'
                  EXP'CO'+- FORMAT,TEXT-BREITE NACH E'CO')
                  'STRING'::'PR'KONVERTIERUNG EINER GLEITPUNKTDEZIMALZAHL
                            IN EINEN (AUSGABE-)TEXT GGF
                            MIT ERROR CHAR (8.2),SIEHE REPORT'PR';

A331a 'PROC'PUT=('REF''FILE'F'CO'AUSGABE-DATEI'CO',
              []'UNION'('OUTTYPE''CO'AUSGABE-WERT'CO',
                       'PROC'('REF''FILE')'VOID''CO'SPACE ETC'CO')X)
              'VOID'::'PR'AUSGABE DER GGF. GESTRECKTEN (9.4) WERTE
                         IN DAS BUCH DER AUSGABE-DATEI GEMAESS
                         OUTTYPE IM STANDARD-AUSGABE-FORMAT BZW.
                         AUFRUF EINER PROC(REFFILE)VOID ROUTINE
                         SPACE,BACKSPACE,NEWLINE,NEWPAGE FUER F,
                         SIEHE REPORT'PR';

A332a 'PROC'GET=('REF''FILE'F'CO'EINGABE-DATEI'CO',
              []'UNION'('INTYPE' 'CO'EINGABE-WERT'CO',
                       'PROC'('REF''FILE')'VOID''CO'SPACE ETC'CO')X)
              'VOID'::'PR'EINGABE DER GGF. GESTRECKTEN (9.4) WERTE
                         AUS DEM BUCH DER EINGABE-DATEI GEMAESS
                         INTYPE IM STANDARD-EINGABE-FORMAT BZW.
                         AUFRUF EINER PROC(REFFILE)VOID ROUTINE
                         SPACE,BACKSPACE,NEWLINE,NEWPAGE FUER F,
                         SIEHE REPORT'PR';

```
A51 d 'PROC'PRINT=([]'UNION'('OUTTYPE','PROC'('REF''FILE')'VOID')X)
                  'VOID':PUT(STAND OUT,X);

A51 e 'PROC'READ =([]'UNION'('INTYPE' ,'PROC'('REF''FILE')'VOID')X)
                  'VOID':GET(STAND IN ,X);
```

9.3.2 Beispiele
========

9.3.2.1 Vor- und Nachspiel zu PRINT
=========================

```
                   .------------------------------------------------------.
aus dem            | . . .
Standard           | 'MODE''FILE'='STRUCT'(. . .);
Vorspiel:          |
                   | 'MODE''CHANNEL'='STRUCT'(. . .);
                   | 'CHANNEL'STAND OUT CHANNEL;
                   |
                   | 'MODE''BOOK'='STRUCT'(. . .,'STRING'IDF,. . .);
                   | 'PR'STANDARD-AUSGABE-BUCH IDENTIFIKATION ""'PR';
                   |
                   | 'MODE''OUTTYPE'='PR'. . .UNGLEICH VOID,OHNE FLEX,REF,
                   |                      PROC,UNION'PR';
                   |
                   | 'PROC'PUT=('REF''FILE'F,. . .'OUTTYPE'X)'VOID':
                   |  'PR'AUSGABE VON X IM STANDARDFORMAT UEBER F'PR';
                   | 'PROC'ESTABLISH=(. . .,'STRING'IDF,. . .)'INT':
                   |                 'PR'ERZEUGEN BUCH IDF. . .'PR';
                   | ESTABLISH(. . .,"",. . .);
                   |
                   | 'PROC'OPEN=
                   |  ('REF''FILE'FILE,'STRING'IDF,'CHANNEL'CHAN)'INT':
                   |  'PR'OEFFNEN BUCH IDF FUER FILE UEBER CHAN'PR';
                   | 'PROC'LOCK=('REF''FILE'FILE)'VOID':
                   |             'PR'SCHLIESSEN DES FUER FILE
                   |               GEOEFFNETEN BUCHES FUER FILE'PR';
aus dem            | . . .
eigentlichen       | 'FILE'STAND OUT;
Vorspiel:          | OPEN(STAND OUT,"",STAND OUT CHANNEL);
                   |
                   | 'PROC'PRINT=(. . .'OUTTYPE'X)'VOID':
                   |              PUT(STAND OUT,...,X);
                   | . . .
                   | .------------------------------.
eigentliches       | |                              |
Programm:          | | 'BEGIN'PRINT(2,72)'END'      |
                   | |                              |
                   | .------------------------------.
aus dem            | . . .
eigentlichen       | LOCK(STAND OUT);
Nachspiel:         | . . .
                   .------------------------------------------------------.


 | Ausgabe
 +-------------------
 |+2,720000000E  +0
```

9.3.2.2 PRINT mit Vorschub- und Zahlformatierungs- Routinen

```
'CO'PRINT MIT VORSCHUB- UND ZAHLFORMATIERUNGS-ROUTINEN'CO'

('INT'INT; 'REAL'REAL;

'TO'4'DO'READ(INT );PRINT((WHOLE(INT,-3        ) ,NEWLINE,
                         WHOLE(INT, 3        ) ,NEWLINE,
                         WHOLE(INT, 0        ) ,NEWLINE))'OD';

        READ(REAL);PRINT( FIXED(REAL,-5,1    )));
                                      NEWLINE(STANDOUT);

'TO'2'DO'READ(REAL);PRINT((FLOAT(REAL,-8,2,+2) ,NEWLINE))'OD')
```

```
| Eingabe | Ausgabe
+---------+--------
|0        |  0
|         |  +0
|         | 0
|-12      |-12
|         |-12
|         |-12
|12       | 12
|         |+12
|         |12
|1234     |***
|         |***
|         |1234
|12.34    | 12.3
|-1.235w4 |-1.24E+4      ( Aufrunden)
|-1.23w45 |-1.2E+45      ( Verbreitern von EXP auf Kosten von AFTER )
```

```
'CO'TURM VON HANOI, SETZE SCHEIBEN 1,...,ANZ EINZELN VON
    STAB A VIA B AUF C, JEDOCH NIE AUF KLEINERE SCHEIBEN'CO'

('MODE'        'SCHEIBE'='INT' ,  'STAB'='CHAR';

'PROC'HANOI=('SCHEIBE'ANZ,        'STAB'A,    B,    C)'VOID':
   (ANZ>0|        HANOI(ANZ-1 ,        A,    C,    B)              ;
            PRINT(WHOLE(ANZ,-2)," VON ",A," NACH ",C,NEWLINE);
                  HANOI(ANZ-1 ,        B,    A,    C)          );

'SCHEIBE' ANZO;
    READ(ANZO);HANOI(ANZO,              "A",  "B", "C")              )
```

```
| Eingabe | Ausgabe            traditionell wäre   ANZ=64
+---------+--------------------
|2        | 1 von A nach B    )
|         | 2 von A nach C    > 2+ANZ-1 Umsetzungen
|         | 1 von B nach C    )
```

9.4   Binäre Übergabe

Die binäre Übergabe, bei der die Daten ohne Umformatierung
(auch nicht implizit nach Standard- Format) übergeben werden,
bietet dem Benutzer die Möglichkeit der schnellen und kompakten
Zwischenspeicherung auf Hintergrundgeräten.

Binäre Übergabe von Eingabe- bzw. auf Ausgabe- Geräte ist
standardmäßig nicht vorgesehen. Allerdings könnte binäre
Datenübergabe z. B. auch für Lochkartengeräte programmiert
werden, falls die Lochkartengeräte der jeweiligen Rechenanlage
dies technisch gestatten und das Betriebssystem (3.1.3/4) dies
durch Zurverfügungstellung geeigneter Kanäle (9.1.1)
unterstützt.

Standardmäßig sind vereinbart: zwei Übergabe- Routinen

WRITEBIN , READBIN ,

zwei zugehörige allgemeiner gehaltene Übergabe- Routinen

PUTBIN , GETBIN ,

sowie neben SPACE , BACKSPACE , NEWLINE , NEWPAGE (9.3.1)
zwei weitere Vorschub- Routinen

SET , RESET .

Bei (formatierter oder unformatierter oder) binärer Ausgabe
in Bücher werden die auszugebenden 'OUTTYPE' Werte (9.2.1)
vorher konvertiert in Werte der Art

'SIMPLOUT'

und bei (formatierter oder unformatierter oder) binärer Eingabe
aus Büchern werden Werte der Art

'SIMPLIN'

vorher konvertiert in 'INTYPE' Werte (9.2.1).

Felder bzw. Strukturen werden in Büchern ohne Deskriptoren
zellenweise, sozusagen "gestreckt", notiert, d.h. sie
verlieren bei Konvertierung von 'OUTTYPE' in 'SIMPLOUT' die
Deskriptoren der alten 'OUTTYPE' - Parameter und erhalten bei
Konvertierung von 'SIMPLIN' in 'INTYPE' die Deskriptoren der neuen
'INTYPE' - Parameter. Dabei braucht der Deskriptoraufbau nicht der
gleiche zu bleiben, es können sogar aus Feldern Strukturen bzw.
aus Strukturen Felder werden (Beispiel 9.4.2.1). Allerdings werden
bei Aus- und Eingabe auf dieselbe Größe der Deskriptoraufbau
und alle Einzelwerte genau reproduziert.

9.4.1 Aus dem Standard (A21a-362a)- und eigentlichen (A51a-) Vorspiel
==
       (Die Arten 'SIMPLOUT','SIMPLIN' sind dem eigentlichen Programm
       nicht zugänglich)

```
A322a 'MODE'SIMPLOUT'='UNION'(        'INT' ,     'REAL',      'COMPL',
                                      'BOOL',     'BITS',       'CHAR' ,
                                                             []'CHAR'  )
                             'PR'INT,REAL,CCMPL,BITS AUCH IN
                                  LONG...LCNG BZW. SHORT...SHORT'PR';

A322c 'MODE'SIMPLIN' ='UNION'('REF''INT' ,'REF''REAL','REF''COMPL',
                              'REF''BOOL','REF''BITS','REF''CHAR' ,
                                              'REF'[]'CHAR' ,
                                              'REF''STRING'  )
                             'PR'INT,REAL,CCMPL,BITS AUCH IN
                                  LONG...LCNG BZW. SHORT...SHORT'PR';


A316I 'PROC'  SET=('REF''FILE'F'CO'HINTERGRLND-DATEI'CO',
                   'INT'P'CO'SEITE  DER LAUF.POSITION'CO',
                   L'CO'ZEILE  DER LAUF.POSITION'CO',
                   C'CO'STELLE DER LAUF.POSITION'CO')
                 'VOID':'PR'SETZEN DER LALF. POSITION DES BUCH-TEXTES
                         DER HINTERGRUNC-DATEI AUF (P,L,C)'PR';

A316J 'PROC'RESET=('REF''FILE'F'CO'HINTERGRLND-DATEI'CO')
                 'VOID':'PR'SETZEN DER LALF. POSITION DES BUCH-TEXTES
                         DER HINTERGRUND-DATEI AUF (1,1,1)'PR';


A361a 'PROC'PUTBIN=('REF''FILE'F'CO'HINTERGRUND-DATEI'CO',
                   []'OUTTYPE'OT'CO'AUSGABE-WERT'CO')
                 'VOID':'PR'AUSGABE DER GGF. GESTRECKTEN WERTE
                         IN  DAS BUCH DER HINTERGRUND-DATEI
                         BINAER OHNE LMFORMATIERUNGEN'PR';

A362a 'PROC'GETBIN=('REF''FILE'F'CO'HINTERGRUND-DATEI'CO',
                   []'INTYPE'IT'CO'EINGABE-WERT'CO')
                 'VOID':'PR'EINGABE DER GGF. GESTRECKTEN WERTE
                         AUS DEM BUCH DER HINTERGRUND-DATEI
                         BINAER OHNE LMFORMATIERUNGEN'PR';


A52 h 'PROC'WRITEBIN=([]'OUTTYPE'X)'VOID':PUTBIN(STAND BACK,X);

A52 I 'PROC' READBIN=([]'INTYPE' X)'VOIC':GETBIN(STAND BACK,X);
```

9.4.2 Beispiele
=========

9.4.2.1 Binäre Eingabe auf 'STRING' Parameter
===

```
'CO'BINAERE EINGABE AUF STRING PARAMETER'CO'

'BEGIN'MAKETERM(STANDIN,",")3
[1:2]'STRUCT'('STRING'TEXT)FELDSTRUKTUR;

                                READ(          FELDSTRUKTUR    );
RESET(STAND BACK          );WRITEBIN(          FELDSTRUKTUR    );

'STRUCT'([1:2]'STRING'TEXT)STRUKTURFELD;

TEXT'OF'STRUKTURFELD:=("12345678","1234");
'CO'READBIN SOLL AUF STRINGS DER LAENGE 8 BZW. 4 EINGEBEN,
   OHNE DIES WUERDE READBIN NUR LEERE WORTE EINGEBEN'CO';

   SET(STAND BACK,1,1,5)3 READBIN((TEXT'OF'STRUKTURFELD)[1]);
   RESET(STAND BACK     ); READBIN((TEXT'OF'STRUKTURFELD)[2]);
                          PRINT(        STRUKTURFELD    );

'END'
```

```
| Eingabe                | Ausgabe
+-----------------------+-------------,
|FELD,STRUKTUR,          |STRUKTURFELD
```

9.5	Testfragen (mit Nummernhinweisen)	Antworten
9.2	Was wird ausgedruckt bei Eingabe von <_> ?	
	([1:3]'CHAR'DREI; READF((AQA,DREI)); PRINTF((AQA,DREI)))	< >
9.2	Was wird ausgedruckt ?	
	(PRINTF((AXA,"<>")))	< >
	(PRINTF((AYA,"<>")))	∎

```
9.3       Was wird ausgedruckt   ?              |

          (PRINT(("<",      SPACE,">")))         |<  >
                                                 |
          (PRINT(("<",BACKSPACE,">")))           |<
                                                 |
                                                 |
9.4        Was wird ausgedruckt   ?             |

          'BEGIN'[1:3]'CHAR'DREI;                |<*>
          RESET(STAND BACK);WRITEBIN("***");     |
          RESET(STAND BACK);WRITEBIN("<");       |
          SPACE(STAND BACK);WRITEBIN(">");       |
          RESET(STAND BACK); READBIN(DREI);      |
                              PRINT(DREI)'END'    |
                                                 |
          'BEGIN''CHAR'EINS;                     |>
              RESET(STAND BACK);WRITEBIN("<");   |
          BACKSPACE(STAND BACK);WRITEBIN(">");   |
              RESET(STAND BACK); READBIN(EINS);  |
                              PRINT(EINS)'END'    |
                                                 |
          ('STRING'X:="TEXT",Y:="VIER";'FILE'BACK;   |TEXT
          ESTABLISH(BACK,"BUCH",STANDBACKCHANNEL,1,1,4);
              PUTBIN(BACK,(X,RESET));            |
              GETBIN(BACK,(Y,CLOSE));PRINT(Y))   |
```

10   ÜBUNGSAUFGABEN
        ================
        Die Übungsaufgaben sind nach Schwierigkeitsgrad gekennzeichnet
mit l=leicht, m=mittel, s=schwer (1-te Stelle), laufend durchnu-
meriert (2-3 te Stelle) und nach dem internationalen ACM - Index
(4-5 te Stelle) geordnet.

        Der Leser möge sich aus der Vielzahl der Aufgaben die ihn
besonders interessierenden Aufgaben heraussuchen, oder besser
noch, daraus Varianten oder eigene Aufgaben selbst entwickeln
und dann Lösungsalgorithmen in ALGOL 68 programmieren.
Außerdem ist in Literaturverzeichnis L2 eine Auswahl von
Algorithmen- und Aufgabensammlungen angegeben.

l 01A0   " Adam Riese", d.h. programmiere nach Schul- Algorithmen
          folgende Operationen mit positiv ganzzahligen Operanden:

          a) Addition oder

          b) Subtraktion oder

m   c) Multiplikation oder

m   d) Division oder

s   e) Radizierung (Vergleich mit dem Newton'schen Verfahren 10.2).

l 02A1   " Geldbetrag- Auszahlung", d.h. Auszahlen eines beliebigen
          Geldbetrags mit möglichst wenig Scheinen und Münzen (z. B. in
          deutschem Geld).

m 03A1   " Römische Zahlen", d.h. Konvertierung

          a1/2) einer nat. Zahl vom Dezimalsystem ins stellenfreie
                (bzw. nicht stellenfreie) römische Zahlsystem,
                z. B. 9 in VIIII (bzw. IX), oder

          b1/2) einer nat. Zahl vom stellenfreien (bzw. nicht stellenfreien)
                römischen Zahlsystem ins Dezimalsystem.

m 04A1   Zahlkonvertierung:

          a) einer nat. Zahl vom Dezimal- System in ein beliebiges k- Ziffern-
             Stellensystem (k≠10) oder

          b) einer nat. Zahl von einem beliebigen k- Ziffern- Stellensystem
             (k≠10) ins Dezimalsystem oder

s   c) einer nat. Zahl von einem beliebigen k1- Ziffern- Stellensystem
             über das Dezimalsystem in ein beliebiges k2 Ziffern-
             Stellensystem.

s 05A1   Zahlarithmetik:

          a) Addition zweier nat. Zahlen in einem beliebigen k- Ziffern-
             Stellensystem (ev. k≤10) oder

          b) " Kleines Einmaleins" in einem beliebigen k- Ziffern-
             Stellensystem (ev. k≤10).

m 06A1   Wiederholte Quersummenbildung einer nat. Zahl (z. B. dezimal).

m 07A1   Bestimme zu n nat. Zahlen (n>1, für n=1 siehe 7.2.5.1)

     a) das kleinste gemeinsame Vielfache oder/und

     b) den größten gemeinsamen Teiler.

m 08A1   Primzahlalgorithmus (vgl. Sieb des Erathostenes 4.6.3.3
          und Prüfung auf Primzahl 4.2.1.1) :

     a) Primfaktorzerlegung einer nat. Zahl .

l 09A1   Primzahltabelle (Primzahlalgorithmus vorausgesetzt):

     a) Tabelle der Anzahl k(n) der Primzahlen kleiner gleich n,
        (n < 500) oder

     b) Tabelle der Primzahlzwillinge < 1000 oder

     c) Tabelle der Anzahl k2(n) der Primzahlzwillinge kleiner gleich n,
        (n < 1000) oder

     d) Primzahlvorkommen < 10 000 notiert mit "P" für " Primzahl"
        und mit "." für "keine Primzahl" .

l 10A1   " Primzahlformel- Test" (Primzahlalgorithmus vorausgesetzt),
          d.h. bestimme mindestens eine von den folgenden Formeln gelieferte
          Zahl, die keine Primzahl ist:

     a) $f(n) = 2 \uparrow n - 1$ mit n Primzahl = 2,5,7,11,···
        (Mersenne'sche Zahlen) oder

     b) $f(n) = n*n + n + 41$ mit n = 1,2,3,···   oder

     c) $f(n) = n*n - 79*n + 1601$ mit n = 1,2,3,···   oder

     d) $f(n) = n \uparrow n + 1$ mit n = 1,2,3,···   oder

     e) $f(n) = n! + 1$ mit n = 1,2,3,··· .

m 11A1   Tabelle der pythagoräischen Zahlentripel < 100 .

m 12A1   Tabelle der Fibonaccizahlen $F1,···, F500$.

m 13A1   Überprüfung der Goldbach'schen Vermutung für gerade Zahlen
          ungleich 2 (bis 500) .

m 14A1   Tabelle der "vollkommenen Zahlen" < 1000000 .

m 15B3   Tabelle auf 8 Mantissenstellen der Werte von
          $f(x) = x \uparrow x \uparrow x \uparrow ···$ im reellen Intervall e↑-e < x ≤ e↑(1/e)
          für x auf 2 Mantissenstellen .

m 16B4   100-stellige Tabelle der Potenzen von n (n nat.).

m 17B4   Berechnung der Wurzel aus x auf 100 Stellen genau (x≥0 reell,
          vergleiche normalstellige Version 4.6.3.1).

m 18C1   Wert der n-ten Ableitung eines Polynoms.

m 19C1   Division eines Polynoms vom Grad k1 durch ein Polynom vom
          Grad k2$\leq$k1 .

m 20C2   Berechnung der n-ten Wurzel aus x (n$\geq$2 ganz, x reell, für   n=1
          siehe 4.5.3.1, 4.6.3.1) nach dem Newton'schen Iterationsverfahren.

m 21C2   Lösung   einer reellen quadratischen Gleichung (mit komplexen
          Lösungen)   :

          a)   x*x + p*x + q = 0 (Normalform) oder

          b) a*x*x + b*x + c = 0 (Allgemeine Form, a=0, b=0 berücksicht.).

s 22C2   Lösung der kubischen Gleichung in allgemeiner Form
          (Cardani'sche Formel).

m 23C4   Bestimmung einer Nullstelle einer beliebigen reellen Funktion

          a) mit Hilfe des Newtonschen Iterationsverfahrens oder

          b) mit Hilfe der regula falsi ,

m 24C5   Bestimmung einer Nullstelle einer transzendenten Gleichung
          (z. B. x = -lnx) durch gewöhnliche Iteration .

m 25C6   " Sicherheitsabstand", d.h. auf einem Polizeifoto sind die
          Bild- Abstände vom Hinterrad des hinteren Fahrzeugs bis zu seinem
          Vorderrad, bis zum Hinterrad des vorderen Fahrzeugs und bis zum
          perspektivischen Fluchtpunkt messbar. Wie groß war der Original-
          Abstand vom Vorderrad des hinteren Fahrzeugs bis zum Hinterrad
          des vorderen Fahrzeugs, wenn der Original- Radabstand des hinteren
          Fahrzeugs bekannt ist   ?

m 26C6   (Vergleich der) Näherungen an π auf 100 Stellen genau:

                      unendl
          a) π*π/6 = SUMME 1/k$\uparrow$2 oder
                      k=1

          b) 2/π = w(a)*w(a+a*w(a))*w(a+a*w(a+a*w(a)))*''', w Wurzel, a=1/2
              oder

          c) π/4 = arctg1 = 1 - 1/3 + 1/5 - 1/7 $\pm$ '''   oder

          d) durch dem Kreis einbeschriebene (umbeschriebene) n- Ecke
             (Summation über kleine Rechteckseiten) oder

          e) eventuell andere Näherungen   (siehe auch " Monte Carlo Methode"
             10.6).

m 27C6   (Vergleich der) Näherungen an e auf 100 Stellen genau:

          a) lim   (1 + 1/n)$\uparrow$n = e = lim   (1 - 1/n)$\uparrow$n   oder
             n$\to$unendl   n$\to$unendl

                   unendl
          b) e = SUMME 1/k!   oder
                   k=0

          c) eventuell andere Näherungen.

l 28D0   " Bremsweg" eines Kraftfahrzeugs als Tabelle in Abhängigkeit
          von der Geschwindigkeit v und der Bremsbeschleunigung b.

l 29D0   " Verfolgungsfahrt", d.h. nach welcher Zeit überholt der
          Fahrer A (Geschwindigkeit a) den Fahrer B (Geschwindigkeit b),
          wenn sie mit 1/2 Runde (Rundenlänge r) Abstand gleichzeitig
          starten   ?

m 30D1   Integration:

          a) z. B. nach Simpson oder

s   b) nach einer höheren Formel, z. B. nach Romberg.

m 31D2   Lösung einer gewöhnlichen Differentialgleichung (Anfangswerte)

          a) z. B. nach Runge Kutta oder

s   b) nach einem höheren Verfahren, z. B. predictor-corrector.

s 32D2   Lösung einer gewöhnlichen Differentialgleichung (Randwerte)
          oder einer Integralgleichung nach einem Differenzenverfahren.

s 33D3   Lösung einer partiellen Differentialgleichung (Randwerte)
          nach einem Differenzenverfahren.

s 34E2   Fourier- Analyse einer periodischen stückweise monotonen,
          stückweise stetigen Funktion f mit f(x)=f(x+w) ,

$$f(x) = a0/2 + \sum_{k=1}^{unendl} (ak*cos(k*w0*x)+bk*sin(k*w0*x)) .$$

          Bestimmung der ersten 5 Koeffizienten ak,bk (k=1,''',5).

s 35E2   Approximation einer reelen Funktion durch parametrisierte
          Näherungsfunktionen

          a) nach der Fehlerquadratmethode (Ausgleichsrechnung) oder

          b) nach der Maximalbetragsmethode (Tschebyscheff).

m 36F0   " Diagonalverfahren", d.h. Aufzählen von 500 Elementen
          der Menge N*N = (1,2,3,''') * (1,2,3,''') = ((1,1),(2,1),(1,2),''')
          (auch Formel existiert).

m 37F1   Bestimmung des Winkels zwischen zwei Vektoren
          (allgemein für Dimension n).

l 38F1   Norm eines reellen Vektors ($\sum_{j=1}^{n}$ |xj|↑k)↑(1/k) :

          a) für k=1, d.h. Betragssummennorm, oder

          b) für k=2, d.h. Abstands(Euklid'ische)norm, oder

          c) für k=unendlich, d.h. Maximalbetrags(Tschebyscheff)norm.

m 39F1   Ermittlung des betragsmäßig größten Eigenwerts einer
          reellen symmetrischen Matrix:

a) durch Bildung von Rayleigh'schen Quotienten   oder

b) nach dem Jakobi'schen Iterationsverfahren.

l 40F1   Norm einer (im Fall b symmetrischen)
         reellen quadratischen Matrix:

a) Spaltenbetragssummennorm $\max\limits_{k=1}^{n} \sum\limits_{j=1}^{n} |a_{jk}|$ oder

b) Euklid'ische Norm $\max\limits_{j=1}^{n} |\text{Eigenwert}_j|$

   (Eigenwertalgorithmus vorausgesetzt)   oder

c) Zeilensummennorm $\max\limits_{j=1}^{n} \sum\limits_{k=1}^{n} |a_{jk}|$.

l 41F1   Prüfung ganzzahliger Matrizen A, B auf

a) AA' = A'A (Transponierte A'), d.h. " A normal"   oder

b) AA' = E (Einheitsmatrix E), d.h. " A orthogonal"   oder

c) AB = BA d.h. " A,B kommutativ" .

m 42F1   " Dünn besetzte Matrizen", d.h. programmiere eine speicher-
         ökonomische Erfassung von Matrizen, die pro Zelle nur mit wenigen
         Elementen ungleich 0 besetzt sind, zwecks Anwendung auf :

a) Matrix- Transponierung oder

b) Matrix- Addition   oder

c) Matrix- Multiplikation.

m 43F2   Bestimmung der Lage der Hauptachsen einer Ellipse.

s 44F3   Berechnung der Determinante einer quadratischen
         reellen Matrix :

a) durch Entwicklung nach Zeilen oder Spalten   oder

b) durch Transformierumg auf Dreiecksform (z. B. nach Gauß) oder

c) nach der Formel

   $\text{Det}(a_1,\cdots,a_n) = \sum \text{sign}(p_1,\cdots,p_n) \, a_{1p_1}\cdots a_{np_n}$,

   wobei über alle Permutationen $(p_1,\cdots,p_n)$ der Ziffern $(1,\cdots,n)$
   zu numerieren ist.

s 45F4   Lösung eines linearen Gleichungssystems :

a) nach Gauß   oder

b) nach Banachiewicz   oder

c) nach einem Verfahren mit Pivot- Suche   oder

    d) nach dem Einzelschrittverfahren   oder

    e) nach dem Gesamtschrittverfahren   oder

    f) mit Overrelaxation   oder

    g) mit Alternating- Directions.

m 46G0   " Fußballmeisterschaft", d.h. jeder Verein spielt gegen jeden anderen genau einmal; ein Sieg gibt 2 Punkte, ein Unentschieden 1 Punkt; bei Punktgleichheit entscheiden die Tordifferenzen aus allen geschossenen und erhaltenen Toren ; sind auch diese gleich, so ergeben sich gleiche Plazierungen.

m 47G1   Ermittlung der Häufigkeit von Buchstabenfolgen (vgl. 9.2.4.1)in Deutsch- Texten (die häufigsten Buchstaben sind e n r i s t d h a).

m 48G1   " Sitzverteilung", d.h.

    a) d' Hondt'sches Höchstzahlverfahren   oder

    b) andere Verfahren zur Auszählung von Sitzverteilungen aus Stimmverteilungen.

m 49G1   Berechnung von Mittelwert $\bar{x},\bar{y}$, mittlerer Streuung sx,sy

und Korrelationskoeffizient r aus (x1,''',xn) , (y1,''',yn) :

$$\bar{x} = 1/n * \sum_{k=1}^{n} xk \quad , \quad sx = \text{Wurzel}(1/(n-1) * \sum_{k=1}^{n} (xk-\bar{x})\uparrow 2) \quad ,$$

$$r = 1/((n-1)*sx*sy) * \sum_{k=1}^{n} (xk-\bar{x})*(yk-\bar{y}) \quad (n \geq 2) \quad .$$

l 50G5   " Zufallswege", d.h. pseudozufälliges (RANDOM) Fortbewegen in einem ebenen Gitternetz:

    a) von jeweils einem Punkt zu einem der 4 (oder 8) Nachbarpunkte oder

    b) wie a), jedoch nicht zu bereits vorher besuchten Nachbarpunkten (" Stadtbummel").

s 51G5   " Roulette- System", d.h. man simuliere eine systematische Spielweise (z. B. Setzen fortlaufend auf Schwarz mit Verdoppeln, Neuanfang nach Gewinn oder bei Verluststrähne) und bestimme den " Verdienst" pro Stunde in Abhängigkeit von der mittleren Spieldauer, von Einsatzlimit und vom Anfangskapital (ohne Anspruch auf sichere statistische Aussage).

m 52G5   " Monte Carlo Methode" d.h.

    a) z. B. Bestimmung von $\pi/4$ durch Bildung von Zufallszahenpaaren $(0,0) \leq (a,b) \leq (1,1)$ und Division der Anzahl der günstigen Fälle $f(a,b) = a*a+b*b-1 \leq 0$ (im Viertelkreis) durch Anzahl aller Fälle (im Quadrat)   oder

    b) andere Flächenbestimmungen, z. B. $f(a,b) = a*a*a-a*b+b*b*b$.

m 53G5   Statistische Tests für einen (eigenen, vgl.7.2,5.5)
          Pseudozufallszahlengenerator.

m 54G6   " Leuchtziffern", d.h. Anzeige von Ziffern mittels Leucht-
          elementen (z. B. 7 in Form einer Acht angeordnete Leuchtstäbe
          oder 15 oder 35 in Form eines Rechtecks angeordnete Leuchtpunkte).
          Man zähle die "lesbaren" Varianten auf und bestimme jeweils die
          Mindestanzahl verschiedener Leuchtelemente zwischen allen Ziffern
          (Hamming- Abstand).

m 55G6   Bestimmung der lexikographisch nächsten Permutation.

m 56G6   " Zyklenschreibweise" für eine Permutation.

s 57G6   Bestimmung der lexikographisch nächsten Variation.

s 58G6   Automorphismengruppe einer gegebenen Gruppe.

s 59H0   " Magische Quadrate" aus Zahlen 1,2,''',n*n , n ungerade.

s 60H0   Optimierungsaufgaben (Netze, Graphen).

l 61H3   " Pfänderspiel", d.h. Ausdrucken der nat. Zahlen von 1 bis 100
          ohne Zahlen, die 7 als Ziffer enthalten oder durch 7 teilbar sind.

m 62H3   " Abzählspiel", d.h. von n Personen wird durch Abzählen
          jede m-te ausgeschieden (und nicht mehr mitgerechnet). Welche
          bleibt übrig   ?

s 63H3   " Ziege- Wolf- Kohlkopf" Fährtransport- Problem.

s 64H3   " Nim - Spiel", Gewinnstrategie.

s 65H3   "8 Königinnen Problem", d.h. man plaziere 8 Königinnen so
          auf einem Schachbrett, daß sie sich nicht gegenseitig bedrohen.

s 66H3   " Rundreise des Springers", d.h. ein Springer soll
          irgendwo auf dem Schachbrett beginnend das ganze Schachbrett
          bereisen ohne zweimal auf dasselbe Feld zu springen.

s 67H3   " Schach", d.h. Zugbewertungen, Endspielprobleme etc.

s 68H3   " Pentomino", d.h. eine Anzahl von vorgegebenen Figuren aus
          je 5 Quadraten sind in einen vorgegebenen Umriß einzufügen.

m 69J0   " Punktweises Zeichnen" auf dem Schnelldrucker,
          z. B. Kurven, vergrößerte Buchstaben, Rasterbilder etc.

s 70J5   Graphische Ausgabe (Sichtgerät, Zeichengerät).

s 71M0   Formelkonvertierung:

          a) aus Funktionsnotation (Routinenotation) mit Klammern
             in klammerfreie Präfix- Notation (" Lukasiewicz"- bzw.
             "polnische" Notation) oder

          b) aus Operationsnotation mit Vorrang- Definitionen und nötigen-
             falls Klammersetzungen
             in Funktionsnotation mit Klammern oder

      c) andere aus a,b zusammengesetzte Konvertierungen oder
      Rückkonvertierungen.

m 72M1   Ordnen:

      a) durch Nachbartausch   oder

      b) durch Maximumsuche   oder

      c) durch Einordnen von Elementen   oder

      höhere Verfahren (siehe auch QUICKSORT 7.2.5.6):

      d) durch ordnungstreue Abbildung auf ein endliches ganzzahliges
      Intervall und Auszählen der Häufigkeiten   oder

s   e) durch Zusammenordnen von geordneten Mengen, beginnend
      mit Einermengen (Goldstine, von Neumann)   oder

s   f) stellenweises Ordnen, beginnend bei der niedrigsten Stelle
      (Prinzip der Sortiermaschine).

s 73M1   " Cliquenbildung", d.h. gegeben ist eine Menge von (z. B. 20)
      Personen, von denen jede Person eine gewisse Anzahl von anderen
      Personen näher kennt und gesucht sind alle Teilmengen von
      Personen, in denen jede Person jede andere Person näher kennt.

m 74M1   " Binäres Suchen" einer nat. Zahl in einer geordneten Kette
      nat. Zahlen durch fortlaufende Teilung der Kette und Bestimmung
      des Teils, der die Zahl enthält.

m 75M4   " Codierungsvergleich", d.h. Prüfung zweier Ketten natürlicher
      Zahlen daraupf, ob sie (verschiedene) Codierungen der Art "jedes
      Zeichen aus dem Zeichenvorrat entspricht genau einer Zahl aus einer
      Teilmenge der nat. Zahlen" sein könnten.

s 76R0   " Potenzmenge", d.h. Ausdrucken aller Elemente der Menge
      aller Teilmengen einer beliebigen endlichen (z. B. Wort-) Menge.

l 77R1   Beweis logischer Aussagenformeln,
      z. B. $((a{\Rightarrow}b){\wedge}(b{\Rightarrow}c)) \Rightarrow (a{\Rightarrow}c)$ für alle logischen Werte von a,b,c.

m 78S16 Tabelle der Legendre- Polynome $P_n(x)$
      für n=0,1,···,9 und x=-1,-0999,···,+1 .

m 79S21 Berechnung des Umfangs einer Ellipse mit den Hauptachsen a,b.

m 8^S22 Tabelle der Tschebyscheff- Polynome $T_n(x)$
      für n=0,1,···,9 und x=-1,-0,99,···,+1 .

m 81S3   Fakultät (vergleiche normal-stellige Version 0.2.2):

      a) 100-stellige Tabelle von n! , n nat. Zahl   oder

      b) Berechnung von n! auf 100 Stellen mit der Stirling'schen
      Formel, mit Fehlerabschätzung.

m 82S3   Binominalkoeffizientenalgorithmus:

    a) rekursive Berechnung von "n über k"

       (ggf. Vergleich mit der nichtrekursiven Version 4.3.1.1).

I 83S3   Binomialkoeffiziententabelle (Algorithmus vorausgesetzt):

    a) 8-stellige Tabelle oder

m   b) 5-stellige Tabelle als Pascal'sches Dreieck,

s   c) s-stellige Tabelle als Pascal'sches Dreieck (s nat. vorgebbar).

I 84T3   Kalender:

    a) Tabelle der Datumszahlen und der zugehörigen Wochentage
       (Wochentagsalgorithmus vorausgesetzt, 4.5.3.2)   oder

m   b) Bestimmung des Datums des Osterfestes   oder

m   c) Untersuchung, ob ein Jahr Schaltjahr ist.

I 85T7   n- Eck:

    a) Berechnung der Fläche   oder

    b) Bestimmung des Schwerpunkts   oder

m   c) Prüfung   auf Konvexität   oder

m   d) Prüfung, ob ein Punkt enthalten ist.

I 86T7   Berechnung des Produkts zweier Elemente des Quaternionen-
          schiefkörpers.

m 87T9 " Life" (Conway 1967), d.h. " Individuen" (notiert als "*") in
        einem ebenen Gitternetz (Leerzeichen ".") mit je 8 Nachbarpunkten,
        werden geboren genau dann, wenn 3 Nachbarindividuen existieren, und
        "überleben" genau dann, wenn 2 oder 3 Nachbarindividuen existieren.

s 88T9 " Zellulare Automaten" (v. Neumann 1950), d.h. " Zustände"
        (Leerzustand "0", außerdem "1",'''',"7") in einem ebenen Gitternetz
        mit je 1 Zentrum und je 4 Nachbarpunkten werden in andere
        Zustände gemäß einer Tabelle überführt. Es entstehen " Pfade"
        aus "1" mit Rand "2" oder "3", auf denen " Signale"
        "4",'''',"7" laufen, die Pfade "abfühlen", "verlängern" oder
        "verkürzen" u.a.m. (siehe Codd 1965, 1968ff).

s 89X0   " Schlüsselwort- Index", d.h. Durchsuchen von m gegebenen
          (Titel-) Sätzen nach n gegebenen (Schlüssel-) Worten und
          Ausdrucken der Sätze (ggf. mehrfach) so, daß lexikographisch
          geordnet in der Mitte der Zelle das jeweilige Schlüsselwort
          steht und links und rechts anschließend die linken und rechten
          Restteile des Satzes (soweit noch in die Zelle passend).

I 90X0   Darstellung von Strukturen (Stammbäume, Ahnentafeln etc.).

s 91X0   Aufbau von (Baum-) Strukturen (Einfügen, Löschen,
          Balancieren) für effiziente Suchvorgänge (vgl. ACM - Index M),
          siehe z. B. Denert, Franck 1977).

A   ANHANG
      ======
      Dieser Anhang ist nur bestimmt für formal-sprachlich interes-
sierte Leser und betrifft

- die von A.van Wijngaarden [1965] allgemein eingeführten
  zweischichtigen Grammatiken (A0) und

- die von A.van Wijngaarden [75] et al. speziell für Revised
  ALGOL 68 (A1-4) herausgegebene zweischichtige Grammatik.

   Es wird vorausgesetzt, daß der Leser zumindest die Grammatik
für ALGOL 60 kennt. ALGOL 60 - ähnliche Grammatiken sind leicht
verständlich, sowohl für den Leser (Programmierer), als auch
für den Compiler, und haben sich deshalb weltweit durchgesetzt.
ALGOL 60 - ähnliche Grammatiken sind aber leider "kontextfrei",
d.h. nicht in der Lage, die Verarbeitung eines Zeichens von dem
das Zeichen umgebenden Kontext abhängig zu machen.
Es war deshalb nicht möglich, mit der ALGOL 60- Grammatik
(nach Chomsky- Klassifikation vom Typ 2) zum Beispiel
den wichtigen Zusammenhang von Definition (Vereinbarung),
z. B. 'REAL'X , und Applikation (Aufruf), z. B. READ(X) ,
einer Größe zu erfassen; dafür mußten der Programmierer und der
Compiler "selber sorgen".

   Weitaus mächtiger sind die für ALGOL 68 von van Wijngaarden
[1965] eingeführten zweischichtigen Grammatiken (nach Chomsky -
Klassifikation vom höchsten Typ 0), die aus zwei Schichten
kontextfreier Grammatiken zusammengesetzt sind und i.a. auch
Kontextabhängigkeiten wie z. B. den Zusammenhang von Vereinbarung
und Aufruf beschreiben können (Beispiel A0.2).

   Zweischichtige Grammatiken sollten für den Leser (Programmierer)
fast genau so leicht verständlich sein wie kontextfreie Grammatiken, da sie ja aus solchen bestehen und als Neuerung lediglich
das Einsetzen der aus Metaregeln (1. Schicht) gewonnenen Metazeichen in die Hyperregeln (ergibt die 2. Schicht) hinzukommt.

   Dieses Einsetzen geschieht konsistent (gleichartig), genau wie
z. B. das Einsetzen für eine Variable überall in eine mathema-
tische Gleichung (ein kontextabhängiger Vorgang),

z. B. Einsetzen von   UNALZAHL :: I , UNALZAHL I .

      in   Busch : Dieses war der UNALZAHL te Streich,
                              doch der UNALZAHL I te folgt sogleich.

   In theoretischer Informatik vorgebildete Leser seien
darauf hingewiesen, daß es auch zweischichtige Grammatiken geben
kann, die nicht entscheidbar sind (Sintzoff 1965). Die zweischichtige Grammatik für Revised ALGOL 68 ist jedoch entscheidbar
(Feldmann: Kurzvortrag auf der GI - Tagung 1976, ausführlich im
Rechenzentrums- Bericht Nr.7610).

   Dem Leser wird empfohlen, seine Motivation zur Einarbeitung
in das Gebiet der zweischichtigen Grammatiken zu stärken, indem
er vorweg folgende Passagen studiert:

- die Metaregeln A2.2 für ÄRT und deren Spezialfälle,
  vergleiche hierzu das äquivalente Produktionsschema 1.4.1,

- die Metaregeln A2.5 für KLAUSEL und deren Spezialfälle,
  vergleiche hierzu das Übersichtsschema 6.1,

- die Metaregeln A2.6 für NAME und dessen Spezialfälle,
  vergleiche hierzu das äquivalente Produktionsschema 1.2,

- die Hyperregeln A3.1 für Programm,
  vergleiche hierzu das Übersichtsschema 3.1,

- die Hyperregeln A3.17/18 für Eigenbenennung und Eigenname,
  vergleiche hierzu Übersichtsschema 1.3,

- die Hyperregeln A3.19/20 für Formattext und dessen Spezialfälle,
  vergleiche hierzu Übersichtsschema 9.2.2, und

- den Anfang des Beispiels A0.2 über " Definition - Applikation".

A0   Kurze Einführung in zweischichtige Grammatiken
      ==
      Nunmehr sollte der Leser hinreichend initialisiert sein, um sich
in die folgende knappgehaltene formale Einführung in zweischichtige
Grammatiken einzulesen. Dabei haben Mathematiker (Mengenlehre:
echt enthalten < , Vereinigung v bzw disjunkt +), formale
Sprachler (Menge aller Worte X* über X, Menge XY aller Worte
enstanden durch Katenation von Worten aus X, Y) sowie auch Kenner
kontextfreier Grammatiken (direkte und indirekte Produktion von
Worten mit Hilfe der Regeln) Vorteile beim Verständnis der verwendeten Notationen und Begriffe.

Definition Zweischichtiger Grammatiker
===
      Z sei die Menge aller zweischichtigen Grammatiken (van
Wijngaarden - Grammatiken [1965])

z =(Metazeichng, Zeichmg, Startvok, Metaregmg, Hyperregmg, Darst)
  =(Xm   , X   , s   , Rm   , Rh   , D   )

    mit endlicher Gesamtzeichenmenge (Xm+ X+ (:)+ (.)+ (,)) v X' ,
Hyperzeichenmenge Xh= Xm+ X, Kommamenge Ko=(,) ,
Hypervokabelmenge Vh= Xh*, Hyperwortmenge Wh= Vh(Ko Vh)*,
Vokabelmenge V= X*, Wortmenge W= V(Ko V)*,
endlicher Menge darstellbarer Vokabeln Vd < X*,
Menge darstellbarer Worte Wd= Vd(Ko Vd)* und
Darstellungszeichenmenge X'.
Die Startvokabel s ist eine nichtleere Vokabel aus V.

    Die Metaregelmenge Rm besteht aus endlich vielen Metaregeln
"xm::vh." mit Metazeichen xm aus Xm und Hypervokabeln vh aus Vh.
    Ein Metazeichen heißt "auchleer", wenn aus ihm mit Hilfe der
Metaregeln das leere Wort metaproduziert werden kann,
sonst "nichtleer".
    Ein Metazeichen heißt "endlich", wenn aus ihm mit Hilfe der
Metaregeln nur endlich viele Vokabeln metaproduziert werden
können, sonst "nichtendlich".

    Die Hyperregelmenge Rh besteht aus endlich vielen Hyperregeln
"vh:wh." mit nichtleeren Hypervokabeln vh aus Vh und Hyperworten wh
aus Wh.

    Links gleiche Metaregeln bzw. links gleiche Hyperregeln können
durch Auflistung der rechten Seiten mittels ";" abkürzend

wie eine Metaregel   "xm::vh1;'''; vhp." bzw.
wie eine Hyperregel "vh: wh1;'''; whp." geschrieben werden.

     Die Regelmenge R besteht aus i.a.unendlich vielen Regeln
"v:w." mit nichtleeren Vokabeln v aus V und Worten w aus W.

```
.------------------------------------------------------------------.
|                                                                  |
|     Jede Regel r aus R entsteht aus einer Hyperregel rh durch    |
| konsistentes (gleichartiges) Ersetzen aller in rh vorkommenden   |
| Metazeichen durch (für  gleiche Metazeichen gleiche) Vokabeln    |
| v aus V mit Hilfe passender Metaregeln aus Rm.                   |
|                                                                  |
|     Soll aber ein Metazeichen, z. B. M , an verschiedenen        |
| Stellen der Hyperregel nicht konsistent sondern i.a. ver-        |
| schiedenen ersetzt werden, so kann dies durch Anhängung  ver-    |
| schiedener Ziffern, z. B. M1, M2, in der Hyperregel zum Aus-     |
| druck gebracht werden.                                           |
|                                                                  |
'------------------------------------------------------------------'
```

     Eine Hypervokabel heißt "auchverschwindend", wenn aus ihr mit
Hilfe der Metaregeln und Regeln das leere Wort produziert werden
kann, sonst "nichtverschwindend".
     Eine (auchverschwindende) Hypervokabel heißt " Aussagenform",
wenn aus ihr mit Hilfe der (Metaregeln und) Regeln
das leere Wort -entspricht "Ja"-
und ggf. eine " Sackgasse" -entspricht "nein"-,
d.h. ein nicht weiter ableitbares und nicht darstellbares Wort,
im Übrigen aber kein darstellbares Wort produziert werden kann.
     Eine Aussagenform heißt "sekundär", wenn sie nur in die
Produktionssequenz einer anderen Aussagenform einsetzbar ist,
sonst "primär".

```
.------------------------------------------------------------------.
|                                                                  |
|     Die Produktionsweise zweischichtiger Grammatiken (insbe-     |
| sondere direkte und indirekte Produktion von Worten und dar-     |
| stellbaren Worten mit Hilfe von Regeln aus R) ist die           |
| gleiche wie bei kontextfreien Grammatiken ( ALGOL 60), nur ist   |
| bei zweischichtigen Grammatiken die erzeugte Regelmenge R i.a.   |
| unendlich und die unabhängig  voneinander (nun kontextfrei)      |
| einzusetzenden Bestandteile sind nicht einzelne Zeichen,         |
| sondern durch Kommata voneinander getrennte Vokabeln.            |
|                                                                  |
'------------------------------------------------------------------'
```

     Ist schließlich ein darstellbares Wort, d.h. " Endwort", aus
darstellbaren Vokabeln, d.h. " Endvokabel"n, erreicht, so werden
gemäß D die entsprechenden Darstellungszeichen eingesetzt und
die trennenden Kommata eliminiert.

     Die Darstellung(sfunktion) D: Vd ↔↔↔ X' sei o.B.d.A.
bijektiv. Ohne Änderung der dargestellten Sprache kann jede
(surjektive ↔↔ aber nicht injektive ↔↔↔) Darstellung D,
z. B. D(a1 symbol)= D(a2 symbol)= A ,
durch Hinzunahme weiterer Hyperregeln, hier
z. B. a1 symbol : a symbol. und a2 symbol : a symbol.
und durch Austausch von Darstellungen, hier
z. B. D(a1 symbol)= D(a2 symbol)= A   gegen   D(a symbol)= A,
in eine bijektive Darstellungsfunktion überführt   werden.

Da D bijektiv vorausgesetzt wird, ist die von z generierte (darstellbare) Sprache (strict language) L aus Wd vom gleichen Sprachtyp wie
die daraus durch Darstellung zu erhaltende dargestellte Sprache
(representation language) L'= D(L) aus X'+, und es genügt daher,
L zu betrachten. Wir weisen darauf hin, daß auch L nur mit Hilfe
(der linken Tabellenseite) von D definiert werden kann.

In theoretischer Informatik vorgebildete Leser werden um Verständnis dafür gebeten, daß im Rahmen dieses Skriptums für
"direkte und indirekte Produktion" oder für die "generierte
Sprache" nicht der sonst übliche Definitions- Formalismus vor-
geführt werden kann.

Beispiel
========
H. Feldmann [1976]

```
.--------------------------------------------------------------------.
|                                                                    |
|    Gesucht ist                                                     |
|                                                                    |
| eine zweischichtige Grammatik zur Generierung von " Programmen"    |
| aus n≥1 Definitionen 'def'wi (i=1,''',n) voneinander verschie-     |
| dener Worte wi aus (a,''',z)* und                                  |
| aus k≥0 Applikationen 'apl'wi der definierten Worte wi .           |
| Definitionen und Applikationen dürfen  in beliebiger              |
| Reihenfolge stehen.                                                |
|                                                                    |
|    z. B.   'apl'x 'def'x 'def' 'apl' 'def'nichtappliziert 'apl'x   |
|    aber                                                            |
|    nicht  'def'mehrfach 'apl'nichtdefiniert 'def'mehrfach          |
|                                                                    |
'--------------------------------------------------------------------'
```

Die gesuchte zweischichtige Grammatik lautet:

```
z =( Metazeichmg, Zeichmg, Startvok, Metaregmg, Hyperregmg, Darst)
  =( (B|P|V|W|Z), X        , O)     , Rm         , Rh         , D  )
```

mit

```
X =(a|'''|z|'|O)|'''|6)|6|6|≠|«)       ,
```

```
Rm bestehend aus :        B::a;''';z,        W::; B W,
                          Z:: B;'.          P::; Z P,
                          V::;'def' W V.
```

Rh bestehend aus den Teilen 0) bis 6) :

Vorgabe aller Definitionen im (Vereinbarungen-) Speicher V :

```
 0)                       : 1)/V.
```

Schreiben einer Definition,falls nicht schon mal geschrieben,
Schreiben einer Applikation,falls zugeh. Definition gespeichert ,
Schreiben kann enden,falls alle Definitionen geschrieben :

```
 1)V1/'def'WV2            : 6)'def'W,3)'def'W€V1  ,1)V1'def'W/V2.
 1)V1/      V2            : 6)'apl'W,2)'def'W€V1V2,1)V1      /V2.
 1)V /                    : .
```

Primäre   Aussage "'def'W ist im Speicher enthalten" :

  2)'def'W&V1'def'WV2 : .

primäre Aussage "'def'W ist nicht im Speicher enthalten" :
Diese Aussage kann nicht durch Negation aus 2) hergeleitet
werden (indirekte Produktionen gibt es nicht), sondern muß
auf andere (hier sekundäre) positiv formulierbare Aussageformen
zurückgeführt   werden.

```
  3)'def'W&V1V2          : 3)'def'W&V1,3)'def'W&V2.
  3)'def'W&              : .
  3)'def'W1&'def'W2      : 4)W1#W2.

  4)W1#W2                : 4)W2#W1.
  4)BW#                  : .
  4)B1W1#B2W2            : 5)B1<abcdefghijklmnopqrstuvwxyz<B2;4)W1#W2.

  5)B1<W1B1W2B2W3<B2  : .
```

Zerlegung hergeleiteter Worte in darstellbare Vokabeln :

```
  6)PZ                   : 6)P,Z symbol.
  6) Z                   :    Z symbol.
```

Darstellung D:

```
                        -----------+----
                        ' symbol|  |  '
                        a symbol|  |  a
                        '''        |  '''
                        z symbol|  |  z
```

Nichtdeterministisches Flußdiagramm äquivalent z :

```
.------------------------------------------------------------------------.
|                                                                        |
|                               (0)                                      |
|                                +                                       |
|          .----------------------------------------------.             |
|          |              nichtdeterministisch |           |             |
|          | V :=  _^_  / ('def'(a,''',z)*)*  |           |             |
|          |  '-v-'  '------------v---------'  |           |             |
|          |     V1              V2            |           |             |
|          '----------------------------------------------'             |
|                                +                                       |
|          .------------------->(Rm)<----------------------.            |
|          |                     +                          |            |
|          |        .----------------------.   .------------------.     |
|          |        |      nichtdet.        |   |                  ||    |
|          |        |  W := (a,''',z)*      |   | V1/'def'WV2 :=   ||    |
|          |        |                       |   | V1'def'W/V2      ||    |
|          |        '----------------------'   '------------------'|    |
|          |                     +                          ^       |    |
|  .----------------.    nicht#determ.             .------------------. |
|  | print('apl'W)  |<----------(1)-------------->| print('def'W)    | |
|  '----------------'   'def'W&V | 'def'W&V1 und  '------------------' |
|                               | V2 beginnt                          |
|                               | mit 'def'W                          |
|                      V2=_^_  |                                      |
|                                +                                     |
|                              STOP                                    |
|                                                                      |
'----------------------------------------------------------------------'
```

Kurzfassung der Produktion von 'apl''def' :

```
          0).
|-0-      1)/'def'.
|-1-      6)'apl',1)/'def'.
|-1-      6)'apl',6)'def',3)'def'(,1)'def'/.
|-3-      6)'apl',6)'def',1)'def'/.
|-1-      6)'apl',6)'def',
|-6-      ' symbol,a symbol,b symbol,l symbol,' symbol,
          ' symbol,d symbol,e symbol,f symbol,' symbol,
|-0-      'apl''def'
```

Der mit ALGOL 68 vertraute Leser wird selbst bemerken,
daß die obige zweischichtige Grammatik im Modell bereits
wesentliche Eigenschaften der ALGOL-68 - Grammatik (Anhang A1-4)
aufweist,wie zum Beispiel

- "auchleere" und "nichtleere" Metazeichen,

- "endliche" und "nichtendliche" Metazeichen,

- "hyperkontrahierende" und "nichthyperkontrahierende" Hyperregeln,
  (eine Hyperregel heißt "nichthyperkontrahierend" genau dann,
  wenn sie links nicht mehr Hyperzeichen besitzt als rechts und
  von jedem nichtleeren Metazeichen links nicht mehr als rechts und
  von jedem auchleeren Metazeichen links genau so viel wie rechts),

- " Koordinierung von Definitionen und Applikationen mit Hilfe
  eines Vereinbarungenspeichers V (NEST in ALGOL 68)",

- "beliebige Reihenfolge der Definitionen und Applikationen
  (in ALGOL 68 zumindest syntaktisch zugelassen)",

- " Definition und Applikation von Worten beliebiger Länge",

- "nichtverschwindende" und "auchverschwindende" Hypervokabeln,
  die keine Aussagenformen sind, als linke Seite von Hyperregeln,

- "primäre" und "sekundäre" Aussagenformen ,

- bei geeigneter Produktion maximal 1 "primäre" Aussagenform
  in einem Wort der Produktionssequenz (4 in ALGOL 68), u.a.m.

    Wir beenden damit die allgemeine Einführung in zwei-
schichtige Grammatiken (A0) und bringen im Hauptteil dieses
Anhangs (A1-4) die Definition der speziellen zweischichtigen
Grammatik für Revised ALGOL 68 gemäß dem " Revised Report on
the Algorithmic Language ALGOL 68 ", herausgegeben von A.van
Wijngaarden et.al. [75].

A1.1   Metanotions, small syntaktic marks, axiom
===

Metanotions, small syntaktic marks and axiom from the Revised
Report 1-10.

set of metanotions (nonemty finite)	Xm	=(THING |...| EXTERNAL)

      See scheme
of metaproduction rules A2.1-7
Ambiguity in spelling of
hypernotions has been avoided
by chosing metanotions so that
no concatenation of one or
more of them gives the same
sequence of large syntactic
marks as any other such
concatenation.
Besides metanotions consisting
only of large syntactic marks,
as for example THING , also
metanotions created by affixing
exactly one decimal digit,
as for example
THINGC \|...\| THING9 ,
belong to the set of
metanotions.

set of small syntactic marks (nonempty finite,n)	X	=(a|b|c|d|e|f|g|h|i|j|k|l|m| n|o|p|q|r|s|t|u|v|w|x|y|z|(|)) n=28

axiom (one)	s	= program

A1.1 Metazeichen, Zeichen, Startvokabel
===================================

    Metazeichen, Zeichen und Startvokabel aus dem Revised Report
1-10. Deutsche Übersetzung von H. Feldmann.

Metazeichenmenge   Xm =(KLALPHAS |...| EINZELNE)
  (nichtleer endlich,m)

                              Siehe Schema der Metaregeln A2.1-7
                              Zwecks eindeutiger
                              Zerlegbarkeit von Hypervokabeln
                              werden Metazeichen durch
                              Leerzeichen begrenzt.
                              Neben Metazeichen nur aus
                              Buchstaben, wie z. B. KLALPHAS ,
                              gehören auch
                              die durch Anhängen von genau
                              einer Dezimalziffer entstehenden
                              Metazeichen, wie z. B.
                              KLALPHAS0 |...| KLALPHAS9 ,
                              zur Metazeichenmenge.

Zeichenmenge   X   =(a|b|c|d|e|f|g|h|i|j|k|l|m|
  (nichtleer endlich,n)   n|o|p|q|r|s|t|u|v|w|x|y|z|ä|ö|ü|ß|
                              A| B| C| D| E| F| G| H| I| J|
                              K| L| M| N| O| P| Q| R| S| T|
                              U| V| W| X| Y| Z| Ä| Ü| U|(|)|-|)
                              n=62

Startvokabel   s   = Programm
  (eine)

A2   SCHEME OF METAPRODUCTION RULES
        ==================================

        Metaproduction rules and numbers from the Revised Report 1-10 ,
Scheme (and PRoPOSals) by H. Feldmann.

PRPOS*PROTONOTETY :: PROTONOTION ; EMPTY .
        PROTONOTION :: SMALLSYNTMARK ; PROTONOTION SMALLSYNTMARK .
        SMALLSYNTMARK :: ALPHA ;(;).
13 D   THING ::
        NOTION ; (NOTETY1) NOTETY2 ; THING (NOTETY1) NOTETY2 .
13 C   NOTETY :: NOTION ; EMPTY .
12 G   EMPTY ::.
13 A   NOTION :: ALPHA ; NOTION ALPHA .
13 B   ALPHA ::a;b;c;d;e;f;g;h;i;j;k;l;m;
          n;o;p;q;r;s;t;u;v;w;x;y;z.

13 A ^^^
PRPOS*CONTAINSSORTMOIDNESTUNIT :: SORT CONTAINSMOID NEST UNIT .
        (hint==,=>; SOME UNIT ; SOID FORM coercee,==)

122 B   SOME :: SORT MOID NEST .
          (proposal==:: SOID NEST .==)
31 A   SOID :: SORT MOID .
122 C   SORT ::strong;firm;meek;weak;soft.
123 A   NEST :: LAYER ; NEST LAYER .
123 B   LAYER ::new DECSETY LABSETY .
123 C   DECSETY :: DECS ; EMPTY .
123 D   DECS :: DEC ; DECS DEC .
123 E   DEC :: MODE TAG (942 A);priority PRIO TAD (942 F);
            MOID TALLY TAB (942 D); DUO TAD (942 F);
            MONO TAM (942 K).
123 I   LABSETY :: LABS ; EMPTY .
123 J   LABS :: LAB ; LABS LAB .
123 K   LAB ::label TAG (942 A).

PRPOS* CONTAINSMOID :: PREFSETY HEAD PARTSETY TAILETY .
71 C*   PREFSETY :: PREF PREFSETY ; EMPTY .
71 A   PREF ::procedure yielding; REF to.
73 B   HEAD :: PLAIN ; PREF (71 A);structured with;
          FLEXETY ROWS of;procedure with;union of;void.
PRPOS*   PARTSETY :: PARTS ; EMPTY .
73 D   PARTS :: PART ; PARTS PART .
73 E   PART :: PARAMETER ; FIELD .
73 C   TAILETY :: MOID ; FIELDS mode; PARAMETERS yielding MOID ;
          MOODS mode; EMPTY .

A2   SCHEMA DER METAREGELN
       =========================

       Metaregeln und Numerierung aus dem Revised Report 1-10 .
       Schema (und VorSCHLäge) und Deutsche Übersetzung von H. Feldmann.


```
VSCHL*VOKABELER :: VOKABEL ; LEER .
      VOKABEL :: ZEICHEN ; VOKABEL  ZEICHEN .
      (GRAMMATIK)ZEICHEN :: ALPHA ;(;).
13  D   KL(AMMERSTRUKTUR)ALPHAS :: ALPHAS ;
        (ALPHASER)  ALPHASER1 ; KLALPHAS  (ALPHASER)  ALPHASER1 .
13  C   ALPHASER :: ALPHAS ; LEER .
12  G   LEER ::.
13  A   ALPHAS :: ALPHA ; ALPHAS  ALPHA .
13  B    ALPHA ::
          a;b;c;d;e;f;g;h;i;j;k;l;m;n;o;p;q;r;s;t;u;v;w;x;y;z;ä;ö;ü;ß;
          A;B;C;D;E;F;G;H;I;J;K;L;M;N;O;P;Q;R;S;T;U;V;W;X;Y;Z;Ä;Ö;Ü;_.

.3  A ^^^^^^^^^^^^^^^^^^^^^^^^^^^^^^^^^^^^^^^^^^^^^^^^^^^^^^^^^^^^^^^
VSCHL*ENTHÄLTPOSÄRTDEFKLAUSEL    :: POS ENTHÄLTÄRT   DEF KLAUSEL .
      ( Hinweis==.=>; PÄD   KLAUSEL ;
                      POS   ÄRT   DEFKLAUSEL a posteriori==)


122 B   PÄD :: POS  ÄRT   DEF .
        ( Vorschlag==:: PÄ   DEF .==)
31  A   PÄ :: POS  ÄRT .
122 C    (KONVERTIER)POS(IT) ::starke;feste;sanfte;schwache;welche.
123 A   DEF(INITIONEN) :: NEU ; DEF  NEU .
123 B   NEU ::neu VSPEICHER  ZSPEICHER .
123 C   VSPEICHER :: VSPEICH ; LEER .
123 D    VSPEICH :: VEN ; VSPEICH  VEN .
123 E     V(EREINBIM)EN(GSINN) :: ART  GRUNDNAME (942 A);
            Vorrang RANG  DOPNAME (942 F); ÄRT   ITE  ÄRTNAME  (942 D);
            ZPROZ  DOPNAME (942 F); EPROZ  MOPNAME (942 K).
123 I   ZSPEICHER :: ZSPEICH ; LEER .
123 J    ZSPEICH :: ZIEL ; ZSPEICH  ZIEL .
123 K     ZIEL :: Ziel GRUNDNAME (942 A).

VSCHL* ENTHÄLTÄRT   :: PREISPREISER  HÄUPT   TEILTEILER  HINTER .
71  C*  PREISPREISER :: PREIS  PREISPREISER ; LEER .
71  A    PREIS :: Prozedur ergebend; VRW auf.
73  B   HÄUPT :: GRUNDART ; PREIS (71 A); Struktur aus;
          FLEXER  REIREI von; Prozedur mit; Vereinigung von;artleere.
VSCHL*  TEILTEILER :: TEILTEIL ; LEER .
73  D    TEILTEIL :: TEIL ; TEILTEIL  TEIL .
73  E     TEIL :: PAR ; KOMP .
73  C   HINTER :: ÄRT  ; KOMPKOMP Art; PARPAR ergebend ÄRT ;
          MOPSPEICH  Art; LEER .
```

```
PRPOS*^^^^^^^^^^^^ (CONTAINSMOID) ^^^^^^^^^^^^^^^^^^^^^^^^^^^^^^^^^^^^^^
12  R  MOID :: MODE ;void.
12  A   MODE :: PLAIN ; STOWED ; REF to MODE ; PROCEDURE ; UNITED ;
           MU definition of MODE ; MU application.
           (hint==.=>; REFLEXETY  ROWS of MODE ; PREFSETY   MODE .==)


12  B   PLAIN :: INTREAL ;boolean;character.
12  C    INTREAL :: SIZETY integral; SIZETY real.
12  D     SIZETY ::long LONGSETY ;short SHORTSETY ; EMPTY .
           (proposal==:: LONGSETY ; SHORTSETY .==)
810 A     SIZE ::long;short.
12  E     LONGSETY ::long LONGSETY ; EMPTY .
12  F     SHORTSETY ::short SHORTSETY ; EMPTY .

12  H    STOWED ::structured with FIELDS mode; FLEXETY  ROWS of MODE .
           (proposal==:: STRUCTURE ; ARRAY .==)
PRPOS    STRUCTURE ::structured with FIELDS mode.
12  I     FIELDS :: FIELD ; FIELDS  FIELD .
12  J      FIELD :: MODE field TAG (942 A).
PRPOS    ARRAY :: FLEXETY  ROWS of MODE .
           (hint== ROWS=> ROWS  ROWSETY ==)
12  K     FLEXETY ::flexible; EMPTY .
532 A     ROWSETY :: ROWS ; EMPTY .
12  L      ROWS ::row; ROWS row.
531 B     REFLEXETY :: REF to; REF to flexible; EMPTY .
531 A     REFETY :: REF to; EMPTY .
12  M      REF ::reference;transient reference.
47  A    NONSTOWED :: PLAIN ; REF to MODE ; PROCEDURE ; UNITED ;void.


12  N    PROCEDURE ::procedure PARAMETY yielding MOID .
12  O     PARAMETY ::with PARAMETERS ; EMPTY .
12  P      PARAMETERS :: PARAMETER ; PARAMETERS  PARAMETER .
12  Q       PARAMETER :: MODE parameter.
45  A     PRAM :: DUO ; MONO .
123 G     MONO ::procedure with PARAMETER yielding MOID .
123 H     DUO ::procedure with PARAMETER1  PARAMETER2 yielding MOID .
PRPOS*   PROC ::procedure yielding MOID .
67  A    NONPROC :: PLAIN ; REF to NONPROC ; STOWED ;
           procedure with PARAMETERS yielding MOID ; UNITED .
71  B    NONPREF :: PLAIN ; STOWED ;
           procedure with PARAMETERS yielding MOID ; UNITED ;void.

12  S    UNITED ::union of MOODS  MOOD mode.
           (hint== MOODS => MOODS  MOODSETY ==)
47  B     MOODSETY :: MOODS ; EMPTY .
12  T      MOODS :: MOOD ; MOODS  MOOD .
12  U       MOOD ::
             PLAIN ; STOWED ;reference to MODE ; PROCEDURE ;void.

12  V    MU ::mu TALLY .
           (hint== TALLY => TALLY  TALLETY ==)
542 D    TALLETY :: TALLY ; EMPTY .
12  W     TALLY ::i; TALLY i.
           (joke== TALLY i=>i TALLY ==)
```

```
VSCHL*^^^^^^^^^^ (ENTHÄLTÄRT)    ^^^^^^^^^^^^^^^^^^^^^^^^^^^^^^^^^^
12   R  ÄRT  :: ART ;artleere.
12   A  ART :: GRUNDART ; STRELD ; VRW auf ART ; PROZ ; VEREINIGUNG ;
           NUMART  Vereinbarung von ART ; NUMART  Aufruf.
           ( Hinweis==.=>; VRWAUFLEXER  REIREI von ART ;
12   A                     PREISPREISER  ART .==)

12   B  GRUNDART :: GANZREELLE ;logische; Zeichen.
12   C   GANZREELLE :: WEITWEITER ganze; WEITWEITER reelle.
12   D    WEITWEITER ::lang LANGLANGER ;kurz KURZKURZER ; LEER .
             ( Vorschlag==:: LANGLANGER ; KURZKURZER .==)
810  A      WEIT ::lang:kurz.
12   E      LANGLANGER ::lang LANGLANGER ; LEER .
12   F      KURZKURZER ::kurz KURZKURZER ; LEER .

12   H  STRELD :: Struktur aus KOMPKOMP  Art; FLEXER  REIREI von ART ,
           ( Vorschlag==:: STRUKTUR ; FELD .==)
VSCHL    STRUKTUR :: Struktur aus KOMPKOMP  Art.
12   I    KOMPKOMP :: KOMP ; KOMPKOMP  KOMP .
12   J     KOMP :: ART  Komponente GRUNDNAME (942 A).
VSCHL    FELD :: FLEXER  REIREI von ART .
           ( Hinweis== REIREI => REIREI  REIREIER ==.)
12   K    FLEXER ::flexible; LEER .
532  A    REIREIER :: REIREI ; LEER .
12   L     REIREI :: Reihe; REIREI  Reihe.
531  B  VRWAUFLEXER :: VRW auf; VRW auf flexible; LEER .
531  A  VRWAUFER :: VRW auf; LEER .
12   M  VRW :: Verweis;dynamische Verweis.
47   A  NICHTSTRELD :: GRUNDART ; VRW auf ART ; PROZ ; VEREINIGUNG ;
           artleere.

12   N  PROZ :: Prozedur MITPARPARER ergebend ÄRT  .
12   O   MITPARPARER ::mit PARPAR ; LEER .
12   P    PARPAR :: PAR ; PARPAR  PAR .
12   Q     PAR :: ART  Parameter.
45   A    Z(WEIBZW)E(INPAR)PROZ :: ZPROZ ; EPROZ .
123  G    E(INPAR)PROZ :: Prozedur mit PAR ergebend ÄRT  .
123  H    Z(WEIPAR)PROZ :: Prozedur mit PAR1  PAR2 ergebend ÄRT  .
VSCHL*  N(ULLPAR)PROZ :: Prozedur ergebend ÄRT  .
67   A  NICHTN(ULLPAR)PROZ :: GRUNDART ; VRW auf NICHTNPROZ ; STRELD ;
           Prozedur mit PARPAR ergebend ÄRT ; VEREINIGUNG .
71   B  NICHTPREIS :: GRUNDART ; STRELD ;
           Prozedur mit PARPAR ergebend ÄRT ; VEREINIGUNG ;artleere.

12   S  VEREINIGUNG :: Vereinigung von MÜDSPEICH  MÜD  Art.
           ( Hinweis== MÜDSPEICH => MÜDSPEICH  MÜDSPEICHER ==)
47   B  MÜDSPEICHER  :: MÜDSPEICH ; LEER .
12   T  MÜDSPEICH :: MÜD ; MÜDSPEICH  MÜD .
12   U   MÜD ::
           GRUNDART ; STRELD ; Verweis auf ART ; PROZ ;artleere.

12   V  NUMART :: Numart ITE .
           ( Hinweis== ITE => ITE  ITER ==)
542  D  ITER :: ITE ; LEER .
12   W  ITE ::1; ITE 1.
```

12 H ^^
A341A FORMAT ::structured with row of PIECE field
          letter aleph mode.
A341B PIECE ::structured with integral field letter c letter p
          integral field letter c letter o letter u letter n letter t
          integral field letter b letter p row of COLLECTION field
          letter c mode.

A341C   COLLECTION ::union of PICTURE COLLITEM mode.

A341F   PICTURE ::structured with union of PATTERN CPATTERN   FPATTERN
          GPATTERN void mode field letter p INSERTION field
          letter i mode.

A341G   PATTERN ::structured with integral field
          letter t letter y letter p letter e row of FRAME field
          letter f letter r letter a letter m letter e letter s mode.

A341H   FRAME ::structured with INSERTION field letter i
          procedure yielding integral field
          letter r letter e letter p boolean field
          letter s letter u letter p letter p character field
          letter m letter a letter s letter k letter e letter r mode.

A341I   CPATTERN ::structured with INSERTION field letter i
          integral field letter t letter y letter p letter e
          row of INSERTION field letter c mode.

A341J   FPATTERN ::structured with INSERTION field letter i
          procedure yielding FIVMAT field letter p letter f mode.

A341K   GPATTERN ::structured with INSERTION field letter i
          row of procedure yielding integral field
          letter s letter p letter e letter c mode.

A341D   COLLITEM ::structured with INSERTION field letter i digit one
          procedure yielding integral field
          letter r letter e letter p integral field letter p
          INSERTION field letter i digit two mode.

A341E   INSERTION ::
          row of structured with procedure yielding integral field
          letter r letter e letter p
          union of row of character character mode field
          letter s letter a mode.

```
12   H  ^^^^^^^^^^^^^^^^^^^^^^^^^^^^^^^^^^^^^^^^^^^^^^^^^^^^^^^^^^^^^^^^
A341A FORMAT :: Struktur aus
         Reihe von FORMATLISTE  Komponente Buchstabe Aleph Art.
A341B  FORMATLISTE :: Struktur aus
         ganze Komponente Buchstabe c Buchstabe p
         ganze Komponente
          Buchstabe c Buchstabe o Buchstabe y Buchstabe n Buchstabe t
         ganze Komponente Buchstabe b Buchstabe p
         Reihe von EINZELBZWEINSCHUBEFORMAT   Komponente Buchstabe c Art.
A341C   EINZELBZWEINSCHUBEFORMAT  ::
         Vereinigung von EINZELFORMAT  EINSCHUBEFORMAT    Art.
A341F   EINZELFORMAT :: Struktur aus
          Vereinigung von
          GRUNDFORMAT  TEXTEUNTERSCHFORMAT
          ROUTINEFORMAT  ROUTINEZAHLFORMAT artleere Art
          Komponente Buchstabe p
          EINSCHUBE   Komponente Buchstabe l Art.
A341G   GRUNDFORMAT :: Struktur aus
         ganze Komponente
          Buchstabe t Buchstabe y Buchstabe p Buchstabe e
         Reihe von STELLEN  Komponente
          Buchstabe f Buchstabe r Buchstabe a Buchstabe m
          Buchstabe e Buchstabe s Art.
A341H    STELLEN :: Struktur aus
          EINSCHUBE   Komponente Buchstabe l
          Prozedur ergebend ganze Komponente
           Buchstabe r Buchstabe e Buchstabe p
          logische Komponente
           Buchstabe s Buchstabe u Buchstabe p Buchstabe p
          Zeichen Komponente
           Buchstabe m Buchstabe a Buchstabe s
           Buchstabe k Buchstabe e Buchstabe r Art.
A341I    TEXTEUNTERSCHFORMAT :: Struktur aus
          EINSCHUBE   Komponente Buchstabe l
          ganze Komponente
           Buchstabe t Buchstabe y Buchstabe p Buchstabe e
          Reihe von EINSCHUBE   Komponente Buchstabe c Art.
A341J    ROUTINEFORMAT :: Struktur aus
          EINSCHUBE   Komponente Buchstabe l
          Prozedur ergebend NUMFORMAT  Komponente
           Buchstabe p Buchstabe f Art.
A341K    ROUTINEZAHLFORMAT :: Struktur aus
          EINSCHUBE   Komponente Buchstabe l
          Reihe von Prozedur ergebend ganze Komponente
           Buchstabe s Buchstabe p Buchstabe e Buchstabe c Art.
A341D   EINSCHUBEFORMAT  :: Struktur aus
          EINSCHUBE   Komponente Buchstabe l Buchstabe eins
          Prozedur ergebend ganze Komponente
           Buchstabe r Buchstabe e Buchstabe p
          ganze Komponente Buchstabe p
          EINSCHUBE   Komponente Buchstabe l Buchstabe zwei Art.
A341E    EINSCHUBE  :: Reihe von Struktur aus
          Prozedur ergebend ganze Komponente
           Buchstabe r Buchstabe e Buchstabe p
          Vereinigung von
           Reihe von Zeichen
           Zeichen Art
          Komponente Buchstabe s Buchstabe a Art.
```

A341J ^^
A341L FIVMAT ::mul definiton of structured with row of
        structured with integral field letter c letter p
        integral field letter c letter o letter u letter n letter t
        integral field letter b letter p row of union of structured
        with union of PATTERN CPATTERN
        structured with INSERTION field letter i
        procedure yielding mul application field
        letter p letter f mode CPATTERN void mode field letter p
        INSERTION field letter i mode COLLITEM mode field
        letter c mode field letter aleph mode.

13 A ^^
A341P TYPE ::integral;real;boolean;complex;string;bits;
        integral choice;boolean choice;format;general.

A341M MARK ::sign;point;exponent;complex;boolean.

A341N COMARK ::zero;digit;character.
A341O UNSUPPRESSETY ::unsuppressible; EMPTY .

12 H ^^
65 A BITS ::structured with
        row of boolean field SITHETY letter aleph mode.

65 B BYTES ::structured with
        row of character SITHETY letter aleph mode.
65 C SITHETY :: LENGTH LENGTHETY ; SHORTH SHORTHETY ; EMPTY .
65 F   LENGTHETY :: LENGTH LENGHETY ; EMPTY .
65 D   LENGTH ::letter L letter o letter n letter g.
65 G   SHORTHETY :: SHORTH SHORTHETY ; EMPTY .
65 E   SHORTH ::letter s letter h letter o letter r letter t.

PRPOS*COMPLEX ::structured with SIZETY real field letter r letter e
        SIZETY real field letter i letter m mode.

A341J ^^
A341L NUMFORMAT :: Numart I Vereinbarung von
        Struktur aus
         Reihe von
         Struktur aus
          ganze Komponente Buchstabe c Buchstabe p
          ganze Komponente
           Buchstabe c Buchstabe o Buchstabe u Buchstabe n Buchstabe t
          ganze Komponente Buchstabe b Buchstabe p
          Reihe von
          Vereinigung von
           Struktur aus
            Vereinigung von
             GRUNDFORMAT TEXTEUNTERSCHFORMAT
             Struktur aus
              EINSCHÜBE   Komponente Buchstabe I
              Prozedur ergebend Numart I Aufruf Komponente
               Buchstabe p Buchstabe f
             Art
             ROUTINEZAHLFORMAT artleere
            Art
            Komponente Buchstabe p
            EINSCHÜBE   Komponente Buchstabe I
           Art
           EINSCHÜBEFORMAT
          Art
          Komponente Buchstabe c
         Art
         Komponente Buchstabe Aleph
        Art

13 A ^^
A341P FORM(AT)ART ::ganze;reelle;logische;komplexe; Text; Bits;
        ganze- Texteunterscheidung;logische- Texteunterscheidung;
        Routine; Routine- Zahl.
A341M FORM(AT)ZEICH :: Vorzeichen; Dezimalpunkt;
        Exponentzehn; Imaginäreinheit; logische.
A341H FORM(AT)ZEICHEN :: Nullunterdrückung; Ziffer; Zeichen.
A341O OBLIGATER ::obligate; LEER .

12 H ^^
65 A BITS :: Struktur aus
        Reihe von logische Komponente BWEITWEITER Buchstabe Aleph Art.

65 B BYTES :: Struktur aus
        Reihe von Zeichen BWEITWEITER Buchstabe Aleph Art.
65 C BWEITWEITER :: BLANG BLANGLANGER ; BKLRZ BKURZKURZER ; LEER .
65 F BLANGLANGER :: BLANG BLANGLANGER ; LEER .
65 D BLANG :: Buchstabe I Buchstabe o Buchstabe n Buchstabe g.
65 G BKURZKURZER :: BKURZ BKURZKURZER ; LEER .
65 E BKURZ :: Buchstabe s Buchstabe h Buchstabe o
         Buchstabe r Buchstabe t.

VSCHL*KOMPLEX :: Struktur aus
        WEITWEITER reelle Komponente Buchstabe r Buchstabe e
        WEITWEITER reelle Komponente Buchstabe I Buchstabe m Art.

PRPOS*^^^^^^^^^^^(SOME UNIT)^^^^^^^^^^^^^^^^^^^^^^^^^^^^^^^^^^^^
5   A UNIT (32d)::assignation(521a)coercee;
        identity relation(522a)coercee;
        routine text(541a,b)coercee;jump(544a);skip(552a);
        TERTIARY (B).

5   B TERTIARY (A,521b,522a):: ADIC formula(542a,b)coercee;
        nihil(524a); SECONDARY (C).

542 C   ADIC :: DYADIC ; MONADIC .
542 A   DYADIC ::priority PRIO .
123 F   PRIO ::i;ii;iii;iiii i;iii ii;iii iii;iii iii i;
123 E   iii iii ii;ifi iii iii.
542 B   MONADIC ::priority iii iii iii i.

5   C SECONDARY (B,531a,542c):: LEAP generator(523a)coercee;
        selection(531a)coercee; PRIMARY (d).

44   B   LEAP ::local;heap;primal.

5   D   PRIMARY (C,532a,543a)::slice(532a)coercee;
        call(543a)coercee;cast(551a)coercee;
        denoter(80a)coercee;format text(A341a)coercee;
        applied identifier with TAG (48b)coercee;
        ENCLOSED clause(31a,33a,c,d,e,34a,35a).

122 A   ENCLOSED ::closed;collateral;parallel; CHOICE (34 A);loop.

34 A   CHOICE ::choice using boolean; CASE .
34 B   CASE ::choice using integral;choice using UNITED .

PRPOS*^^^^^^^^^^^(SOID FORM coercee)^^^^^^^^^^^^^^^^^^^^^^^^^^^^^^
61 E FORM :: MORF ; COMORF .
61 F MORF :: NEST selection; NEST slice; NEST routine text;
        NEST ADIC formula; NEST call;
        NEST applied identifier with TAG .

61 G COMORF :: NEST assignation; NEST identity relation;
        NEST LEAP generator; NEST cast; NEST denoter;
        NEST format text.

13 A ^^^
61 A STRONG (a,66a):: FIRM (B);widened to(65a,b,c,d);
        rowed to(66a);voided to(67a,b).
61 B FIRM (A,b):: MEEK (C);united to(64a).
61 C   MEEK (B,c,d,62a,63a,64a,65a,b,c,d)::unchanged from(f);
        dereferenced to(62a);deprocedured to(63a).
61 D SOFT (e,63b)::unchanged from(f);
        softly deprocedured to(63b).

```
VSCHL*^^^^^^^^^^( PÄD   KLAUSEL )^^^^^^^^^^^^^^^^^^^^^^^^^^^^^^^
5    A KLAUSEL(APOSTERIORI) (32d):: Verweisung(521a)a posteriori;
       Verweisidentitätsrelation(522a)a  posteriori;
       Prozedurtext(541a,b)a posteriori; Zielaufruf(544a);
       Leerklausel(522a); TERTIÄRKLAUSEL  ( B).

5    B TERTIÄRKLAUSEL(APOSTERIORI)  ( A,521b,522a)::
       ADISCHE  Operationsaufruf(542a,b)a posteriori;
       Leerverweis(524 A); SEKUNDÄRKLAUSEL  ( C).
542  C ADISCHE :: DYADISCHE ; MONADISCHE .
542  A DYADISCHE :: Vorrang RANG .
123  F  RANG ::I;II;III;III I;III II;III III;III III I;
123  E    III III II;III III III.
542  B MONADISCHE :: Vorrang III III III I.

5    C SEKUNDÄRKLAUSEL(APOSTERIORI)  ( B,531a,542c)::
       LAPALE  Variablenerzeuger(523a)a posteriori;
       Komponentenaufruf(531a)a posteriori; PRIMÄRKLAUSEL  (d).
44   B LAPALE :: Bereichs-; Programm-;primale.

5    D PRIMÄRKLAUSEL(APOSTERIORI)  ( C,532a,543a)::
       Teilfeldaufruf(532a) a posteriori;
       Routineaufruf(543a)a posteriori;
       explizite Konvertierung(551a)a posteriori;
       Eigenbenennung(30a)a posteriori;
       Formattext( A341a)a posteriori;
       aufgerufene Benennung mit GRUNDNAME (48b)a posteriori;
       GEKLAMMERTE  Klausel(31a,33a,c,d,e,34a,35a).

122  A  GEKLAMMERTE ::geklammerte serielle;geklammerte kollaterale;
          synchronisierbare;geklammerte UNTERSCHEIDUNG- (34 A);
          Schleifen-; Eigenfeld-; Eigenstruktur-.
34   A  UNTERSCHEIDUNG ::logische- Unterscheidung; FALLS .
34   B   FALLS ::ganze- Unterscheidung; VEREINIGUNG - Unterscheidung.


VSCHL*^^^^^^^^^^( PÄ   DEFKLAUSEL a posteriori )^^^^^^^^^^^^^^^^^
61   E DEFKLAUSEL :: ENTPROZTYP ; LOESCHTYP .
61   F ENTPROZTYP :: DEF  Komponentenaufruf;
       DEF  Teilfeldaufruf; DEF  Prozedurtext;
       DEF  ADISCHE Operationsaufruf; DEF  Routineaufruf;
       DEF aufgerufene Benennung mit GRUNDNAME .
61   G LOESCHTYP :: DEF  Verweisung;
       DEF  Verweisidentitätsrelation;
       DEF  LAPALE Variablenerzeuger; DEF explizite Konvertierung;
       DEF  Eigenbenennung; DEF  Formattext.


13   A ^^^^^^^^^^^^^^^^^^^^^^^^^^^^^^^^^^^^^^^^^^^^^^^^^^^^^^^^^^^
61   A STARK(KONVERT)ZU (a,66a):: FESTZU ( B);
       erweitert auf(65a,b,c,d);gereiht zu(66a);geleert zu(67a,b).
61   B FEST(KONVERT)ZU ( A,b):: SANFTZU ( C);vereinigt auf(64a).
61   C SANFT(KONVERT)ZU ( B,c,d,62a,63a,64a,65ab,c,d)!unverändert(f);
       entverwiesen zu(62a);entprozeduriert zu(63a).
61   D WEICH(KONVERT)ZU (e,63b)::unverändert(f);
       weich entprozeduriert zu(63b).
```

```
13  A  ^^^^^^^^^^^^^^^^^^^^^^^^^^^^^^^^^^^^^^^^^^^^^^^^^^^^^^^^^^^^^^^^^^^^^
48  F  QUALITY ::
          MODE ; MOID  TALLY ; DYADIC ;label; MODE field.

48  A  INDICATOR ::
          identifier;mode indication;operator.




48  G  TAX :: TAG ; TAB ; TAD ; TAM .
          (proposal== TAD ; TAM => TAD ==)
942 A  TAG ( D, F, K,49a,b,c,d):: LETTER ; TAG  LETTER ; TAG  DIGIT .

942 B    LETTER ( A)::
            letter ABC (94a);letter aleph(-);stile TALLY letter ABC (-).

942 L      ABC (b)::a;b;c;d;e;f;g;h;i;j;k;l;m;n;o;p;q;r;s;t;u;v;w;x;y;z.
942 C    DIGIT ( A,43b)::digit zero(94b);digit one(94b);
            digit two(94b);digit three(94b);digit four(94b);
            digit five(94b);digit six(94b);digit seven(94b);
            digit eight(94b);digit nine(94b).
A1  B    STOP ::label letter s letter t letter o letter p.

942 D  TAB (48a,b)::bold TAG ( A,-); SIZETY  STANDARD ( E).

942 E    STANDARD ( D)::integral(94e);real(94e);
            boolean(94e);character(94e);format(94e);
            void(94e);complex(94e);bits(94e);bytes(94e);
            string(94e);sema(94e);file(94e);channel(94e).




45  B  TAD :: TAD ; TAM .
942 K    TAM (48a,b)::bold TAG ( A,-); MONAD ( H) BECOMESETY ( J);
            MONAD ( H)cum NOMAD ( I) BECOMESETY ( J).

942 F    TAD (48a,b)::bold TAG ( A,-); DYAD ( G) BECOMESETY ( J);
            DYAD ( G)cum NOMAD ( I) BECOMESETY ( J).

942 J    BECOMESETY ( F, K)::cum becomes(94c);
            cum assigns to(94c); EMPTY .
942 M*   DOP :: DYAD ( G); DYAD ( G)cum NOMAD ( I).
942 G    DYAD ( F):: MONAD ( H); NOMAD ( I).
942 H      MONAD ( G, K)::or(94c);and(94c);ampersand(94c);
            differs from(94c);is at most(94c);is at least(94c);
            over(94c);percent(94c);window(94c);
            floor(94c);ceiling(94c);plus I times(94c);
            not(94c);tilde(94c);down(94c);up(94c);
            plus(94c);minus(94c);style TALLY monad(-).


942 I      NOMAD ( F, G, K)::is less than(94c);
            is greater than(94c);divided by(94c);equals(94c);
            times(94c);asterisk(94c).
```

```
13  A  ^^^^^^^^^^^^^^^^^^^^^^^^^^^^^^^^^^^^^^^^^^^^^^^^^^^^^^^^^^^^^^^^^
48  F  NAM(ENS)ART ::
          ART ; ÄRT   ITE ; DYADISCHE ; Ziel; ART  Komponente.

48  A  (NICHTKOMP)BENENNUNG ::
          ( Grundkonstante-/ Struktur-/ Feld-/ Ziel-/
            Routine-/ Vereinigung-/ Parameter-/ Variablen-) Benennung;
          Artbenennung; Operatorbenennung.


48  G  NAME :: GRUNDNAME ; ÄRTNAME  ; OPNAME .

942 A  GRUNDNAME ( D, F, K,48a,b,c,d):: BUCHSTABE ; GRUNDNAME  BUCHSTABE ;
          GRUNDNAME  ZIFFR .
942 B  BUCHSTABE ( A)::
          Buchstabe ABC (94a,-); Buchstabe Aleph(-);
          Stil ITE  Buchstabe ABC (-).
942 L  ABC (b)::a;b;c;d;e;f;g;h;i;j;k;l;m;n;o;p;q;r;s;t;u;v;w;x;y;z.
942 C  ZIFFR ( A,43b):: Ziffer null(94b); Ziffer eins(94b);
          Ziffer zwei(94b); Ziffer drei(94b); Ziffer vier(94b);
          Ziffer fünf(94b);  Ziffer sechs(94b); Ziffer sieben(94b);
          Ziffer acht(94b); Ziffer neun(94b).
A1  B  STOP :: Ziel Buchstabe s Buchstabe t Buchstbae o Buchstabe p.

942 D  ÄRTNAME  (48a,b)::ausführliche  GRUNDNAME ( A,-);
          WEITWEITER  STANDÄRT ( E).
942 E  STANDÄRT  ( D)::ganze(94e);reelle(94e);
          logische(94e); Zeichen(94e); Format(94e);
          artleere(94e);komplexe(94e); Bits(94e); Bytes(94e);
          Text(94e); Synchronisierungszähler(94e);  Datei(94e);
          Kanal(94e).


45  B  OPNAME :: DOPNAME ; MOPNAME .
942 K  M(ONAD)OP(ERAT)NAME (48a,b)::ausführliche  GRUNDNAME ( A,-);
          OP ( H) VERWEISER ( J);
          OP ( H)cum DOP ( I) VERWEISER ( J).
942 F  D(YAD)OP(ERAT)NAME (48a,b)::ausführliche  GRUNDNAME ( A,-);
          DYANF ( G) VERWEISER ( J);
          DYANF ( G)cum DOP ( I) VERWEISER ( J).
942 J  VERWEISER ( F, K)::cum verwiesen auf(94c);
          cum verwiesen von(94c); LEER .
942 M* DYANFANG :: DYANF ( G); DYANF ( G)cum DOP ( I).
942 G  DYANF ( F):: OP ( H); DOP ( I).
942 H  OP ( G, K)::oder(94c);und(94c);geschnörkeltes  und(94c);
          nicht wertgleich(94c);kleiner gleich(94c);
          größer  gleich(94c);
          ganz dividiert durch(94c); Prozent(94c); Element von(94c);
          untere Grenze von(94c);obere Grenze von(94c);
          Imaginäreinheit(94c);
          nicht(94c); Tilde(94c); Synchronhinunterzählung  von(94c);
          potenziert mit(94c);plus(94c);minus(94c);
          Stil ITE  Operator(-).
942 I  DOP ( F, G, K)::kleiner als(94c);
          größer  als(94c);dividiert durch(94c);
          wertgleich(94c);mal(94c); Stern(94c).
```

```
13   A  ^^^^^^^^^^^^^^^^^^^^^^^^^^^^^^^^^^^^^^^^^^^^^^^^^^^^^^^^^^^^^^^^^^^
41   A  COMMON ::mode;priority; MODINE identity;
         reference to MODINE variable; MODINE operation; PARAMETER ;
         MODE FIELDS .
44   A  MODINE :: MODE ;routine.

13   C  ^^^^^^^^^^^^^^^^^^^^^^^^^^^^^^^^^^^^^^^^^^^^^^^^^^^^^^^^^^^^^^^^^^^
48   C  PROPSETY :: PROPS ; EMPTY .
48   D  PROPS :: PROP ; PROPS PROB .
48   E    PROP :: DEC ;
              LAB (32a,b);
              FIELD (c,d,41b,c,71a,b,c,72b,c),

13   A  ^^^^^^^^^^^^^^^^^^^^^^^^^^^^^^^^^^^^^^^^^^^^^^^^^^^^^^^^^^^^^^^^^^^
46   C  MOIDS :: MOID ; MOIDS MOID .

73   A  SAFE ::safe; MU has MODE SAFE ;yin SAFE ;yang SAFE ;
         remember MODE1 MODE2 SAFE .




13   E  WHETHER ::where;unless.

31   B  PACK :: STYLE pack.
133  A   STYLE ::brief;bold;style TALLY .

35   A  FROBYT ::from;by;to.

46   A  VICTAL :: VIRACT ;formal.
46   B  VIRACT ::virtual;actual.

810  B  NUMERAL ::fixed point numeral;variable point numeral;
         floating point numeral.

82   A  RADIX ::radix two;radix four;radix eight;radix sixteen.


92   A  PRAGMENT ::pragmat;comment.

A1   A  EXTERNAL ::standard;library;system;particular.
```

```
13  A  ^^^^^^^^^^^^^^^^^^^^^^^^^^^^^^^^^^^^^^^^^^^^^^^^^^^^^^^^^^^^^^^^^^^^^^
41  A  VE(REIN)B(ARUNGS)ART :: Art; Vorrang; ARTUR - Grund;
          Verweis-auf- ARTUR - Variablen; ARTUR - Operations;
          ART - parameter; ART - KOMPKOMP .
44  A  ARTUR :: ART ; Prozedur.

13  C  ^^^^^^^^^^^^^^^^^^^^^^^^^^^^^^^^^^^^^^^^^^^^^^^^^^^^^^^^^^^^^^^^^^^^^^
48  C  SPEICHER :: SPEICH ; LEER .
48  D   SPEICH :: VZK ; SPEICH VZK .
48  E    VZK :: VEN ;
              ZIEL (32a,b);
              KOMP (c,d,41b,c,71a,b,c,72b,c).

13  A  ^^^^^^^^^^^^^^^^^^^^^^^^^^^^^^^^^^^^^^^^^^^^^^^^^^^^^^^^^^^^^^^^^^^^^^
46  C  ÄRTSPEICH  :: ÄRT ; ÄRTSPEICH  ÄRT .

73  A  ARTSPEICH :: Artspeicher; NUMART bedeutet ART  ARTSPEICH ;
          prozvrw ARTSPEICH ;nprozstr ARTSPEICH ;
          Hinweis ART1  ART2  ARTSPEICH .




13  E  OB ::wobei;außer.

31  B  KLAMMERUNG :: STIL  Klammerung,
133 A   STIL ::knappe;ausführliche;  Stil ITE .

35  A  VONUMBIS ::von;um;bis,

46  A  VORAKTE :: VIRAKTE ;formale.
46  B   VIRAKTE ::virtuelle;aktuelle.

810 B  DEZIMALZAHL :: Ganzdezimalzahl; Festpunktdezimalzahl;
          Gleitpunktdezimalzahl.

82  A  ZAHL(SYSTEM)RANG :: Dual( Binär); Cuartal( Quaternär);
          Oktal; Sedezimal( Hexadezimal).

92  A  KOMPRAGMENTAR :: Pragmentar; Kommentar.

A1  A  EINZELNE :: Standard; Bibliothek; Betriebssystem;eigentliche.
```

A3   SCHEME of HYPER-RULES
       ========================
       Hyper-rules and numbers from the Revised Report 1-10.
Scheme (with proposals) by H. Feldmann.

22 a program:strong void new closed clause(31a).
      (proposal==:program text.==)
A1 a program text: STYLE begin(94f)token,
          new LAYER1 preludes(b),parallel(94f)token,
          new LAYER1 tasks(d) PACK , STYLE end(94f)token.

A1 b NEST1 preludes(a): NEST1 standard prelude with DECS1 (c),
          NEST1 library prelude with DECSETY2 (c),
          NEST1 system prelude with DECSETY3 (c),
          where (NEST1) is (new EMPTY new DECS1 DECSETY2 DECSETY3) .

A1 d NEST1 tasks(a): NEST1 system task(e)|list,
          and also(94f)token, NEST1 user task(f) PACK list.

A1 e NEST1 system task(d):strong void NEST1 unit(32d).

A1 f NEST1 user task(d): NEST2 particular prelude with DECS (c),
          NEST2 particular program(g) PACK ,go on(94f)token,
          NEST2 particular postlude(l),
        where (NEST2) is (NEST1 new DECS STOP).

A1 c NEST1 EXTERNAL prelude with DECSETY1 (b,f):
          strong void NEST1 series with DECSETY1 (32b),
          go on(94f)token;
        where (DECSETY1) is (EMPTY), EMPTY .

A1 g NEST2 particular program(f):
          NEST2 new LABSETY3 joined label definition of LABSETY3 (h),
          strong void NEST2 new LABSETY3
            ENCLOSED clause(31a,33a,c,34a,35a).

A1 l NEST2 particular postlude(f):
          strong void NEST2 series with STOP (32b).

A3   SCHEMA DER HYPERREGELN
       ========================
       Hyperregeln und Numerierung aus dem Revised Report 1-10.
Schema (mit Vorschlägen) u. Deutsche Übersetzung von H. Feldmann.

22   a Programm:starke artleere neu geklammerte serielle Klausel(31a).
       (Vorschlag==: Programmtext,==)
A1   a Programmtoxt:
        STIL Beginn(94f) Programmzeichen,
        neu NEU serielle Vorspiel(b),
        synchronisierbare(94f) Programmzeichen,
        neu NEU kollaterale Spiel(d) KLAMMERUNG ,
        STIL Ende(94f) Programmzeichen.

A1   b DEF serielle Vorspiel(a):
        DEF   Standard Vorspiel mit VSPEICH1 (c),
        DEF   Bibliothek Vorspiel mit VSPEICHER2 (c),
        DEF   Betriebssystem Vorspiel mit VSPEICHER3 (c),
         wobei (DEF)
         ist (neu LEER neu VSPEICH1 VSPEICHER2 VSPEICHER3).

A1   d DEF kollaterale Spiel(a):
        DEF   Betriebssystem Spiel(e) Liste,
        kollaterale Trenner Programmzeichen(94f),
        DEF   Benutzerspiel(f) KLAMMERUNG Liste.

A1   e DEF   Betriebssystem Spiel(d):
        starke artleere DEF Klausel(32d),

A1   f DEF   Benutzerspiel(d):
        DEF1 eigentliche Vorspiel mit VSPEICH (c),
        DEF1 eigentliche Programm(g) KLAMMERUNG ,
        serielle Trenner(94f) Programmzeichen,
        DEF1 eigentliche Nachspiel(i),
        wobei (DEF1) ist (DEF neu VSPEICH STOP).

A1   c DEF   EINZELNE Vorspiel mit VSPEICHER (b,f):
        starke artleere DEF serielle Klausel mit VSPEICHER (32b),
        serielle Trenner(94f) Programmzeichen;
         wobei (VSPEICHER) ist LEER ,
        LEER .

A1   g DEF eigentliche Programm(f): DEF neu ZSPEICHER
        Zielvereinbarungskatenation von ZSPEICHER (h),
        starke artleere DEF neu ZSPEICHER
        GEKLAMMERTE Klausel(31a,33a,c,34a,35a),

A1   i DEF eigentliche Nachspiel(f):
        starke artleere DEF serielle Klausel mit STOP (32b),

A1 g ^^
31 a SOID   NEST closed clause(22a,5 D,551a, A341h, A349a):
       SOID   NEST serial clause defining LAYER (32a) PACK .
        (proposal== SOID   NEST =, SOME)

32 a SOID NEST serial clause defining
             new PROPSETY (31a,34f,1,35h):
        SOID NEST new PROPSETY series with PROPSETY (b).
       (here PROPSETY :: DECSETY LABSETY .)

32 b   SOID   NEST series with PROPSETY (a,b,34c):

          strong void NEST unit(d-),go on(94f)token,
           SOID   NEST series with PROPSETY (b);

          where (PROPSETY) is (DECS DECSETY LABSETY) ,
            NEST declaration of DECS (41a),go on(94f)token,
            SOID NEST series with DECSETY LABSETY (b);

          where (PROPSETY) is (LAB LABSETY) ,
            NEST label definition of LAB (c),
            SOID   NEST series with LABSETY (b);

          where (PROPSETY) is (LAB LABSETY)
            and SOID balances SQID1 and SCID2 (e),
            SOID1   NEST unit(d),completion(94f)token,
            NEST label definition of LAB (c),
            SOID2   NEST series with LABSETY (b);

          where PROPSETY is EMPTY , SOID   NEST unit(d).

A1 g ^^
33 c strong void NEST parallel clause(5 D,551a):
        parallel(94f)token,
          strong void NEST joined portrait(b) PACK.

A1 g ^^
33 a strong void NEST collateral clause(5d,551a):
        strong void NEST joined portrait(b) PACK ,

33 b SOID   NEST joined portrait(a,b,c,d,34g):
         where SOID balances SOID1 and SCID2 (32e),
          SOID1   NEST unit(32d),and also(94f)token,
          SOID2   NEST unit(32d)
            or alternatively SOID2   NEST joined portrait(b).

A1 g ^^
31 a PÄD geklammerte serielle Klausel(22a,5 D,551a, A341h, A349a):
       PÄD serielle Klausel vereinbarend NEU (32a) KLAMMERUNG .

32 a PÄ   DEF serielle Klausel
          vereinbarend neu SPEICHER (31a,34f,I,35h):
         PÄ   DEF neu SPEICHER
       serielle Klausel mit SPEICHER (b).
       (hier SPEICHER :: VSPEICHER ZSPEICHER .)

32 b PÄ   DEF serielle Klausel mit SPEICHER (a,b,34c):

          starke artleere DEF Klausel(d-),
          serielle Trenner(94f) Programmzeichen,
          PÄ   DEF serielle Klausel mit SPEICHER (b);

           wobei (SPEICHER) ist (VSPEICH VSPEICHER ZSPEICHER) ,
          DEF Vereinbarung von VSPEICH (41a),
          serielle Trenner(94f) Programmzeichen,
          PÄ   DEF serielle Klausel mit VSPEICHER ZSPEICHER (b);

           wobei (SPEICHER) ist (ZIEL ZSPEICHER) ,
          DEF Zielvereinbarung von ZIEL (c),
          PÄ   DEF serielle Klausel mit ZSPEICHER (b);

           wobei (SPEICHER) ist (ZIEL ZSPEICHER)
           und PÄ bestimmt PÄ1 und PÄ2 (e),
          PÄ1   DEF Klausel(d),
          alternative Trenner(94f) Programmzeichen,
          DEF Zielvereinbarung von ZIEL (c),
          PÄ2   DEF serielle Klausel mit ZSPEICHER (b);

           wobei SPEICHER ist LEER ,
          PÄ   DEF Klausel(d).

A1 g ^^
33 c starke artleere DEF synchronisierbare Klausel(5 D,551a):
       synchronisierbare(94f) Programmzeichen,
       starke artleere DEF kollaterale Klausel(b) KLAMMERUNG .

A1 g ^^
33 a starke artleere DEF geklammerte kollaterale Klausel(5d,551a):
       starke artleere DEF kollaterale Klausel(b) KLAMMERUNG .

33 b PÄ   DEF kollaterale Klausel(a,b,c,d,34g):
       wobei PÄ bestimmt PÄ1 und PÄ2 (32e),
       PÄ1   DEF Klausel(32d),
       kollaterale Trenner(94f) Programmzeichen,
       PÄ2   DEF Klausel(32d)
       bzw PÄ2   DEF kollaterale Klausel(b).

```
A1  g  ^^^^^^^^^^^^^^^^^^^^^^^^^^^^^^^^^^^^^^^^^^^^^^^^^^^^^^^^^^^^^^^^^^^^^^^
34  a  SOID  NEST1  CHOICE clause(5 D,551a, A341h, A349a):
       CHOICE  STYLE start(91a),
         SOID  NEST1 chooser CHOICE  STYLE clause(b),
         CHOICE  STYLE finish(91e).
       (proposal== SOID  NEST1 => SOME ==)
91  a  CHOICE  STYLE start(34a):
         where (CHOICE) 1st(choice using boolean),
           STYLE if(94f,-)token;
         where (CHOICE) 1s (CASE) , STYLE case(94f,-) token.

91  e  CHOICE  STYLE finish(34a):
         where (CHOICE) 1st(choice using boolean),
           STYLE fi(94f,-)token;
         where (CHOICE) 1s (CASE) , STYLE esac(94f,-)token,

34  b  SOID  NEST1 chooser choice using MODE  STYLE clause(a,i):
       MODE  NEST1 enquiry clause defining LAYER2 (c,-),
         SOID  NEST1  LAYER2 alternate choice using MODE
           STYLE clause(d),

34  c  MODE  NEST1 enquiry clause defining new DECSETY2 (b,35f):
         meek MODE  NEST1 new DECSETY2 series with DECSETY2 (32b).


34  d  SOID  NEST2 alternate CHOICE  STYLE clause(b):
       SOID  NEST2 in CHOICE  STYLE clause(e);
       where SOID balances SOID1 and SOID2 (32e),
         SOID1  NEST2 in CHOICE  STYLE clause(e),
         SOID2  NEST2 out CHOICE  STYLE clause(i),

34  d  ^^^^^^^^^^^^^^^^^^^^^^^^^^^^^^^^^^^^^^^^^^^^^^^^^^^^^^^^^^^^^^^^^^^^^^^
34  e  SOID  NEST2 in CHOICE  STYLE clause(d):
       CHOICE  STYLE in(91b),
         SOID  NEST2 in part of CHOICE (f,g,h).
91  b  CHOICE  STYLE in(34e):
         where (CHOICE) 1s(choice using boolean),
           STYLE then(94f,-)token;
         where (CHOICE) 1s (CASE) , STYLE in(94f,-)token,

34  f  SOID  NEST2 in part of choice using boolean(e):
       SOID  NEST2 serial clause defining LAYER3 (32a).
       (proposal== SOID  NEST2 => SOME ==)
34  g  SOID  NEST2 in part of choice using integral(e):
       SOID  NEST2 joined portrait(33b).
       (proposal== SOID  NEST2 => SOME ==)
34  h  SOID  NEST2 in part of choice using UNITED (e,h):
       SOID  NEST2 case part of choice using UNITED (i);
       where SOID balances SOID1 and SOID2 (32e),
         SOID1  NEST2 case part of choice using UNITED (i),
         and also(94f)token,
         SOID2  NEST2 in part of choice using UNITED (h).


34  i  SOID  NEST2 case part of choice using UNITED (h):
       MOID  NEST2 LAYER3 specification defining LAYER3 (j,k,-),
         where MOID unites to UNITED (64b),
         SOID  NEST2 LAYER3 unit(32d).
```

```
Al  g  ^^^^^^^^^^^^^^^^^^^^^^^^^^^^^^^^^^^^^^^^^^^^^^^^^^^^^^^^^^^^^^
34  a  PÄD  geklammerte UNTERSCHEIDUNG - Klausel
          (5 D,55la, A341h, A349a):
          UNTERSCHEIDUNG STIL Klammer auf(91a),
          PÄD  UNTERSCHEIDUNG STIL Klausel(b),
          UNTERSCHEIDUNG STIL Klammer zu(91e).
91  a  UNTERSCHEIDUNG STIL Klammer auf(34a):
          wobei (UNTERSCHEIDUNG) ist(logische- Unterscheidung),
          STIL wenn(94,-) Pgrammzeichen;
          wobei (UNTERSCHEIDUNG) ist (FALLS) ,
          STIL falls(94f,-) Programmzeichen.
91  e  UNTERSCHEIDUNG STIL Klammer zu(34a):
          wobei (UNTERSCHEIDUNG) ist(logische- Unterscheidung),
          STIL nnew(94f,-) Programmzeichen;
          wobei (UNTERSCHEIDUNG) ist (FALLS) ,
          STIL sllaf(94f,-) Programmzeichen.
34  b  PÄ  DEF
          ART - Unterscheidung STIL Klausel(a,l):
          ART  DEF verzweigende Klausel vereinbarend NEU (c,-),
          PÄ   DEF  NEU verzweigte ART - Unterscheidung
          STIL Klausel(d).
34  c  ART DEF
          verzweigende Klausel vereinbarend neu VSPEICHER (h,35f):
          sanfte ART  DEF neu VSPEICHER
          serielle Klausel mit VSPEICHER (32b).
34  d  PÄ  DEF verzweigte UNTERSCHEIDUNG STIL Klausel(b):
          PÄ   DEF getrennte ein UNTERSCHEIDUNG STIL Klausel(e);
          wobei PÄ bestimmt PÄl und PÄ2 (32e),
          PÄl   DEF getrennte ein UNTERSCHEIDUNG STIL Klausel(e),
          PÄ2   DEF getrennte aus UNTERSCHEIDUNG STIL Klausel(l).

34  d  ^^^^^^^^^^^^^^^^^^^^^^^^^^^^^^^^^^^^^^^^^^^^^^^^^^^^^^^^^^^^^^
34  e  PÄ  DEF getrennte ein UNTERSCHEIDUNG STIL Klausel(d):
          UNTERSCHEIDUNG STIL ein Trenner(91b),
          PÄ  DEF ein UNTERSCHEIDUNG - Klausel(f,g,h).
91  b  UNTERSCHEIDUNG STIL ein Trenner(34e):
          wobei (UNTERSCHEIDUNG) ist(logische- Unterscheidung),
          STIL dann(94f,-) Programmzeichen;
          wobei (UNTERSCHEIDUNG) ist (FALLS) ,
          STIL ein(94f,-) Programmzeichen.
34  f  PÄD  ein logische- Unterscheidung- Klausel(e):
          PÄD  serielle Klausel vereinbarend NEU (32a).

34  g  PÄD  ein ganze- Unterscheidung- Klausel(e):
          PÄD  kollaterale Klausel(33b).

34  h  PÄ  DEF ein VEREINIGUNG - Unterscheidung- Klausel(e,h):
          PÄ   DEF
          spezifizierte ein VEREINIGUNG - Unterscheidung- Klausel(l);
          wobei PÄ bestimmt PÄ1  PÄ2 (32e),
          PÄl   DEF
          spezifizierte ein VEREINIGUNG - Unterscheidung- Klausel(l),
          kollaterale Trenner(94f) Programmzeichen,
          PÄ2   DEF ein VEREINIGUNG - Unterscheidung- Klausel(h).
34  l  PÄ  DEF
          spezifizierte ein VEREINIGUNG - Unterscheidung- Klausel(h):
          ÄRT   DEF NEU Spezifikationsvereinbarung von NEU (J,k,-),
          wobei ÄRT vereinigt zu VEREINIGUNG (64b),
          PÄ   DEF NEU Klausel(32d).
```

```
34  d ^^^^^^^^^^^^^^^^^^^^^^^^^^^^^^^^^^^^^^^^^^^^^^^^^^^^^^^^^^^^^^^^^
34  l SOID NEST2 out CHOICE  STYLE clause(d):
        CHOICE   STYLE out(91d),
          SOID  NEST2 serial clause defining LAYER3 (32a);
        CHOICE   STYLE again(91c),
          SOID  NEST2 chooser CHOICE2  STYLE clause(b),
        where CHOICE2 may follow CHOICE (n).
        (proposal== SOID  NEST2 => MODE ==)
91  d  CHOICE   STYLE out(34l):
        where (CHOICE) is(choise using boolean),
          STYLE else(94f,-)token;
        where (CHOICE) is (CASE) , STYLE out(94f,-)token.

91  c  CHOICE   STYLE again(34l):
        where (CHOICE) is(choice using boolean),
          STYLE else if(94f,-)token;
        where (CHOICE) is (CASE) , STYLE ouse(94f,-)token.




A1  g ^^^^^^^^^^^^^^^^^^^^^^^^^^^^^^^^^^^^^^^^^^^^^^^^^^^^^^^^^^^^^^^^^^
35  a strong void NEST1 loop clause(5 D,551a):
        NEST1  STYLE for part defining new integral TAG2 (b),
          NEST1  STYLE intervals(c),
          NEST1  STYLE repeating part with integral TAG2 (e).
35  b  NEST1  STYLE for part defining new integral TAG2 (a):
        STYLE for(94g,-)token,
          integral NEST1 new integral TAG2 defining identifier
          with TAG2 (48a);
        where (TAG2) is(letter aleph), EMPTY .

35  c  NEST1  STYLE intervals(a): NEST1  STYLE from part(d)option,
          NEST1  STYLE by part(d)option,
          NEST1  STYLE to part(d)option.

35  d  NEST1  STYLE FROBYT part(c):
          STYLE FROBYT (94g,-)token,meek integral NEST1 unit(32d).

35  e  NEST1  STYLE repeating part with DEC2 (a):
        NEST1 new DEC2  STYLE while do part(f);
        NEST1 new DEC2  STYLE do part(h).
35  f   NEST2  STYLE while do part(e):
        NEST2  STYLE while part defining LAYER3 (g),
          NEST2  LAYER3  STYLE do part(h).
35  g   NEST2  STYLE while part defining LAYER3 (f):
        STYLE while(94g,-)token,
          boolean NEST2 enquiry clause defining LAYER3 (34c,-).
35  h   NEST3  STYLE do part(e,f):
        STYLE do(94g,-)token,
          strong void NEST3 serial clause defining LAYER4 (32a),
          STYLE od(94g,-)token.
```

```
34   d  ^^^^^^^^^^^^^^^^^^^^^^^^^^^^^^^^^^^^^^^^^^^^^^^^^^^^^^^^^^^^^^^^^^^^
34   l  PÄD  getrennte aus UNTERSCHEIDUNG  STIL  Klausel(d):
            UNTERSCHEIDUNG  STIL aus Trenner(91d),
            PÄD  serielle Klausel vereinbarend NEU (32a);
            UNTERSCHEIDUNG  STIL ausfalls Trenner(91c),
            PÄD   UNTERSCHEIDUNG1  STIL  Klausel(b),
            wobei UNTERSCHEIDUNG1 darf folgen auf UNTERSCHEIDUNG (m).

91   d  UNTERSCHEIDUNG   STIL aus Trenner(34l):
            wobei (UNTERSCHEIDUNG) ist(logische- Unterscheidung),
            STIL sonst(94f,-) Programmzeichen;
            wobei (UNTERSCHEIDUNG) ist (FALLS) ,
            STIL aus(94f,-) Programmzeichen.
91   c  UNTERSCHEIDUNG   STIL  ausfalls Trenner(34l):
            wobei (UNTRESCHEIDUNG) ist(logische- Unterscheidung),
            STIL sonstwenn(94f) Programmzeichen;
            wobei (UNTERSCHEIDUNG) ist (FALLS) ,
            STIL ausfalls(94f,-) Programmzeichen.



A1   g  ^^^^^^^^^^^^^^^^^^^^^^^^^^^^^^^^^^^^^^^^^^^^^^^^^^^^^^^^^^^^^^^^^^^^
35   a  starke artleere DEF  Schleifen- Klausel(5 D,551a):
            DEF  STIL für  Teil vereinbarend neu ganze GRUNDNAME (b),
            DEF  STIL  Intervallteil(c),
            DEF  STIL  Wiederholungsteil mit ganze GRUNDNAME (e).
35   b  DEF  STIL für  Teil vereinbarend neu ganze GRUNDNAME (a):
            STIL für(94g,-)  Programmzeichen,
            ganze DEF neu ganze GRUNDNAME
            vereinbarende Benennung mit GRUNDNAME (48a);
            wobei (GRUNDNAME) ist( Buchstabe Aleph),
            LEER .
35   c  DEF  STIL  Intervallteil(a):
            DEF  STIL von Teil(d)bzw LEER ,
            DEF  STIL um Teil(d)bzw LEER ,
            DEF  STIL bis Teil(d)bzw LEER .
35   d  DEF  STIL  VONUMBIS  Teil(c):
            STIL  VONUMBIS (94g) Programmzeichen,
            sanfte ganze DEF  Klausel(32d).
35   e  DEF  STIL  Wiederholungsteil mit VEN (a):
            DEF neu VEN  STIL solange tu Teil(f);
            DEF neu VEN  STIL tu Teil(h).
35   f  DEF  STIL solange tu Teil(e):
            DEF  STIL solange Teil vereinbarend NEU (g),
            DEF  NEU  STIL tu Teil(h).
35   g  DEF  STIL solange Teil vereinbarend NEU (f):
            STIL solange(94g,-) Programmzeichen,
            logische DEF verzweigende Klausel vereinbarend NEU (34c,-),
35   h  DEF  STIL tu Teil(e,f):
            STIL tu(94g,-) Programmzeichen,
            starke artleere DEF serielle Klausel vereinbarend NEU (32a),
            STIL ut(94g) Programmzeichen.
```

```
32   c  ^^^^^^^^^^^^^^^^^^^^^^^^^^^^^^^^^^^^^^^^^^^^^^^^^^^^^^^^^^^^^^^^^^^^^
48   a  QUALITY  NEST new PROPSETY1  QUALITY  TAX  PROPSETY2
            defining INDICATOR with TAX (32c,35b,42b,43b,44c,f,45c,
         541f):where QUALITY  TAX independent PROPSETY1 (71a,b,c),
         TAX (942 A, D, F, K)token.
```

```
A1   g  ^^^^^^^^^^^^^^^^^^^^^^^^^^^^^^^^^^^^^^^^^^^^^^^^^^^^^^^^^^^^^^^^^^^^^
A1   h  NEST joined label definition of LABSETY (g,h):
         where (LABSETY) is (EMPTY) , EMPTY ;
         where (LABSETY) is (LAB1  LABSETY1) ,
         NEST label definition of LAB1 (32c),
         NEST joined label definition of LABSETY1 (h).
```

```
32   c  NEST label definition of label TAG (b):
         label NEST defining identifier with TAG (48a),
         label(94f)token.
```

```
34   i  ^^^^^^^^^^^^^^^^^^^^^^^^^^^^^^^^^^^^^^^^^^^^^^^^^^^^^^^^^^^^^^^^^^^^^
34   J  MODE  NEST3 specification defining new MODE  TAG3 (i):
         NEST3 declarative defining new MODE  TAG3 (541e)brief pack,
         colon(94f)token.
```

```
34   k  MOID  NEST3 specification defining new EMPTY (i):
         formal MOID  NEST3 declarer(46b)brief pack,
         colon(94f)token.
```

```
32   c  ^^^^^^^^^^^^^^^^^^^^^^^^^^^^^^^^^^^^^^^^^^^^^^^^^^^^^^^^^^^^^^^^^^^^^^
48   a  NAMART
         DEF neu SPEICHER  NAMART  NAME  SPEICHER1
         vereinbarende BENENNUNG mit NAME
         (32c,35b,42b,43b,44c,f,45c,541f):

         wobei NAMART  NAME nicht gespeichert in SPEICHER (71a,b,c),
         NAME (942 A, D, F, K) Programmzeichen.



A1   g  ^^^^^^^^^^^^^^^^^^^^^^^^^^^^^^^^^^^^^^^^^^^^^^^^^^^^^^^^^^^^^^^^^^^^
A1   h  DEF   Zielvereinbarungskatenation
             von ZSPEICHER (g,h):
             wobei ZSPEICHER ist (LEER) ,
             LEER ;
             wobei (ZSPEICHER) ist (ZIEL ZSPEICHER1) ,
             DEF  Zielvereinbarung von ZIEL (32c),
             DEF  Zielvereinbarungskatenation von ZSPEICHER1 (h).

32   c  DEF  Zielvereinbarung von Ziel GRUNDNAME (b):
             Ziel DEF vereinbarende Benennung mit GRUNDNAME (48a),
             wird hier vereinbart(94f) Programmzeichen.



34   i  ^^^^^^^^^^^^^^^^^^^^^^^^^^^^^^^^^^^^^^^^^^^^^^^^^^^^^^^^^^^^^^^^^^^^
34   j  ART  DEF  Spezifikationsvereinbarung
             von neu ART  GRUNDNAME (i):
             DEF  Parametervereinbarungsliste von neu ART  GRUNDNAME (541e)
             knappe Klammerung,
             Spezifikation (94f) Programmzeichen.

34   k  ÄRT   DEF  Spezifikationsvereinbarung
             von neu LEER (i):
             formale ÄRT   DEF Vereinbarer(46b)knappe Klammerung,
             Spezifikation (94f) Programmzeichen.
```

32   b ^^^
41   a NEST declaration of DECS (a,32b):
         NEST COMMON declaration of DECS (42a,43a,44a,e,45a,-);
         where (DECS) is (DECS1 DECS2),
            NEST COMMON declaration of DECS1 (42a,43a,44a,e,45a,-),
            and also(94f)token, NEST declaration of DECS2 (a).

42   a NEST mode declaration of DECS (41a):
         mode(94d)token,
            NEST mode joined definition of DECS (41b,c).

43   a NEST priority declaration of DECS (41a):
         priority(94d)token,
            NEST priority joined definition of DECS (41b,c).

44   a NEST MODINE identity declaration of DECS (41a):
         formal MODINE NEST declarer(b,46b),
            NEST MODINE identity joined definition of DECS (41b,c).

44   e NEST reference to MODINE variable declaration of DECS (41a):
         reference to MODINE NEST LEAP sample generator(523h),
            NEST reference to MODINE variable joined
            definition of DECS (41b,c).

523   b reference to MODINE NEST LEAP sample generator(44e):
         LEAP (94d,-)token,actual MODINE NEST declarer(44b,46a);
         where (LEAP) is(local),
            actual MODINE NEST declarer(44b,46a).

45   a NEST MODINE operation declaration of DECS (41a):
         operator(94d)token,formal MODINE NEST plan(b,46p,-),
            NEST MODINE operation joined definition of DECS (41b,c).

45   b formal routine NEST plan(a): EMPTY .

```
32   b  ∿∿∿∿∿∿∿∿∿∿∿∿∿∿∿∿∿∿∿∿∿∿∿∿∿∿∿∿∿∿∿∿∿∿∿∿∿∿∿∿∿∿∿∿∿∿∿∿∿∿∿∿
41   a  DEF  Vereinbarung von VSPEICH (a,32b):
           DEF  VEBART - Vereinbarung von VSPEICH (42a,43a,44a,e,45a,-);
           wobei (VSPEICH) ist (VSPEICH1 VSPEICH2) ,
           DEF  VEBART - Vereinbarung von VSPEICH1 (42a,43a,44a,e,45a,-),
           kollaterale Trenner(94f) Programmzeichen,
           DEF  Vereinbarung von VSPEICH2 (a).




42   a  DEF  Art- Vereinbarung von VSPEICH (41a):
           Art (94d) Programmzeichen,
           DEF  Art- Vereinbarungstextliste von VSPEICH (41b,c).


43   a  DEF  Vorrang- Vereinbarung von VSPEICH (41a):
           Vorrang (94d) Programmzeichen,
           DEF  Vorrang- Vereinbarungstextliste von VSPEICH (41b,c).


44   a  DEF  ARTUR - Grund- Vereinbarung von VSPEICH (41a):
           formale ARTUR  DEF  Vereinbarer(b,46b),
           DEF  ARTUR - Grund- Vereinbarungstextliste
           von VSPEICH (41b,c).


44   e  DEF  Verweis-auf- ARTUR - Variablen- Vereinbarung
              von VSPEICH (41a):
           Verweis auf ARTUR
           DEF  LAPALE  Vereinbarungs- Variablenerzeuger(523b),
           DEF  Verweis-auf- ARTUR - Variable- Vereinbarungstextliste
           von VSPEICH (41b,c).
523  b  Verweis auf ARTUR
           DEF  LAPALE  Vereinbarungs- Variablenerzeuger(44e):
           LAPALE (94d,-) Programmzeichen,
           aktuelle ARTUR  DEF  Vereinbarer(44b,46a);
            wobei (LAPALE) ist(lokale),
           aktuelle ARTUR  DEF  Vereinbarer(44b,46a).


45   a  DEF  ARTUR - Operations- Vereinbarung von VSPEICH (41a):
           Operation(94d) Programmzeichen,
           formale ARTUR  DEF  Erklärung(b,46c,-),
           DEF  ARTUR - Operations- Vereinbarungstextliste
           von VSPEICH (41b,c).
45   b  formale Prozedur DEF  Erklärung(a):  LEER .
```

```
45   a  ^^^^^^^^^^^^^^^^^^^^^^^^^^^^^^^^^^^^^^^^^^^^^^^^^^^^^^^^^^^^^^^^^^
41   b  NEST  COMMON joined definition of PROPS  PROP (b,42a,43a,44a,e,
        45a,46e,541e):
           NEST  COMMON joined definition of PREPS (b,c),
             and also(94f)token,
           NEST  COMMON joined definiton of PROP (c).

41   c  NEST  COMMON joined definition of PREP (b,42a,43a,44a,e,
        45a,46e,541e):
           NEST  COMMON definition of PROP
           (42b,43b,44c,f,45c,46f,541f,-).



41   c  ^^^^^^^^^^^^^^^^^^^^^^^^^^^^^^^^^^^^^^^^^^^^^^^^^^^^^^^^^^^^^^^^^^
42   b  NEST mode definition of MOID  TALLY  TAB (41c):
           MOID  TALLY  NEST defining mode indication with TAB (48a),
             where (TAB )is(bold TAG) or (NEST) is(new LAYER) ,
             is defined as(94d)token,
             actual MOID  TALLY  NEST declarer(c).



43   b  NEST priority definition of priority PRIO  TAD (41c):
           priority PRIO  NEST defining operator with TAD (48a),
             is defined as(94d)token, DIGIT (94b)token,
             where DIGIT counts PRIO (c,d),



44   c  NEST  MODINE identity definition of MODE  TAG (41c):
           MODE  NEST defining identifier with TAG (48a),
             is defined as(94d)token,
           MODE  NEST source for MODINE (d).



44   f  NEST reference to MODINE variable definition
           of reference to MODE  TAG (41c):
           reference to MODE  NEST defining identifier with TAG (48a),
             becomes(94c)token, MODE  NEST source for MODINE (d);
           where (MODINE) is (MODE) ,
             reference to MODE  NEST defining identifier with TAG (48a).
```

45 a ^^^
41 b DEF VEBART - Vereinbarungstextliste
        von SPEICH VZK (b,42a,43a,44a,e,45a,46e,541e):
        DEF VEBART - Vereinbarungstextliste von SPEICH (b,c),
        kollaterale Trenner(94f) Programmzeichen,
        DEF VEBART - Vereinbarungstextliste von VZK (c).

41 c DEF VEBART - Vereinbarungstextliste
        von VZK (b,42a,43a,44a,e,45a,46e,541e):
        DEF VEBART - Vereinbarungstext von VZK
        (42b,43b,44c,f,45c,46f,541f,-).

41 c ^^^
42 b DEF Art- Vereinbarungstext
        von ÄRT   ITE ÄRTNAME (41c):
        ÄRT   ITE DEF
        vereinbarende Artbenennung mit ÄRTNAME (48a),
        wobei (ÄRTNAME) ist(ausführliche GRUNDNAME)
        oder (DEF) ist(neu NEU) ,
        vereinbart als(94d) Programmzeichen,
        aktuelle ÄRT   ITE DEF Vereinbarer(c).

43 b DEF Vorrang- Vereinbarungstext
        von Vorrang RANG DOPNAME (41c):
        Vorrang RANG DEF vereinbarende Operatorbenennung
        mit DOPNAME (48a),
        vereinbart als(94d) Programmzeichen,
        ZIFFR (94b) Programmzeichen,
        wobei ZIFFR zählt RANG (c,d).

44 c DEF ARTUR - Grund- Vereinbarungstext
        von ART GRUNDNAME (41c):
        ART DEF vereinbarende Benennung mit GRUNDNAME (48a),
        vereinbart als(94d) Programmzeichen,
        ART DEF Verwiesener für ARTUR (d).

44 f DEF Verweis-auf- ARTUR - Variablen- Vereinbarungstext
        von Verweis auf ART GRUNDNAME (41c):
        Verweis auf ART
        DEF vereinbarende Benennung mit GRUNDNAME (48a),
        verwiesen auf(94c) Programmzeichen,
        ART DEF Verwiesener für ARTUR (d);
        wobei (ARTUR) ist (ART) ,
        Verweis auf ART
        DEF vereinbarende Benennung mit GRUNDNAME (48a).

45 c NEST MODINE operation definition of PRAM TAO (41c):
        PRAM NEST defining operator with TAO (48a),
        is defined as(94d)token,
        PRAM NEST source for MODINE (44d).

44 d MODE NEST source for MODINE (c,f,45c):
        where (MODINE) is (MODE) , MODE NEST source(521c);
        where (MODINE) is(routine),
        MODE NEST routine text(541a,b,-).

541 a   procedure yielding MOID NEST1 routine text(44d,5 A):
         formal MOID NEST1 declarer(46b),routine(94f)token,
         strong MOID NEST1 unit(32d).

541 b   procedure with PARAMETERS yielding
             MOID NEST1 routine text(44d,5 A):
         NEST1 new DECS2 declarative defining
             new DECS2 (e)brief pack,
             where DECS2 like PARAMETERS (c,d,-),
             formal MOID NEST1 declarer(46b),routine(94f)token,
             strong MOID NEST1 new DECS2 unit(32d).

541 e   NEST2 declarative defining new DECS2 (b,e,34J):
         formal MODE NEST2 declarer(46b),
             NEST2 MODE parameter joined definition of DECS2 (41b,c);
         where (DECS2) is (DECS3 DECS4) ,
             formal MODE NEST2 declarer(46b),
             NEST2 MODE parameter joined definition of DECS3 (41b,c),
             and also(94f)token,
             NEST2 declarative defining new DECS4 (e).

541 f NEST2 MODE parameter definition of MODE TAG2 (41c):
      MODE NEST2 defining identifier with TAG2 (48a).

46 f NEST MODE FIELDS definition of MODE field TAG (41c):
      MODE field FIELDS defining field selector with TAG (48c).

48 c MODE field PROPSETY1 MODE field TAG PROPSETY2
           defining field selector with TAG (46f):
         where MODE field TAG independent PROPSETY1 (71a,b,c),
         TAG (942 A)token.

```
45   c DEF  ARTUR - Operations- Vereinbarungstext
          von ZEPROZ  OPNAME (41c):
          ZEPROZ  DEF
          verelnbarende Operatorbenennung mit CPNAME (48a),
          vereinbart als(94d) Programmzeichen,
          ZEPROZ  DEF  Verwiesener für ARTUR (44d).
44   d  ART  DEF  Verwiesener für ARTUR (c,f,45c):
          wobel (ARTUR) ist (ART) ,
          ART  DEF  Verwiesener(521c);
          wobel (ARTUR) ist( Prozedur),
          ART  DEF  Prozedurtext(541a,b,-).

541  a   Prozedur ergebend ÄRT
            DEF  Prozedurtext(44d,5 A):
          formale ÄRT  DEF  Vereinbarer(46b),
          Prozedurtext(94f) Programmzeichen,
          starke ÄRT  DEF  Klausel(32d).
541  b   Prozedur mit PARPAR ergebend ÄRT
            DEF  Prozedurtext(44d,5 A);
          DEF neu VSPEICH  Parametervereinbarungsliste
          von neu VSPEICH (e)knappe Klammerung,
           wobel VSPEICH entspricht PARPAR (c,d),
          formale ÄRT  DEF  Vereinbarer(46),
          Prozedurtext(94f) Programmzeichen,
          starke ÄRT  DEF neu VSPEICH  Klausel(32d).
541  e   DEF  Parametervereinbarungsliste
            von neu VSPEICH (b,e,34J):
          formale ART DEF  Vereinbarer(46b),
          DEF  ART - Parameter- Vereinbarungstextliste
          von VSPEICH (41b,c);
           wobel (VSPEICH) ist (VSPEICH1 VSPEICH2) ,
          formale ART  DEF  Vereinbarer(46b),
          DEF  ART - Parameter- Vereinbarungstextliste
          von VSPEICH1 (41b,c),
          kollaterale Trenner (94f) Programmzeichen;
          DEF  Parametervereinbarungsliste
           von neu VSPEICH2 (e).




541  f DEF  ART - Parameter- Vereinbarungstext
          von ART  GRUNDNAME (41c):
          ART  DEF vereinbarende Benennung mit GRUNDNAME (48a).


46   f DEF  ART - KOMPKOMP - Vereinbarungstext
          von ART  Komponente GRUNDNAME (41c):
          ART  Komponente KOMPKOMP
          vereinbarende Komponentenbenennung mit GRUNDNAME (48c).
48   c  ART  Komponente
           SPEICH ART  Komponente GRUNDNAME SPEICH1
           vereinbarendo Komponentenbenennung mit GRUNDNAME (46f):
           wobel ART  Komponente GRUNDNAME
           nicht gespeichert in SPEICH (71a,b,c),
          GRUNDNAME (942 A) Programmzeichen.
```

523 b ^^
46 a VIRACT MOID   NEST declarer(c,e,g,h,523a,b):
       VIRACT MOID   NEST declarator(c,d,g,h,o,s,-);
       MOID TALLY NEST applied mode indication with TAB (48b-).

44 a ^^
46 b formal MOID   NEST declarer(e,h,p,r,u,34k,44a,541a,b,e,551a):
       where MOID defloxes to MOID (47a,b,c,),
          formal MOID   NEST declarator(a,d,h,o,s,-);
       MOID1 TALLY   NEST applied mode indication with TAB (48b,-),
          where MOID1 deflexes to MOID (47a,b,c,-).

44 b VICTAL routine NEST declarer(a,523b):
       procedure(94d)token.

42 b ^^
42 c actual MOID TALLY1 NEST declarer(b):
       where (TALLY1) is(i),
        actual MOID NEST declarator(46c,d,g,h,o,s,-);
       where (TALLY1) is (TALLY2 i),
        MOID TALLY2 NEST applied mode indication with TAB2 (48b).

```
523 b ^^^^^^^^^^^^^^^^^^^^^^^^^^^^^^^^^^^^^^^^^^^^^^^^^^^^^^^^^^^^^^^^^^^^
46  a VIRAKTE ÄRT    DEF  Vereinbarer(c,e,g,h,523a,b):
         VIRAKTE ÄRT    DEF  Erklärer(c,d,g,h,o,s,-);
         ÄRT    ITE DEF
         aufgerufene Artbenennung mit ÄRTNAME   (48b-).

44  a ^^^^^^^^^^^^^^^^^^^^^^^^^^^^^^^^^^^^^^^^^^^^^^^^^^^^^^^^^^^^^^^^^^^^
46  b formale ÄRT    DEF  Vereinbarer(e,h,p,r,u,34k,44a,541a,h,e,551a):
         wobei ÄRT   entflexibelt zu ÄRT  (47a,b,c),
         formale ÄRT    DEF  Erklärer(c,d,h,o,s,-);
         ÄRT1   ITE  DEF
         aufgerufene Artbenennung mit ÄRTNAME   (48b,-),
         wobei ÄRT1   entflexibelt zu ÄRT  (47a,b,c,-),

44  b VORAKTE  Prozedur DEF  Vereinbarer(a,523b):
         Routine(94d) Programmzeichen,

42  b ^^^^^^^^^^^^^^^^^^^^^^^^^^^^^^^^^^^^^^^^^^^^^^^^^^^^^^^^^^^^^^^^^^^^
42  c aktuelle ÄRT    ITE  DEF  Vereinbarer(b):
         wobei (ITE) ist(I),
         aktuelle ÄRT    DEF  Erklärer(46c,d,g,h,o,s,-);
         wobei (ITE) ist (ITE1 I),
         ÄRT    ITE1 DEF
         aufgerufene Artbenennung mit ÄRTNAME1   (48b).
```

42 c ^^^
46 c VICTAL reference to MODE NEST declarator(a,b,42c):
       reference to(94d)token,virtual MCDE NEST declarer(a).

46 d VICTAL structured with FIELDS mode NEST declarator(a,b,42c):
       structure(94d)token,
          VICTAL FIELDS NEST portrayer of FIELDS (e)brief pack.

46 e VICTAL FIELDS NEST portrayer of FIELDS1 (d,e):
          VICTAL MODE NEST declarer(a,b),
          NEST MODE FIELDS joined definition of FIELDS1 (41b,c);
       where (FIELDS1) is (FIELDS2 FIELDS3),
          VICTAL MODE NEST declarer(a,b),
          NEST MODE FIELDS joined definition of FIELDS2 (41b,c),
          and also(94f)token,
          VICTAL FIELDS NEST portrayer of FIELDS3 (e).

46 g VIRACT flexible ROWS of MODE NEST declarator(a,42c):
       flexible(94d)token,
          VIRACT ROWS of MODE NEST declarer(a).
46 h VICTAL ROWS of MODE NEST declarator(a,b,42c):
       VICTAL ROWS NEST rower(i,j,k,l) STILE bracket,
          VICTAL MODE NEST declarer(a,b).

46 i VICTAL row ROWS NEST rower(h,i):
          VICTAL row NEST rower(j,k,l),and also(94f)token,
          VICTAL ROWS NEST rower(i,j,k,l).

46 l formal row NEST rower(h,i):up to(94f)token option.

46 k virtual row NEST rower(h,i):up to(94f)token option.

46 j actual row NEST rower(h,i): NEST lower bound(m),
          up to(94f)token, NEST upper bound(n);
       NEST upper bound(n).

46 m   NEST lower bound(j,532f,g):meek integral NEST unit(32d).

46 n   NEST upper bound(j,532f):meek integral NEST unit(32d).

```
42  c  ^^^^^^^^^^^^^^^^^^^^^^^^^^^^^^^^^^^^^^^^^^^^^^^^^^^^^^^^^^^^^^^^^^^^^^^^^^^^^^^^^
46  c  VORAKTE  Verweis auf ART  DEF  Erklärer(a,b,42c):
           Verweis auf(94d) Programmzeichen,
           virtuelle ART  DEF  Vereinbarer(a).


46  d  VORAKTE  Struktur aus KOMPKOMP  Art DEF  Erklärer(a,b,42c):
           Struktur(94d) Programmzeichen,
           VORAKTE  KOMPKOMP  DEF  Komponentenvereinbarungsliste
           von KOMPKOMP (e)knappe Klammerung.


46  e  VORAKTE  KOMPKOMP  DEF  Komponentenvereinbarungsliste
               von KOMPKOMP1 (d,e):
           VORAKTE  ART  DEF  Vereinbarer(a,b),
           DEF  ART - KOMPKOMP - Vereinbarungstextliste
           von KOMPKOMP1 (41b,c);
            wobei (KOMPKOMP1) ist (KOMPKOMP2 KCMPKOMP3) ,
           VORAKTE  ART  DEF  Vereinbarer(a,b),
           DEF  ART - KOMPKOMP - Vereinbarungstextliste
           von KOMPKOMP2 (41b,c),
           kollaterale Trenner(94f) Programmzeichen,
           VORAKTE  KOMPKOMP  DEF  Komponentenvereinbarungsliste
           von KOMPKOMP3 (e).


46  g  VIRAKTE  flexible REIREI von ART  DEF  Erklärer(a,42c):
           flexible(94d) Programmzeichen,
           VIRAKTE  REIREI von ART  DEF  Vereinbarer(a).
46  h  VORAKTE  REIREI von ART  DEF  Erklärer(a,b,42c):
           VORAKTE  REIREI  DEF  Indexgrenzenliste(i,j,k,l)
           STIL  Tiefsetzung,
           VORAKTE  ART  DEF  Vereinbarer(a,b).


46  i  VORAKTE  Reihe REIREI  DEF  Indexgrenzenliste(j,l):
           VORAKTE  Reihe DEF  Indexgrenzenliste(j,k,l),
           kollaterale Trenner(94f) Programmzeichen,
           VORAKTE  REIREI  DEF  Indexgrenzenliste(i,j,k,l).
46  l  formale Reihe DEF  Indexgrenzenliste(h,i):
           von bis(94f) Programmzeichen bzw LEER .
46  k  virtuelle Reihe DEF  Indexgrenzenliste(h,i):
           von bis(94f) Programmzeichen bzw LEER .
46  j  aktuelle Reihe DEF  Indexgrenzenliste(h,i):
           DEF untere Indexgrenze(m),
           von bis(94f) Programmzeichen, DEF obere Indexgrenze(n);
           DEF obere Indexgrenze(n).
46  m  DEF untere Indexgrenze(j,532f,g):
           sanfte ganze DEF  Klausel(32d).
46  n  DEF obere Indexgrenze(j,532f):
           sanfte ganze DEF  Klausel(32d).
```

46 o VICTAL PROCEDURE NEST declarator(a,b,42c):
      procedure(94d)token,formal PROCEDURE NEST plan(p).

46 p formal procedure PARAMETY yielding MOID NEST plan(o,45a):
      where (PARAMETY) is (EMPTY) ,formal MOID NEST declarer(b);
      where (PARAMETY) is(with PARAMETERS) ,
        PARAMETERS NEST joined declarer(q,r)brief pack,
        formal MOID NEST declarer(b).

46 q   PARAMETERS PARAMETER NEST joined declarer(p,q):
        PARAMETERS NEST joined declarer(q,r),and also(94f)token,
        PARAMETER NEST joined declarer(r).

46 r   MODE parameter NEST joined declarer(p,q):
        formal MODE NEST declarer(b).

46 s VICTAL union of MOODS1 MOOD1 mode NEST declarator(a,b,42c):
      unless EMPTY with MOODS1 MOOD1 incestuous(47f),
      union of(94d)token,
        MOIDS NEST joined declarer(t,u)brief pack,
        where MOIDS ravels to MOODS2 (47g)
         and safe MOODS1 MOOD1 subset of safe MOODS2 (731)
         and safe MOODS2 subset of safe MOODS1 MOOD1 (731,m).

46 t MOIDS MOID NEST joined declarer(s,t):
       MOIDS NEST joined declarer(t,u),and also(94f)token,
        MOID NEST joined declarer(u).

46 u MOID NEST joined declarer(s,t):
       formal MOID NEST declarer(b).

46 o VORAKTE PROZ DEF Erklärer(a,b,42c):
        Routine(94d) Programmzeichen,
        formale PROZ DEF Erklärung(p).
46 p formale Prozedur MITPARPARER ergebend ÄRT
          DEF Erklärung(o,45a):
          wobei (MITPARPARER) ist (LEER) ,
          formale ÄRT DEF Vereinbarer(b);
          wobei (MITPARPARER) ist(mit PARPAR) ,
          PARPAR DEF Vereinbarerliste(q,r)knappe Klammerung,
          formale ÄRT DEF Vereinbarer(b).

46 q PARPAR PAR DEF Vereinbarerliste(p,q):
          PARPAR DEF Vereinbarerliste(q,r),
          kollaterale Trenner(94f) Programmzeichen,
          PAR DEF Vereinbarerliste(r).
46 r   ART Parameter DEF Vereinbarerliste(p,q):
          formale ART DEF Vereinbarer(b).

46 s VORAKTE Vereinigung von MÜDSPEICH MÜD   Art
          DEF Erklärer(a,b,42c):
          außer LEER zu fest verwandt MÜDSPEICH MÜD (47f),
          Vereinigung von (94d) Programmzeichen,
          ÄRTSPEICH DEF Vereinbarerliste(t,u)knappe Klammerung,
          wobei ÄRTSPEICH idempotent MÜDSPEICH1 (47g)
          und Artspeicher MÜDSPEICH MÜD   Teilmenge
          von Artspeicher MÜDSPEICH1 (73i)
          und Artspeicher MÜDSPEICH1   Teilmenge
          von Artspeicher MÜDSPEICH MÜD (73i,m).

46 t ÄRTSPEICH ÄRT DEF Vereinbarerliste(s,t):
          ÄRTSPEICH DEF Vereinbarerliste(t,u),
          kollaterale Trenner(94f) Programmzeichen,
          ÄRT DEF Vereinbarerliste(u).
46 u ÄRT DEF Vereinbarerliste(s,t):
          formale ÄRT DEF Vereinbarer(b).

61   E ^^^^^^^^^^^^^^^^(SOID   FORM coercee)^^^^^^^^^^^^^^^^^^^^^^^^^^
61   e soft MODE   FORM coercee(5 A, B, C, D): SOFT (D) MODE   FORM .

61   d weak REFETY STOWED FORM coercee(5 A, B, C, D):
       MEEK (C) REFETY STOWED   FORM ,
         unless (MEEK) is(dereferenced to)and (REFETY) is (EMPTY) .

61   c meek MOID   FORM coercee(5 A, B, C, D): MEEK (C) MOID   FORM .

61   b firm MODE   FORM coercee(5 A, B, C, D,542c): FIRM (B) MODE   FURM .

61   a strong MOID FORM coercee(5 A, B, C, D, A341I):
       where (FORM) is (MORF) , STRONG (A) MOID MORF ;
       where (FORM) is (COMORF) , STRONG (A) MOID COMORF ,
         unless (STRONG MOID) is(deprocedured to void).

61   D ^^^^^^^^^^^(SOFT / MEEK / FIRM / STRONG MOID   FORM)^^^^^^^^^
61   f unchanged from MOID FORM (C, D,67a,b): MOID   FORM .

61   D ^^^^^^^^^^^(SOFT MOID FORM)^^^^^^^^^^^^^^^^^^^^^^^^^^^^^^^^^^
63   b softly deprocedured to(61 D) MODE FORM :
       SOFT (61 D)procedure yielding MODE   FORM .

61   C ^^^^^^^^^^^(MEEK / FIRM / STRONG MOID   FORM)^^^^^^^^^^^^^^^^^
63   a deprocedured to(61 C,67a) MOID FORM :
       MEEK (61 C)procedure yielding MOID FORM .
62   a dereferenced to(61 C) MODE1 FORM :
       MEEK (61 C) REF to MODE2 FORM ,
         where MODE2 deflexes to MODE1 (47a,b,c,-).

61   B ^^^^^^^^^^^(FIRM / STRONG MOID   FORM)^^^^^^^^^^^^^^^^^^^^^^^^
64   a united to(61 B) UNITED FORM : MEEK (61 C) MOID   FORM ,
       where MOID unites to UNITED (b).

61   A ^^^^^^^^^^^(STRONG   MOID   FORM)^^^^^^^^^^^^^^^^^^^^^^^^^^^^^^^
67   a voided to(61 A)void MORF :
       deprocedured to(63a) NONPROC MORF ;
       unchanged from(61f) NONPROC MORF .
67   b voided to(61 A)void COMORF :
       unchanged from(61f) MODE COMORF .
65   b widened to(61 A)
         structured with SIZETY real field letter r letter e
         SIZETY real field letter i letter m mode FORM :
       MEEK (61 C) SIZETY real FORM ;
       widened to(a) SIZETY real FORM .

65   a widened to(b,61 A) SIZETY real FORM :
       MEEK (61 C) SIZETY integral FORM .
65   c widened to(61 A)row of boolean FORM : MEEK (6 C) BITS   FORM .

65   d widened to(61 A)row of character FORM :
       MEEK (61 C) BYTES   FORM .
66   a rowed to(61 A) REFETY ROWS1 of MODE   FCRM :
       where (ROWS1) is(row), STRONG (61 A) REFLEXETY MODE   FORM ,
         where (REFETY) is derived from (REFLEXETY) (531b,c,-);
       where (ROWS1) is(row ROWS2) ,
         STRONG (61 A) REFLEXETY ROWS2 of MODE   FORM ,
         where (REFETY) is derived from (REFLEXETY) (531b,c,-).

```
61  E ^^^^^^^^^^( PÄ    DEFKLAUSEL a posteriori)^^^^^^^^^^^^^^^^^^^^
61  e welche ART  DEFKLAUSEL a posteriori(5 A, B, C, D):
        WEICHZU ( D) ART  DEFKLAUSEL .
61  d schwache VRWAUFER  STRELD  DEFKLAUSEL a posteriori(5 A, B, C, D):
        SANFTZU VRWAUFER( C) STRELD  DEFKLALSEL ,
        außer (SANFTZU) ist(entproduziert zu)
        und (VRWAUFER) ist (LEER) .
61  c sanfte ÄRT   DEFKLAUSEL a posteriori(5 A, B, C, D):
        SANFTZU ( C) ÄRT   DEFKLAUSEL .
61  b feste ART  DEFKLAUSEL a posteriori(5 A, B, C, D,542c):
        FESTZU ( B) ART  DEFKLAUSEL .
61  a starke ÄRT   DEFKLAUSEL a posteriori(5 A, B, C, D, A341I):
        wobei (DEFKLAUSEL) ist (ENTPROZTYP) ,
        STARKZU ( A) ÄRT   ENTPROZTYP ;
        wobei (DEFKLAUSEL) ist (LOESCHTYP) ,
        STARKZU ( A) ÄRT   LOESCHTYP ,
        außer (STARKZU  ÄRT)  ist(entprozeduriert zu artleere).

61  D ^^( WEICHZU / SANFTZU / FESTZU / STARKZU ÄRT   DEFKLAUSEL )^^^
61  f unverändert ÄRT   DEFKLAUSEL( C, D,67a,b): ÄRT   DEFKLAUSEL .

61  D ^^( WEICHZU ÄRT   DEFKLAUSEL )^^^^^^^^^^^^^^^^^^^^^^^^^^^^^^^
63  b welch entprozeduriert zu(61 D) ART  DEFKLAUSEL :
        WEICHZU (61 D) Prozedur ergebend ART  DEFKLAUSEL .

61  C ^^( SANFTZU / FESTZU / STARKZU ÄRT   DEFKLAUSEL )^^^^^^^^^^
63  a entprozeduriert zu(61 C,67a) ÄRT   DEFKLAUSEL :
        SANFTZU (61 C) Prozedur ergebend ÄRT   DEFKLAUSEL .
62  a entverwiesen zu(61 C) ART  DEFKLAUSEL :
        SANFTZU (61 C) VRW auf ART1  DEFKLAUSEL ,
      wobei ART1 entflexibelt zu ART (47a,b,c,-).

61  B ^^( FESTZU / STARKZU ÄRT   DEFKLAUSEL )^^^^^^^^^^^^^^^^^^^^^^
64  a vereinigt auf(61 B) VEREINIGUNG  DEFKLAUSEL :
        SANFTZU (61 C) ÄRT   DEFKLAUSEL ,
        wobei ÄRT   vereinigt auf VEREINIGUNG (b).

61  A ^^( STARKZU ÄRT   DEFKLAUSEL )^^^^^^^^^^^^^^^^^^^^^^^^^^^^^^^
67  a gelöscht  zu(61 A)artleere ENTPROZTYP :
        entprozeduriert zu(63a) NICHTNPROZ  ENTPROZTYP ;
        unverändert(61f) NICHTNPROZ  ENTPROZTYP .
67  b gelöscht  zu(61 A)artleere LOESCHTYP :
        unverändert(61f) ART  LOESCHTYP .
65  b erweitert auf(61 A) Struktur aus
        WEITWEITER reelle Komponente Buchstabe r Buchstabe e
        WEITWEITER reelle Komponente Buchstabe l Buchstabe m Art
        DEFKLAUSEL :
        SANFTZU (61 C) WEITWEITER reelle DEFKLAUSEL ;
        erweitert auf(a) WEITWEITER reelle DEFKLAUSEL .
65  a erweitert auf(b,61 A) WEITWEITER reelle DEFKLAUSEL :
        SANFTZU (61 C) WEITWEITER ganze DEFKLAUSEL .
65  c erweitert auf(61 A) Reihe von logische DEFKLAUSEL :
        SANFTZU (6 C) BITS  DEFKLAUSEL .
65  d erweitert auf(61 A) Reihe von Zeichen DEFKLAUSEL :
        SANFTZU (61 C) BYTES  DEFKLAUSEL .
66  a gereiht zu(61 A) VRWAUFER  REIREI von ART  DEFKLAUSEL :
        wobei (REIREI) ist( Reihe),
        STARKZU (61 A) VRWAUFLEXER  ART  DEFKLAUSEL ,
        wobei (VRWAUFER) entflexibelt von (VRWAUFLEXER) (531b,c,-);
        wobei (REIREI) ist( Reihe REIREI1) ,
        STARKZU (61 A) VRWAUFLEXER  REIREI1 von ART  DEFKLAUSEL ,
        wobei (VRWAUFER) entflexibelt von (VRWAUFLEXER) (531b,c,-),
```

32 b ^^
32 d SOME unit(b,33b,g,34l,35d,g,46m,n,521c,532e,541a,b,543c,
          A34A b,c,d): SOME UNIT (5 A,-).

32 d ^^^^^^^^^^^^^^^^^^^^^^^(SOME   UNIT)^^^^^^^^^^^^^^^^^^^^^^^^^^^^^
521 a REF to MODE NEST assignation(5 A):
          REF to MODE   NEST destination(b),becomes(94c)token,
          MODE   NEST source(c).

521 b REF to MODE NEST destination(a):
          soft REF to MODE NEST TERTIARY (5 B).
521 c MODE1 NEST source(a,44d):strong MODE2 NEST unit(32d),
          where MODE1 deflexes to MODE2 (47a,b,c,-).

522 a boolean NEST identity relation(5 A):
          where soft balances SORT1 and SORT2 (32f),
          SORT1 reference to MODE NEST TERTIARY1 (5 B),
          identity relator(b),
          SORT2 reference to MODE   NEST TERTIARY2 (5 B).
522 b identity relator(a):is(94f)token;is not(94f)token.

544 a strong MOID NEST jump(5 A):go to(b)option,
          label NEST applied identifier with TAG (48b).
544 b go to(a): STYLE go to(94f,-)token; STYLE go(94f,-)token,
          STYLE to symbol(94g,-).

552 a strong MOID NEST skip(5 A):skip(94f)token.

541 a ^^^^^^^^^(procedure yielding MOID NEST1 routine text)^^^^^^^^

541 b (procedure with PARAMETERS yielding MOID NEST1 routinetext)

```
32   b  ^^^^^^^^^^^^^^^^^^^^^^^^^^^^^^^^^^^^^^^^^^^^^^^^^^^^^^^^^^^^^^^^^^
32   d  PÄD    Klausel
           (b,33b,g,34l,35d,g,46m,n,521c,532e,541a,b,543c, A34A b,c,d):
        PÄD    KLAUSEL (5 A,-).

32   d  ^^^^^^^^^^^^^^^^^^^^( PÄD    KLAUSEL )^^^^^^^^^^^^^^^^^^^^^^^^^^
521  a  VRW auf ART  DEF  Verweisung(5 A):
           VRW auf ART   DEF  Verweisender(b),
           verwiesen auf(94c) Programmzeichen,
           ART  DEF  Verwiesener(c).
521  b  VRW auf ART  DEF  Verweisender(a):
           welche VRW auf ART  DEF  TERTIÄRKLAUSEL  (5 B).
521  c  ART  DEF  Verwiesener(a,44d):
           starke ART1  DEF  Klausel(32d),
           wobei ART entflexibelt zu ART1 (47a,b,c,-).

522  a  logische DEF  Verweisidentitätsrelation(5  A):
           wobei welche bestimmt POS1 und POS2 (32f),
           POS1  Verweis auf ART  DEF  TERTIÄRKLAUSEL1  (5 B),
           Verweisidentitätsrelator(b),
           POS2  Verweis auf ART  DEF  TERTIÄRKLAUSEL2  (5 B).
522  b  Verweisidentitätsrelator(a):
           gleicher Verweis wie(94f) Programmzeichen;
           nicht gleicher Verweis wie(94f) Programmzeichen(94f).

544  a  starke ÄRT   DEF  Zielaufruf(5 A):springe bis(b)bzw LEFR ,
           Ziel DEF aufgerufene Benennung mit GRUNDNAME (48b).
544  b  springe bis(a): STIL springe bis(94f,-) Programmzeichen;
           STIL springe(94f,-) Programmzeichen,
           STIL bis Programmzeichen(94g,-).

552  a  starke ÄRT   DEF  Leerklausel(5 A):
           Leerklausel(94f) Programmzeichen.

541  a  ^^^^^^^^( Prozedur ergebend ÄRT   DEF  Prozedurtext)^^^^^^^^^

541  b  ^^( Prozedur mit PARPAR ergebend ÄRT   DEF  Prozedurtext)^^^^
```

```
32   d ^^^^^^^^^^^^^^^^^^^^^^^^^^( SOME   TERTIARY )^^^^^^^^^^^^^^^^^^^
542 a MOID   NEST   DYADIC formula(c,5 B):
         MODE1  NEST   DYADIC   TALLETY operand(c,-),procedure with
            MODE1 parameter MODE2 parameter yielding MOID
            NEST applied operator with TAD (48b),
          where DYADIC   TAD identified in NEST (72a),
          MODE2  NEST   DYADIC   TALLY operand(c,-).

542 b MOID  NEST   MONADIC formula(c,5 B):
         procedure with MODE parameter yielding MOID
            NEST applied operator with TAM (48b),
          MODE  NEST  MONADIC operand(c).
542 c MODE   NEST   ADIC operand(a,b):
         firm MODE   NEST   ADIC formula(a,b)coercee(61b);
          where (ADIC) is (MONADIC) ,firm MODE   NEST   SECONDARY (5 C).



524 a strong reference to MODE   NEST nihil(5 B):nil(94f)token.




32   d ^^^^^^^^^^^^^^^^^^^^^^^( SOME   SECONDARY )^^^^^^^^^^^^^^^^^^^^^^^
523 a reference to MODE   NEST   LEAP generator(5 C):
         LEAP (94d,-)token,actual MODE   NEST declarer(46a).



531 a REFETY  MODE1   NEST selection(5 C):
         MODE1 field FIELDS applied field selector with TAG (48d),
           of(94f)token,weak REFETY structured with FIELDS mode
            NEST  SECONDARY (5 C);
          where (MODE1) is (ROWS of MODE2) ,
            MODE2 field FIELDS applied field selector with TAG (48d),
            of(94f)token,weak REFLEXETY  ROWS of structured with
            FIELDS mode NEST  SECONDARY (5 C),
          where (REFETY) is derived from (REFLEXETY) (b,c,-).



48   d  MODE field FIELDS applied field selector with TAG (531a):
          where MODE field TAG resides in FIELDS (72b,c,-),
           TAG (942 A)token.
```

32 d ∧∧∧∧∧∧∧∧∧∧∧∧∧∧(PÄD   TERTIÄRKLAUSEL)∧∧∧∧∧∧∧∧∧∧∧∧∧∧∧∧∧∧∧
542 a ÄRT   DEF DYADISCHE Operationsaufruf(c,5 B):
         ART1 DEF DYADISCHE ITER Operand(c,-),
         Prozedur mit ART1 Parameter ART2 Parameter ergebend ÄRT
         DEF aufgerufene Operatorbennnung mit DOPNAME (48b),
          wobei DYADISCHE DOPNAME genannt in DEF (72a),
         ART2 DEF DYADISCHE ITE Operand(c,-).

542 b ÄRT   DEF MONADISCHE Operationsaufruf(c,5 B):
         Prozedur mit ART Parameter ergebend ÄRT
         DEF aufgerufene Operatorbenennung mit MOPNAME (48b),
         ART DEF MONADISCHE Operand(c).
542 c ART DEF ADISCHE Operand(a,b):
          feste ART DEF ADISCHE Operationsaufruf(a,b)
           a posteriori(61b);
           wobei (ADISCHE) ist (MONADISCHE) ,
          feste ART DEF SEKUNDÄRKLAUSEL (5 C).

524 a starke Verweis auf ART DEF Leerverweis(5b):
         Leerverweis(94f) Programmzeichen.

32 d ∧∧∧∧∧∧∧∧∧∧∧∧∧∧(PÄD   SEKUNDÄRKLAUSEL)∧∧∧∧∧∧∧∧∧∧∧∧∧∧∧∧∧∧∧
523 a Verweis auf ART DEF LAPALE Variablenerzeuger(5 C):
         LAPALE (94d,-) Programmzeichen,
         aktuelle ART DEF Vereinbarer(46a).

531 a VRWAUFER ART DEF Komponentenaufruf(5 C):
         ART Komponente KOMPKOMP
         aufgerufene Komponentenbenennung mit GRUNDNAME (48d),
         aufgerufen aus(94f) Programmzeichen,
         schwache VRWAUFER Struktur aus KOMPKOMP Art
         DEF SEKUNDÄRKLAUSEL (5 C);
          wobei (ART) ist (REIREI von ART1) ,
         ART1 Komponente KOMPKOMP
         aufgerufene Komponentenbenennung mit GRUNDNAME (48d),
         aufgerufen aus(94f) Programmzeichen,
         schwache VRWAUFLEXER REIREI vor Struktur auf KOMPKOMP Art
         DEF SEKUNDÄRKLAUSELPOST (5 C),
          wobei (VRWAUFER) entflexibelt von (VRWAUFLEXER) (b,c,-).
48 d ART Komponente KOMPKOMP
          aufgerufene Komponentenbenennung mit GRUNDNAME (531a):
          wobei ART Komponente GRUNDNAME
          gespeichert in KOMPKOMP (72b,c,-),
         GRUNDNAME (942 A) Programmzeichen.

32 d ^^^^^^^^^^^^^^^^^^(SOME   PRIMARY)^^^^^^^^^^^^^^^^^^^^^^^^^^^^^^
48 b QUALITY   NEST applied INDICATOR with TAX (42c,46a,b,5 D,
        542a,b,544a):where QUALITY   TAX identified in NEST (72a),
        TAX (942 A, D, F, K)token.

532 a REFETY MODE1 NEST slice(5 D):
        weak REFLEXETY ROWS1 of MODE1 NEST PRIMARY (5 D),
          ROWS1 leaving EMPTY NEST indexer(b,c,-) STYLE bracket,
          where (REFETY) is derived from (REFLEXETY) (53b,c,-);
        where (MODE1) is (ROWS2 of MODE2) ,
          weak REFLEXETY ROWS1 of MODE2 NEST PRIMARY (5 D),
          ROWS1 leaving ROWS2 NEST indexer(b,d,-) STYLE bracket,
          where (REFETY) is derived from (REFLEXETY) (531b,c,-).

532 b row ROWS leaving ROWSETY1 ROWSETY2 NEST indexer(a,b):
         row leaving ROWSETY1 NEST indexer(c,d,-),
           and also(94f)token,
           ROWS leaving ROWSETY2 NEST indexer(b,c,d,-).

532 d row leaving row NEST indexer(a,b): NEST trimmer(f);
         NEST new lower bound(g)option.

532 f   NEST trimmer(d): NEST lower bound(46n)option,
           up to(94f)token, NEST upper bound(46n)option,
           NEST new lower bound(g)option.

532 g   NEST new lower bound(d,f):
           at(94f)token, NEST lower bound(46n).

532 c row leaving EMPTY NEST indexer(a,b): NEST subscript(e).
532 e   NEST subscript(c):meek integral NEST unit(32d).

543 a MOID NEST call(5 D):meek procedure with PARAMETERS yielding
          MOID NEST PRIMARY (5 D),
          actual NEST PARAMETERS (b,c)brief pack.

543 b actual NEST PARAMETERS PARAMETER (a,b):
         actual NEST PARAMETERS (b,c),and also(94f)token,
           actual NEST PARAMETER (c).

543 c actual NEST MODE parameter(a,b):
         strong MODE NEST unit(32d).

551 a MOID NEST cast(5 D):formal MOID NEST declarer(46b),
          strong MOID NEST ENCLOSED clause(31a,33a,c,d,e,34a,35a,-).

```
32   d ^^^^^^^^^^^^^^^( PÄD   PRIMÄRKLAUSEL  )^^^^^^^^^^^^^^^^^^^^^^^
48   b NAMART  DEF aufgerufene BENENNUNG mit NAME
           (42c,46a,b,5 D,542a,b,544a):
           wobei NAMART  NAME genannt in DEF (72a),
           NAME (942 A, D, F, K) Programmzeichen.

532 a VRWAUFER  ART  DEF  Teilfeldaufruf(5 D):
           schwache VRWAUFLEXER  REIREI von ART
           DEF  PRIMÄRKLAUSELPOST  (5 D),
           REIREI konvertierend in LEER
           DEF  Trindex(b,c,-) STIL  Tiefsetzung,
           wobei (VRWAUFER) entflexibelt
           von (VRWAUFLEXER) (53b,c,-);
           wobei (ART) ist (REIREI1 von ART1) ,
           schwache VRWAUFLEXER  REIREI von ART1
           DEF  PRIMÄRKLAUSEL(5  D),
           REIREI konvertierend in REIREI1
           DEF  Trindex(b,d,-) STIL  Tiefsetzung,
           wobei (VRWAUFER) entflexibelt
           von (VRWAUFLEXER) (531b,c,-).
532 b  Reihe REIREI1 konvertierend in REIREIER  REIREIER1
           DEF  Trindex(a,b):
           Reihe konvertierend in REIREIER
           DEF  Trindex(c,d,-),
           kollaterale Trenner(94f) Programmzeichen,
           REIREI1 konvertierend in REIREIER1
           DEF  Trindex(b,c,d,-).
532 d  Reihe konvertierend in Reihe
           . DEF  Trindex(a,b):
           DEF  Trimmer(f);
           DEF neue untere Indexgrenze(g)bzw LEER .
532 f     DEF  Trimmer(d): DEF untere Indexgrenze(46m)bzw LEER ,
           von bis(94f) Programmzeichen,
           DEF obere Indexgrenze(46n)bzw LEER ,
           DEF neue untere Indexgrenze(g)bzw LEER .
532 g     DEF neue untere Indexgrenze(d,f):
           gesetzt auf(94f) Programmzeichen,
           DEF untere Indexgrenze(46m).
532 c  Reihe konvertierend in LEER
           DEF  Trindex(a,b):
           DEF  Index(e).
532 e     DEF  Index(c):sanfte ganze DEF  Klausel(32d).

543 a ÄRT   DEF  Routineaufruf(5 D):
           sanfte Prozedur mit PARPAR ergebend
           ÄRT   DEF  PRIMÄRKLAUSEL(5  D),
           aktuelle DEF  PARPAR (b,c)knappe Klammerung.
543 b  aktuelle DEF  PARPAR  PAR (a,b):
           aktuelle DEF  PARPAR (b,c),
           kollaterale Trenner(94f) Programmzeichen,
           aktuelle DEF  PAR (c).
543 c  aktuelle DEF  ART  Parameter(a,b):
           starke ART  DEF  Klausel(32d).

551 a ÄRT   DEF explizite Konvertierung(5 D):
           formale ÄRT   DEF  Vereinbarer(46b),
           starke ÄRT   DEF  GEKLAMMERTE  Klausel(31a,33a,c,d,e,34a,35a,-).
```

32   d ^^^^^^^^^^^^^^^(SOME   ENCLOSED   CLAUSE)^^^^^^^^^^^^^^^^^^^
33   d strong ROWS of MODE NEST collateral clause(5 D,551a):
        where (ROWS) is(row),
          strong MODE NEST joined portrait(b) PACK ;
        where (ROWS) is(row ROWS1) ,
          strong ROWS1 of MODE NEST joined portrait(b) PACK ;
        EMPTY PACK .

33   e strong structured with
          FIELDS FIELD mode NEST collateral clause(5 D,551a):
        NEST FIELDS FIELD portrait(f) PACK .
33   f NEST FIELDS FIELD portrait(e,f):
        NEST FIELDS portrait(f,g),and also(94f)token,
          NEST FIELD portrait(g).

33   g   NEST MODE field TAG portrait(f):
          strong MODE NEST unit(32d).

31   a   ^^^^^^^^^^^^^^^^^(SOME closed clause)^^^^^^^^^^^^^^^^^^^^^^^^^^

33   c   ^^^^^^^^^^^^^^^^^(strong void NEST parallel clause)^^^^^^^^^^^^

33   a   ^^^^^^^^^^^^^^^^^(strong void NEST collateral clause)^^^^^^^^^^

34   a   ^^^^^^^^^^^^^^^^^(SOME CHOICE clause)^^^^^^^^^^^^^^^^^^^^^^^^

34   d   ^^^^^^^^^^^^^^(strong void NEST loop clause)^^^^^^^^^^^^^^^^^^^

32 d ^^^^^^^^^^^^^^^^^(PÄD   GEKLAMMERTE Klausel)^^^^^^^^^^^^^^^^^^^^
33 d starke REIREI von ART   DEF Eigenfeld- Klausel(5 D,551a):
         wobei (REIREI) ist(Reihe),
         starke ART DEF kollaterale Klausel(b) KLAMMERUNG ;
          wobei (REIREI) ist(Reihe REIREI1) ,
         starke REIREI1 von ART DEF kollaterale Klausel(b) KLAMMERUNG ;
         LEER KLAMMERUNG .

33 e starke Struktur aus KOMPKOMP KOMP Art
          DEF Eigenstruktur- Klausel(5 D,551a):
          DEF KOMPKOMP KOMP strukturelle Klausel(f) KLAMMERUNG .
33 f DEF KOMPKOMP KOMP strukturelle Klausel(e,f):
          DEF KOMPKOMP strukturelle Klausel(f,g),
          kollaterale Trenner(94f) Programmzeichen,
          DEF KOMP strukturelle Klausel(g).
33 g DEF ART Komponente GRUNDNAME strukturelle Klausel(f):
          starke ART DEF Klausel(32d).

31 a   ^^^^^^^^^^^^^^^^^(PÄD geklammerte serielle Klausel)^^^^^^^^^^

33 c   ^^^^^^(starke artleere DEF synchronisierbare Klausel)^^^^^^^^

33 a   ^^^(starke artleere DEF geklammerte kollaterale Klausel)^^^^

34 a   ^^^^^^^^^(PÄD geklammerte UNTERSCHEIDUNG Klausel)^^^^^^^^^

34 d   ^^^^^^^^^^^(starke artleere DEF Schleifen- Klausel)^^^^^^^^^

```
32   d ^^^^^^^^^^^^^^^^^( SCME denoter coercee)^^^^^^^^^^^^^^^^^^^^^^^^^^^
80   a MOID  NEST denoter(5 D, A341)):
        pragment(92a)sequence option,
        MOID denotation(810a,811a,812a,813a,814a,815a,82a,b,c,83a,-),

810  a SIZE  INTREAL denotation(a,80a):
        SIZE symbol(94d), INTREAL denotation(a,811a,812a).

811  a Integral denotation(80a,810a):
        fixed point numeral(b).
811  b fixed point numeral(a,812c,d,f,l A341h):
        digit cypher(c)sequence.
811  c  digit cypher(b): DIGIT symbol(94b).

812  a real denotation(80a,810a):
        variable point numeral(b);floating point numeral(e).
812  b  variable point numeral(a,f):
        integral part(c)option,fractional part(d).
812  c  integral part(b):fixed point numeral(811b).
812  d  fractional part(b):
        point symbol(94b),fixed point numeral(811b).
812  e floating point numeral(a):
        stagnant part(f),exponent part(g).
812  f  stagnant part(e):
        fixed point numeral(811b);variable point numeral(b).
812  g  exponent part(e):
        times ten to the power choice(h),power of ten(i).
812  h   times ten to the power choice(g):
        times ten to the power symbol(94b);
        letter e symbol(94a).
812  i   power of ten(g):
        plusminus(j)option,fixed point numeral(811b).
812  j   plusminus(i):plus symbol(94c);minus symbol(94c).

814  a character denotation(30a):
        quote symbol(94b),string item(b),quote symbol(94b).

814  b  string item(a,83b):character glyph(c);
        quote image symbol(94h);other string item(d).

814  c  character glyph(b,92c): LETTER symbol(94a);
        DIGIT symbol(94b);point symbol(94b);
        times ten to the power symbol(94b);
        plus i times symbol(94c);open symbol(94f);
        close symbol(94f);comma symbol(94b);
        space symbol(94b);plus symbol(94c);
        minus symbol(94c).
814  d A production rule may be added for the notion'other string
        item'(b,for which no hyper-rule is given in this Report)
        each of whose alternatives is a symbol(1.1.3.1.f)which is
        different from any terminal production of'character glyph'
        (c)and which is not'quote symbol'.
```

```
32   d  ^^^^^^^^^^^^^( PÄD   Eigenbenennung a posteriori)^^^^^^^^^^^^
80   a  ÄRT   DEF Eigenbenennung(5 D, A341l):
          Kompragmentar(92a) Katenation bzw LEER ,
          ÄRT   Eigenname(810a,811a,812a,813a,814a,815a,82a,b,c,83a,-).

810  a  WEIT  GANZREELLE  Eigenname(a,80a):
          WEIT  Symbol(94d), GANZREELLE  Eigenname(a,811a,812a).

811  a  ganze Eigenname(80a,810a):
          Ganzdezimalzahl(b).
811  b  Ganzdezimalzahl(a,812c,d,f,i, A341h):
          Dezimalziffer(c) Katenation.
811  c  Dezimalziffer(b): ZIFFR  Symbol(94b).

812  a  reelle Eigenname(80a,810a):
          Festpunktdezimalzahl(b); Gleitpunktdezimalzahl(e).
812  b  Festpunktdezimalzahl(a,f);
          Ganzteil(c)bzw LEER , Bruchteil(d).
812  c  Ganzteil(b): Ganzdezimalzahl(811b).
812  d  Bruchteil(b):
          Dezimalpunkt Symbol(94b), Ganzdezimalzahl(811b).
812  e  Gleitpunktdezimalzahl(a):
          Festdezimalzahl(f), Dezimalpunktverschiebung(g).
812  f  Festdezimalzahl(e):
          Ganzdezimalzahl(811b); Festpunktdezimalzahl(b).
812  g  Dezimalpunktverschiebung(e):
          Exponentzehn(h), Exponent von zehn(i).
812  h  Exponentzehn(g):
          Exponentzehn Symbol(94h);
          Buchstabe e Symbol(94a).
812  i  Exponent von zehn(g):
          plusminus(j)bzw LEER , Ganzdezimalzahl(811b).
812  j  plusminus(i):plus Symbol(94c);minus Symbol(94c).

814  a  Zeichen Eigenname(80a):
          Zeichentextbegrenzer Symbol(94b),
          Zeichentextbestandteil(b),
          Zeichentextbegrenzer(94b) Symbol.
814  b  Zeichentextbestandteil(a,83b): Zeichen(c);
          Anführungszeichen(94b)  Symbol;
          sonstige Zeichen(d).

814  c     Zeichen(b,92c): BUCHSTABE  Symbol(94a);
          ZIFFR  Symbol(94b); Dezimalpunkt Symbol(94b);
          Exponentzehn Symbol(94b);
          Imaginäreinheit  Symbol(94c);
          Klammer auf Symbol(94f); Klammer zu Symbol(94f);
          Komma Symbol(94b); Zwischenraum Symbol(94b);
          plus Symbol(94c);minus Symbol(94c).
814  d     (b) Für  die  Vokabel 'sonstige Zeichen'(b)kann
          (da keine anwendbare Hyperregel im Report vorhanden) eine
          Hyperregel hinzugefügt werden, deren produzierte Worte
          Symbolvokabeln(1.1.3.1,f)  sind,
          die verschieden sind von jedem
          produzierbaren ' Zeichen'(c) und von
          ' Zeichentextbegrenzer Symbol' (94b).
```

83 a   row of character denotation(90a):quote symbol(94b),
            string(b)option,quote symbol(94b).

83 b   string(a):string item(814b),string item(814b)sequence.

813 a   boolean denotation(80a):
            true symbol(94b);false symbol(94b).

82 a   structured with row of boolean field
            LENGTH LENGTHETY letter aleph mode denotation(a,80a):
        long symbol(94d),structured with row of boolean field
            LENGTHETY letter aleph mode denotation(a,c).

82 b   structured with row of boolean field
            SHORTH SHORTHETY letter aleph mode denotation(b,80a):
        short(94d)token,structured with row of boolean field
            SHORTHETY letter aleph mode denotation(b,c).

82 c   structured with row of boolean field
            letter aleph mode denotation(a,b,80a): RADIX (d,e,f,g),
        letter r symbol(94a), RADIX digit(h,i,j,k)sequence,

82 d   radix two(c, A347b):digit two(94b)symbol.
82 e   radix four(c, A347b):digit four(94b)symbol.
82 f   radix eight(c, A347b):digit eight(94b)symbol.
82 g   radix sixteen(c, A347b):
            digit one(94b)symbol,digit six symbol(94b).

82 h   radix two digit(c,i):
            digit zero symbol(94b);digit one symbol(94b).

82 i   radix four digit(c,j):radix two digit(h);
            digit two symbol(94b);digit three symbol(94b).

82 j   radix eight digit(c,k):radix four digit(i);
            digit four symbol(94b);digit five symbol(94b);
            digit six symbol(94b);digit seven symbol(94b);

82 k   radix sixteen digit(c):radix eight digit(j);

        digit eight symbol(94b);digit nine symbol(94b);

        letter a symbol(94a);letter b symbol(94a);

        letter c symbol(94a);letter d symbol(94a);

        letter e symbol(94a);letter f symbol(94a).

815 a   void denotation(80a):empty symbol(94b).

```
83  a   Reihe von Zeichen Eigenname(90a):
            Zeichentextbegrenzer Symbol(94b),
            Text(b)bzw LEER ,
            Zeichentextbegrenzer(94b) Symbol.
83  b   Text(a): Zeichentextbestandteil(814b),
            Zeichentextbestandteil(814b) Katenation.


813 a   logische Eigenname(80a):
            wahr Symbol(94b);falsch Symbol(94b),


82  a   Struktur aus
            Reihe von logische Komponente
            BLANG  BLANGLANGER  Buchstabe Aleph Art
            Eigenname(a,80a):
            lang Symbol(94d),
            Struktur aus Reihe von logische Komponente
            BLANGLANGER  Buchstabe Aleph Art Eigenname(a,c).
82  b   Struktur aus
            Reihe von logische Komponente
            BKURZ  BKURZKURZER  Buchstabe Aleph Art
            Eigenname(b,80a):
            kurz Symbol(94d),
            Struktur aus Reihe von logische Komponente
            BKURZKURZER  Buchstabe Aleph Art Eigenname(b,c),
82  c   Struktur aus
            Reihe von logische Komponente
            Buchstabe Aleph Art
            Eigenname(a,b,80a): ZAHLRANG (d,e,f,g),
            Buchstabe r Symbol(94a),
            ZAHLRANG - Ziffer(h,i,j,k) Katenation.


82  d   Dual(c, A347b): Ziffer zwei Symbol(94b).
82  e   Quartal(c, A347b): Ziffer vier Symbol(94b).
82  f   Oktal(c, A347b): Ziffer acht Symbol(94b).
82  g   Sedezimal(c, A347b):
            Ziffer eins Symbol(94b),
            Ziffer sechs Symbol(94b).


82  h   Dual- Ziffer(c,l):
            Ziffer null Symbol(94b);
            Ziffer eins Symbol(94b).
82  i   Quartal- Ziffer(c,j): Dual- Ziffer(h);
            Ziffer zwei Symbol(94b);
            Ziffer drei Symbol(94b).
82  j   Oktal- Ziffer(c,k): Quartal- Ziffer(i);
            Ziffer vier Symbol(94b);
            Ziffer fünf  Symbol(94b);
            Ziffer sechs Symbol(94b);
            Ziffer sieben Symbol(94b).
82  k   Sedezimal- Ziffer(c): Oktal- Ziffer(j);
            Ziffer acht Symbol(94b);
            Ziffer neun Symbol(94b);
            Buchstabe a Symbol(94a);
            Buchstabe b Symbol(94a);
            Buchstabe c Symbol(94a);
            Buchstabe d Symbol(94a);
            Buchstabe e Symbol(94a);
            Buchstabe f Symbol(94a).


815 a   artleere Eigenname(80a): Leereigenname Symbol(94b).
```

32 d ^^^^^^^^^^^^^^^^^(SOME format text coerces)^^^^^^^^^^^^^^^^^^^^^^^
A341a FORMAT NEST format text(5 D):formatter(94f)token,
          NEST collection(b)||st,formatter(94f)token.

A341b NEST collection(a,b):pragment(92a)sequence option,
         NEST picture(c);pragment(92a)sequence option,
         NEST insertion(d), NEST replicator(g),
         NEST collection(b)||st brief pack,
         pragment(92a)sequence option, NEST insertion(d).
A341c   NEST picture(b): NEST TYPE pattern(A342a, A343a, A344a, A345a,
        A346a, A347a, A348a,b, A349a, A34A a)option,
          NEST insertion(d).

A342a   NEST integral pattern(A341c, A343c):
          NEST sign mould(c)option, NEST integral mould(b).
A342c   NEST sign mould(a, A343a):
          NEST unsuppressible zero frame(A341k)sequence option,
          NEST unsuppressible sign frame(A341j).
A342b   NEST integral mould(a, A343b,c, A347a):
          NEST digit frame(A341k)sequence.
A343a   NEST real pattern(A341c, A345a):
          NEST sign mould(A342c)option,
          NEST variable point mould(b)
          or alternatively NEST floating point mould(c).
A343c   NEST floating point mould(a): NEST variable point mould(b)
           or alternatively NEST integral mould(A342b),
          NEST exponent frame(A341j),
          NEST integral pattern(A342a).

A343b   NEST variable point mould(a,c):
          NEST integral mould(A342b), NEST point frame(A341j),
           NEST integral mould(A342b)option;
          NEST point frame(A341j), NEST integral mould(A342b).
A345a   NEST complex pattern(A341c):
          NEST real pattern(A343a), NEST complex frame(A341j),
           NEST real pattern(A343a).

A344a   NEST boolean pattern(A341c):
          NEST unsuppressible boolean frame(A341j).
A347a   NEST bits pattern(A341c): NEST RADIX frame(b),
          NEST integral mould(A342b).
A347b   NEST RADIX frame(a): NEST insertion(A341d),
          RADIX (62d,e,f,g),unsuppressible suppression(A341l),
          (proposal=*unsuppressible suppression,=>*==)
A347b   radix marker(c).
A347c   radix marker(b):letter r(94a)symbol.

A346a   NEST string pattern(A341c):
          NEST character frame(A341k)sequence.
A348a   NEST integral choice pattern(A341c):
          NEST insertion(A341d),letter c(94a)symbol,
          NEST praglit(c) list brief pack,pragment(92a)sequence option.

A348b   NEST boolean choice pattern(A341c): NEST insertion(A341d),
          boolean marker(A344b),brief begin(94f)token,
          NEST praglit(c),and also(94f)token,
          NEST praglit(c),brief end(94f)token,
          pragment(92a)sequence option.

A348c   NEST praglit(a,b):pragment(92a)sequence option,
          NEST literal(A341l).

32 d ^^^^^^^^^^^^^^^(PXD   Formattext a posterior)^^^^^^^^^^^^^^^^
A341a FORMAT DEF Formattext(5 D):
        Formattextbegrenzer(94f) Programmzeichen,
        DEF Formate(b) Liste,
        Formattextbegrenzer(94f) Programmzeichen.
A341b DEF Formate(a,b):
        Kompragmentar(92a) Katenation bzw LEER , DEF Format(c);
        Kompragmentar(92a) Katenation bzw LEER , DEF Einschübe(d),
        DEF Replikator(g), DEF Formate(b) Liste knappe Klammerung,
        Kompragmentar(92a) Katenation bzw LEER , DEF Einschübe(d),
A341c   DEF Format(b):
        DEF FORMART - Format(A342a, A343a, A344a, A345a, A346a,
        A347a, A348a,b, A349a, A34A a)bzw LEER , DEF Einschübe(d).

A342a   DEF ganze- Format(A341c, A343c):
        DEF Vorzeichen- Platz(c)bzw LEER , DEF ganze- Platz(b).
A342c   DEF Vorzeichen- Platz(a, A343a):
        DEF obligate Nullunterdrückung- Stellen(A341k) Katenation
        bzw LEER , DEF obligate Vorzeichen- Stelle(A341J).
A342b   DEF ganze- Platz(a, A343b,c, A347a):
        DEF Ziffer- Stellen(A341k) Katenation.
A343a   DEF reelle- Format(A341c, A345a):
        DEF Vorzeichen- Platz(A342c)bzw LEER ,
        DEF Festpunktdezimalzahl- Platz(b)
        bzw DEF Gleitpunktdezimalzahl- Platz(c).
A343c   DEF Gleitpunktdezimalzahl- Platz(a):
        DEF Festpunktdezimalzahl- Platz(b)
        bzw DEF ganze- Platz(A342b),
        DEF mal-zehn-potenziert-mit- Stelle(A341J),
        DEF ganze- Format(A342a).
A343b   DEF Festpunktdezimalzahl- Platz(a,c):
        DEF ganze- Platz(A342b), DEF Dezimalpunkt- Stelle(A341J),
        DEF ganze- Platz(A342b)bzw LEER ;
        DEF Dezimalpunkt- Stelle(A341J), DEF ganze- Platz(A342b).
A345a   DEF komplexe- Format(A341c):
        DEF reelle- Format(A343a),
        DEF plus-imaginäre- Einheit-mal- Stelle(A341J),
        DEF reelle- Format(A343a).

A344a   DEF logische- Format(A341c):
        DEF obligate logische- Stelle(A341J).
A347a   DEF Bits- Format(A341c):
        DEF ZAHLRANG Angabe(b), DEF ganze- Platz(A342b).
A347b   DEF ZAHLRANG Angabe(a): DEF Einschübe(A341d),
        ZAHLRANG (12d,e,f,g),
        Zahlrang- Formatzeichen(c).

A347c   Zahlrang- Formatzeichen(b): Buchstabe r (94a) Symbol.

A346a   DEF Text- Format(A341c):
        DEF Zeichen- Stellen(A341k) Katenation.
A348a   DEF ganze- Texteunterscheidung- Format(A341c):
        DEF Einschübe(A341d), Buchstabe c (94a) Symbol,
        DEF Kompratext(c) Liste knappe Klammerung,
        Kompragmentar(92a) Katenation bzw LEER .
A348b   DEF logische- Texteunterscheidung- Format(A341c):
        DEF Einschübe(A341d),logische- Formatzeichen(A344b),
        kurze Beginn(94f) Programmzeichen, DEF Kompratext(c),
        kollaterale Trenner(94f) Programmzeichen,
        DEF Kompratext(c),kurze Ende(94f) Programmzeichen,
        Kompragmentar(92a) Katenation bzw LEER .
A348c   DEF Kompratext(a,b): Kompragmentar(92a) Katenation bzw LEER ,
        DEF Texte(A341l).

A349a   NEST format pattern(A341c):
           NEST Insertion(A341d),letter f(94a)symbol,
           meek FORMAT NEST ENCLOSED clause(31a,34a).
A34Aa   NEST general pattern(A341c):
           NEST Insertion(A341d),letter g(94a)symbol,
           NEST width specification(b)brief pack option.
A34Ab   NEST width specification(a):meek integral NEST unit(32d),
           NEST after specification(c)option.
A34Ac   NEST after specification(b):
           and also(94f)token,meek integral NEST unit(32d),
           NEST exponent specification(d)option.

A34Ad   NEST exponent specification(c):
           and also(94f)token,meek integral NEST unit(32d),

A343c ^^^
A341J NEST UNSUPPRESSETY MARK frame(A342c, A343b,c, A344a, A345a):
      NEST Insertion(d), UNSUPPRESSETY suppression(I),
      MARK marker(A342e, A343d,e, A344b, A345b).
A342e sign marker(A341J):plus(94c)symbol;
       minus(94c)symbol.
A343d point marker(A341J):point(94b)symbol.
A343e exponent marker(A341J):letter e(94a)symbol.

A344b boolean marker(A341J, A348b):letter b(94a)symbol.

A345b complex marker(A341J):letter I(94a)symbol.

A342b ^^^
A341k NEST UNSUPPRESSETY COMARK frame(A342b,c, A346a):
      NEST Insertion(d), NEST replicator(g),
      UNSUPPRESSETY suppression(I),
      COMARK marker(A342d,f, A346b).
A342f digit marker(A341k):letter d(94a)symbol;
       zero(d)marker.
A342d zero marker(f, A341k):letter z(94a)symbol.

A346b character marker(A341k):letter a(94a)symbol.
A341I UNSUPPRESSETY suppresion(J,k, A347b):
       where (UNSUPPRESSETY) Is(unsuppressible), EMPTY ;
       where (UNSUPPRESSETY) Is (EMPTY) ,
       letter s(94a)symbol option.

A341d NEST Insertion(b,c, J,k, A347b, A348a,b, A349a, A34A a):
       NEST literal(I)option,
       NEST alignment(e)sequence option.
A341e NEST alignment(d): NEST replicator(g),
       alignment code(f), NEST literal(I)option.
A341f alignment code(e):letter k(94a)symbol;
       letter x(94a)symbol;letter y(94a)symbol;
       letter I(94a)symbol;letter p(94a)symbol;
       letter q(94a)symbol.
A341g NEST replicator(b,e,I,k):
       NEST unsuppressible replicator(h)option.
A341h NEST unsuppressible replicator(g,I):
       fixed point numera(811b);letter n(94a)symbol,
       meek integral NEST ENCLOSED clause(31a,34a,-),
       pragment(92a)sequence option.
A341i NEST UNSUPPRESSETY literal(d,e,I, A348a,b):
       NEST UNSUPPRESSETY replicator(g,h),
       strong row of character NEST denoter(80a)coercee(61a),
       NEST unsuppressible literal(I)option.

A349a   DEF Routine- Format(A341c):
          DEF Einschübe(A341d), Buchstabe f(94a) Symbol,
          sanfte FORMAT DEF GEKLAMMERTE Klausel(31a,34a).
A34Aa   DEF Routine- Zahl- Format(A341c):
          DEF Einschübe(A341d), Buchstabe g(94a) Symbol,
          DEF Breite Insgesamt(b)knappe Klammerung bzw LEER .
A34Ab   DEF Breite Insgesamt(a): sanfte ganze DEF Klausel(32d),
          DEF Breite nach Dezimalpunkt(c)bzw LEER .
A34Ac   DEF Breite nach Dezimalpunkt(b):
          kollaterale Trenner(94f) Programmzeichen,
          sanfte ganze DEF Klausel(32d),
          DEF Breite nach Exponentzehn(d)bzw LEER .
A34Ad   DEF Breite nach Exponentzehn(c):
          kollaterale Trenner(94f) Programmzeichen,
          sanfte ganze DEF Klausel(32d),
A343c ^^
A341j DEF OBLIGATER FORMZEICH - Stelle(A342c, A343b,c, A344a, A345a):
          DEF Einschübe(d), OBLIGATER Streichung(l),
          FORMZEICH - Formatzeichen(A343e, A343d,e, A344b, A345b).
A342e Vorzeichen- Formatzeichen(A341j):
          plus(94c) Symbol;minus(94c) Symbol.
A343d Dezimalpunkt- Formatzeichen(A341j): Dezimalpunkt(94b) Symbol.
A343e Exponentzehn- Formatzeichen(A341j):
          Buchstabe e(94a) Symbol.
A344b logische- Formatzeichen(A341j, A348b):
          Buchstabe b(94a) Symbol.
A345b Imaginäreinheit- Formatzeichen(A341j):
          Buchstabe i(94a) Symbol.
A342b ^^
A341k DEF OBLIGATER FORMZEICHEN - Stellen(A342b,c, A346a):
          DEF Einschübe(d),
          DEF Replikator(g), OBLIGATER Streichung(l),
          FORMZEICHEN - Formatzeichen(A342d,f, A346b).
A342f Ziffer- Formatzeichen(A341k): Buchstabe d(94a) Symbol;
          Nullunterdrückung(d)- Formatzeichen.
A342d Nullunterdrückung- Formatzeichen(f, A341k):
          Buchstabe z(94a) Symbol.
A346b Zeichen- Formatzeichen(A341k): Buchstabe a(94a) Symbol.
A341l OBLIGATER Streichung(j,k, A347b):
          wobei (OBLIGATER) ist(obligate),
          LEER ;
          wobei (OBLIGATER) ist (LEER) ,
          Buchstabe s(94a) Symbol bzw LEER .
A341d DEF Einschübe(b,c,j,k, A347b, A348a,b, A349a, A34A d):
          DEF Texte(l)bzw LEER ,
          DEF Einschub(e) Katenation bzw LEER .
A341e DEF Einschub(d): DEF Replikator(g),
          Vorschub(f), DEF Texte(l)bzw LEER .
A341f Vorschub(e):
          Buchstabe k(94a) Symbol; Buchstabe x(94a) Symbol;
          Buchstabe y(94a) Symbol; Buchstabe l(94a) Symbol;
          Buchstabe p(94a) Symbol; Buchstabe q(94a) Symbol.
A341g DEF Replikator(b,e,l,k):
          DEF obligate Replikator(h) bzw LEER .
A341h DEF obligate Replikator(g,l):
          Ganzdezimalzahl(811b); Buchstabe n(94a) Symbol,
          sanfte ganze DEF GEKLAMMERTE Klausel(31a,34a,-),
          Kompragmentar(92a) Katenation bzw LEER .
A341i DEF OBLIGATER Texte(d,e,l, A348a,b):
          DEF OBLIGATER Replikator(g,h),starke Reihe von Zeichen
          DEF Eigenbenennung(80a)a posteriori(61a),
          DEF obligate Texte(l)bzw LEER .

^^^^^^^^^^^^^^^^^^^^^^^(general constructions)^^^^^^^^^^^^^^^^^^
            ----
133 c NOTION list(c): NOTION ; NOTION ,and also(94f)token,
       NOTION list(c).
            ----
133 b NOTION sequence(b): NOTION ; NOTION , NOTION sequence(b).

            ----
133 d NOTETY STYLE pack:
       STYLE begin(94f,-)token, NOTETY , STYLE end(94f,-)token.
            ----
133 e NOTION STYLE bracket:
       STYLE sub(94f,-)token, NOTION , STYLE bus(94f,-)token.

            ------
91 k NOTION token:pragment(92a)sequence option,
       NOTION symbol(94a,b,c,d,e,f,g,h).

92 a   pragment(91k, A341b,h): PRAGMENT (b).
92 b   PRAGMENT (a): STYLE PRAGMENT symbol(94h,-),
         STYLE PRAGMENT item(c)sequence option,
         STYLE PRAGMENT symbol(94h,-).

92 c   STYLE PRAGMENT item(b):character glyph(814c);
           STYLE other PRAGMENT item(d).
92 d   (c) A production rule may be added for each notion designated
           by 'STYLE other PRAGMENT item'(for which no hyper-rule is
           given in this Report)each of whose alternatives is a symbol
           (1.1.3.1.f)different from any terminal production of
           'character glyph'(8.1.4.1.c),and such that no terminal
           production of any 'STYLE other PRAGMENT item'is the
           corresponding 'STYLE PRAGMENT symbol'.(thus COMMENT
           ¢ COMMENT might be a comment,but ¢ ¢ ¢ could not.)

            ----
133 f THING1 or alternatively THING2 : THING1 ; THING2 .
            ------
133 a NOTION option: NOTION ; EMPTY .
           (proposal==option=>or alternatively EMPTY ==)

       ^^^^^^^^^^^^^^^^^^^^^^(assertions)^^^^^^^^^^^^^^^^^^^^^^^^^^^^
       ----
13 a where true: EMPTY .
       ----
13 b unless false: EMPTY .

       ^^^^^^^^^^^^^^^^^^^^^^(predicates)^^^^^^^^^^^^^^^^^^^^^^^^^^^^^
            --
13 d where THING1 or THING2 :
       where THING1 ;where THING2 .
13 f unless THING1 or THING2 :
       unless THING1 ;unless THING2 .
            ---
13 c where THING1 and THING2 :
        where THING1 ,where THING2 .
13 e unless THING1 and THING2 :
        unless THING1 ;unless THING2 .

^^^^^^^^^^^^^^^^^^^^^(abkürzende Redewendungen)^^^^^^^^^^^^^^^^^

133 c ALPHAS Liste(c): ALPHAS ; ALPHAS ,
      kollaterale Trenner(94f) Programmzeichen, ALPHAS Liste(c).

133 b ALPHAS Katenation(b): ALPHAS ; ALPHAS , ALPHAS Katenation(b).

133 d ALPHASER STIL Klammerung: STIL Beginn(94f,-) Programmzeichen,
      ALPHASER , STIL Ende(94f,-) Programmzeichen.

133 e ALPHAS STIL Tiefsetzung: STIL tief(94f,-) Programmzeichen,
      ALPHAS , STIL tief(94f,-) Programmzeichen.

91 k ALPHAS Programmzeichen: Kompragmentar(92a) Katenation bzw LEER ,
      ALPHAS Symbol(94a,b,c,d,e,f,g,h).

92 a Kompragmentar(91k, A341b,h): KOMPRAGMENTAR (b).
92 b KOMPRAGMENTAR (a): STIL KOMPRAGMENTAR - Begrenzer Symbol(94h,-),
       STIL KOMPRAGMENTAR - Bestandteil(c) Katenation bzw LEER ,
       STIL KOMPRAGMENTAR - Begrenzer Symbol(94h,-).

92 c   STIL KOMPRAGMENTAR - Bestandteil(b): Zeichen(814c);
        STIL sonstige KOMPRAGMENTAR - Zeichen(d).
92 d   (c) Für jede aus 'STIL sonstige KOMPRAGMENTAR - Zeichen'
        produzierbare Vokabel kann(da keine anwendbare
        Hyperregel im Report vorhanden) eine Hyperregel
        hinzugefügt werden, deren produzierte Worte
        Symbolvokabeln (1.1.3.1,f) sind,
        die verschieden sind von jeder
        produzierbaren' Zeichen Symbol'(814c) und vom
        jeweiligen' STIL KOMPRAGMENTAR - Begrenzer Symbol'(94h)
        (d.h. 'COMMENT' ¢ 'COMMENT' kann ein Kommentar sein,
        aber ¢ ¢ ¢ nicht).

133 f KLALPHAS1 bzw KLALPHAS2 : KLALPHAS1 ; KLALPHAS2 .

133 a ALPHAS bzw LEER : ALPHAS ; LEER .

      ^^^^^^^^^^^^^^^^^^^^^^(Aussagen)^^^^^^^^^^^^^^^^^^^^^^^^^^^^^^
13 a wobei wahr: LEER .

13 b außer falsch: LEER .

      ^^^^^^^^^^^^^^^^^^(Aussagenformen)^^^^^^^^^^^^^^^^^^^^^^^^^^^^
13 d wobei KLALPHAS1 oder KLALPHAS2 :
       wobei KLALPHAS1 ;wobei KLALPHAS2 .
13 f außer KLALPHAS1 oder KLALPHAS2 :
       außer KLALPHAS1 ,außer KLALPHAS2 .

13 c wobei KLALPHAS1 und KLALPHAS2 :
       wobei KLALPHAS1 ,wobei KLALPHAS2 .
13 e außer KLALPHAS1 und KLALPHAS2 :
       außer KLALPHAS1 ,außer KLALPHAS2 .

----

72   a WHETHER PROP Identified In NEST new PROPSETY (48b,542a)I
        where PROP resides In PROPSETY (b,c,-), WHETHER true;
        where PROP Independent PROPSETY (71a,b,c),
        WHETHER PROP Identified In NEST (a,-).

----

72   b WHETHER PROP1 resides In PROPS2 PROP2 (a,b,48d):
        WHETHER PROP1 resides In PROP2 (c,-)
            or PROP1 resides In PROPS2 (b,c,-).
72   c WHETHER QUALITY1 TAX resides In QUALITY2 TAX (a,b,48d):
        where (QUALITY1) Is(label)or (QUALITY1) Is (DYADIC)
            or (QUALITY1) Is (MODE field),
            WHETHER (QUALITY1) Is (QUALITY2) ;
        where (QUALITY1) Is (MOID1 TALLETY)
            and (QUALITY2) Is (MOID2 TALLETY) ,
            WHETHER MOID1 equivalent MOID2 (73a).

----

71   a WHETHER PROP1 Independent PROPS2 PROP2 (a,48a,c,72a):
        WHETHER PROP1 Independent PROPS2 (a,c)
            and PROP1 Independent PROP2 (c).
71   b WHETHER PROP Independent EMPTY (48a,c,72a): WHETHER true.
71   c WHETHER QUALITY1 TAX1
            Independent QUALITY2 TAX2 (a,48a,c,72a):
        unless (TAX1) Is (TAX2) , WHETHER true;
        where (TAX1) Is (TAX2) and (TAX1) Is (TAD) ,
            WHETHER QUALITY1 Independent QUALITY2 (d).

71   d WHETHER QUALITY1 Independent QUALITY2 (c):
        where QUALITY1 related QUALITY2 (e,f,g,h,I,J,-),
            WHETHER false;
        unless QUALITY1 related QUALITY2 (e,f,g,h,I,J,-),
            WHETHER true.

----

71   e WHETHER MONO related DUO (d): WHETHER false.
71   f WHETHER DUO related MONO (d): WHETHER false.
71   g WHETHER PRAM related DYADIC (d): WHETHER false.
71   h WHETHER DYADIC related PRAM (d): WHETHER. false.
71   I WHETHER procedure with MODE1 parameter MODE2 parameter
            yielding MOID1
            related procedure with MODE3 parameter MODE4 parameter
            yielding MOID2 (d):
        WHETHER MODE1 firmly related MODE3 (k)
            and MODE2 firmly related MODE4 (k).
71   J WHETHER procedure with MODE1 parameter yielding MOID1
            related procedure with MODE2 parameter yielding
            MOID2 (d): WHETHER MODE1 firmly related MODE2 (k).

----

71   k WHETHER MOID1 firmly related MOID2 (I,J):
        WHETHER MOODS1 Is firm MOID2 (I,m)
            or MOODS2 Is firm MOID1 (I,m),
        where (MOODS1) Is (MOID1)
            or(union of MOODS1 mode)Is (MOID1) ,
        where (MOODS2) Is (MOID2)
            or(union of MOODS2 mode)Is (MOID2) .

```
72  a  OB  VZK genannt in DEF neu SPEICHER (48b,542a):
           wobei VZK gespeichert in SPEICHER (b,c,-),
        OB wahr;
           wobei VZK nicht gespeichert in SPEICHER (71a,b,c),
        OB  VZK genannt in DEF (a,-),


72  b  OB  VZK gespeichert in SPEICH VZK1 (a,b,48d):
           OB  VZK gespeichert in VZK1 (c,-)
           oder VZK gespeichert in SPEICH (b,c,-).
72  c  OB  NAMART  NAME gespeichert in NAMART1 NAME (a,b,48d):
           wobei (NAMART) ist( Ziel)oder (NAMART) ist (DYADISCHE)
           oder (NAMART) ist (ART  Komponente),
        OB  (NAMART) ist (NAMART1) ;
           wobei (NAMART) ist (ÄRT   ITER)
           und (NAMART1) ist (ÄRT1   ITER) ,
        OB  ÄRT äquivalent ÄRT1 (73a).


71  a  OB  VZK nicht gespeichert in SPEICH  VZK1 (a,48a,c,72a):
           OB  VZK nicht gespeichert in SPEICH (a,c)
           und VZK nicht gespeichert in VZK1 (c).
71  b  OB  VZK nicht gespeichert in LEER (48a,c,72a): OB wahr.
71  c  OB  NAMART  NAME
           nicht gespeichert in NAMART1  NAME1 (a,48a,c,72a):
           außer (NAME) ist (NAME1) ,
        OB wahr;
           wobei (NAME) ist (NAME1) und (NAME1) ist (OPNAME) ,
        OB  NAMART nicht gespeichert in NAMART1 (d).
71  d  OB  NAMART nicht gespeichert in NAMART1 (c):
           wobei NAMART verwandt NAMART1 (e,f,g,h,i,J,-),
        OB falsch;
           außer NAMART verwandt NAMART1 (e,f,g,h,i,J,-),
        OB wahr.


71  e  OB  EPROZ verwandt ZPROZ (d): OB falsch.
71  f  OB  ZPROZ verwandt EPROZ (d): OB falsch.
71  g  OB  ZEPROZ verwandt DYADISCH (d): OB falsch.
71  h  OB  DYADISCH verwandt ZEPROZ (d): OB falsch.
71  i  OB  Prozedur mit ART1  Parameter ART2   Parameter
           ergebend ÄRT1
           verwandt Prozedur mit ART3  Parameter ART4   Parameter
           ergebend ÄRT2  (d):
           OB  ART1 fest verwandt ART3 (k)
           und ART2 fest verwandt ART4 (k).
71  J  OB  Prozedur mit ART  Parameter ergebend ÄRT
           verwandt Prozedur mit ART1  Parameter ergebend ÄRT1  (d):
           OB  ART fest verwandt ART1 (k).


71  k  OB  ÄRT  fest verwandt ÄRT1  (i,J):
           OB  MODSPEICH konvertiert fest zu ÄRT1  (i,m)
           oder MODSPEICH1 konvertiert fest zu ÄRT  (i,m),
           wobei (MODSPEICH)  ist (ÄRT)
           oder( Vereinigung von MODSPEICH  Art)ist (ÄRT)  ,
           wobei (MODSPEICH1)  ist (ÄRT1)
           oder( Vereinigung von MODSPEICH1  Art)ist (ÄRT1)  ,
```

```
47  f  WHETHER MOODSETY1 with MOODSETY2 Incestuous(f,46s):
       where (MOODSETY2) is (MOOD MOODSETY3) ,
         WHETHER MOODSETY1 MOOD with MOODSETY3 Incestuous(f)
         or MOOD is firm union of MOODSETY1 MOODSETY3 mode(71m);
       where (MOODSETY2 is (EMPTY) , WHETHER false.


71  l  WHETHER  MOODS  MOOD is firm MOID (k,l):
       WHETHER  MOODS is firm MOID (l,m)
         or MOOD is firm MOID (m).
71  m  WHETHER  MOID1 is firm MOID2 (k,l,n,47f):
       WHETHER  MOID1 equivalent MOID2 (73a)
         or MOID1 unites to MOID2 (64b)
         or MOID1 deprefs to firm MOID2 (n).


71  n  WHETHER  MOID1 deprefs to firm MOID2 (m):
       where (MOID1) is (PREF MOID3) ,
         WHETHER  MOID5 is firm MOID2 (m),
         where MOID3 deflexes to MOID5 (47a,b,c);
       where (MOID1 is (NONPREF) , WHETHER false.


64  b  WHETHER  MOID1 unites to MOID2 (a,34l,71m):
       where MOID1 equivalent MOID2 (73a),
         WHETHER false;
       unless MOID1 equivalent MOID2 (73a),
         WHETHER safe MOODS1 subset of safe MOODS2 (73l,m,n),
         where (MOODS1) is (MOID1)
          or(union of MOODS1 mode)is (MOID1) ,
         where (MOODS2) is (MOID2)
          or(union of MOODS2 MODE) is (MOID2) .


73  l    WHETHER  SAFE1  MOODS1  MOOD1 subset of
            SAFE2  MOODS2 (k,l,46s,64b):
         WHETHER  SAFE1  MOODS1 subset of SAFE2  MOODS2 (l,m,n)
            and SAFE1  MOOD1 subset of SAFE2  MOODS2 (m,n).

73  m    WHETHER  SAFE1  MOOD1
            subset of SAFE2  MOODS2 MOOD2 (k,l,m,46s,64b):
         WHETHER  SAFE1  MOOD1 subset of SAFE2  MOODS2 (m,n)
            or SAFE1  MOOD1 subset of SAFE2  MOOD2 (n).
73  n    WHETHER  SAFE1  MOOD1 subset of SAFE2  MOOD2 (k,l,m,64b):
         WHETHER  SAFE1  MOOD1 equivalent SAFE2  MOOD2 (b).
```

```
          --------------
47  f  OB  MÜDSPEICHER  zu fest verwandt MÜDSPEICHER1  (f,46s):
        wobei (MÜDSPEICHER1) ist (MÜD MÜCSPEICHER2) ,
        OB  MÜDSPEICHER  MÜD  zu fest verwandt MÜDSPEICHER2
        oder MÜD  konvertiert fest zu
        Vereinigung von MÜDSPEICHER MÜDSPEICHER2   Art(71m);
        wobei (MÜDSPEICHER1) ist (LEER) ,
        OB falsch.


               ---------------
71  l  OB  MÜDSPEICH  MÜD  konvertiert fest zu ÄRT  (k,l):
        OB  MÜDSPEICH  konvertiert fest zu ÄRT  (l,m)
        oder MÜD  konvertiert fest zu ÄRT  (m).
71  m  OB  MÜDSPEICH  konvertiert fest zu MÜDSPEICH1  (k,l,n,47f):
        OB  MÜDSPEICH  äquivalent MÜDSPEICH1  (73a)
        oder MÜDSPEICH  entpreist zu MÜDSPEICH1  (n),
        oder MÜDSPEICH  vereinigt zu MÜDSPEICH1  (64b).


          -----------
71  n  OB  ÄRT  entpreist zu ÄRT1  (m):
        wobei (ÄRT) ist (PREIS ÄRT2) ,
        OB  ÄRT3  konvertiert fest zu ÄRT1  (m),
        wobei ÄRT2  entflexibelt zu ÄRT3  (47a,b,c);
        wobei (ÄRT) ist (NICHTPREIS)
        OB falsch.


          -------------
64  b  OB  ÄRT  vereinigt zu ÄRT1  (a,341,71m):
        wobei ÄRT  äquivalent ÄRT1  (73a),
        OB falsch;
        außer ÄRT  äquivalent ÄRT1  (73a),
        OB  Artspeicher MÜDSPEICH  Teilmenge
        von  Artspeicher MÜDSPEICH1  (73l,m,n),
        wobei (MÜDSPEICH ist (ÄRT)
        oder( Vereinigung von MÜDSPEICH   Art)ist (ÄRT)
        wobei (MÜDSPEICH1) ist (ÄRT1)
        oder( Vereinigung von MÜDSPEICH1   Art)ist (ÄRT1)


                  --------------
73  l  OB  ARTSPEICH MÜDSPEICH  MÜD  Teilmenge von
        ARTSPEICH1 MÜDSPEICH1  (k,l,46s,64b):
        OB  ARTSPEICH MÜDSPEICH  Teilmenge
        von ARTSPEICH1 MÜDSPEICH1  (l,m,n)
        und ARTSPEICH MÜD Teilmenge von ARTSPEICH1 MÜD  MÜD1  (m,n).
73  m  OB  ARTSPEICH  MÜD  Teilmenge
        von ARTSPEICH1 MÜDSPEICH1  MÜD1  (k,l,m,46s,64b):
        OB ARTSPEICH MÜD  Teilmenge vor ARTSPEICH1 MÜDSPEICH1  (m,n)
        oder ARTSPEICH  MÜD  Teilmenge von ARTSPEICH1  MÜD1  (n).
73  n  OB ARTSPEICH MÜD  Teilmenge von ARTSPEICH1 MÜD1  (k,l,m,64b),
        OB  ARTSPEICH  MÜD  äquivalent ARTSPEICH1  MÜD1  (b).
```

----

73 a WHETHER MOID1 equivalent MOID2 (64b,71n,72c):
      WHETHER safe MOID1 equivalent safe MOID2 (b).

73 b WHETHER SAFE1 MOID1 equivalent SAFE2 MOID2 (a,b,d,l,J,n):
       where (SAFE1) contains(remember MOID1   MOID2)
          or (SAFE2) contains(remember MOID2   MOID1) , WHETHER true;
       unless (SAFE1) contains(remember MOID1   MOID2)
          or (SAFE2) contains(remember MOID2   MOID1) ,
       WHETHER (HEAD3) is (HEAD4)
       and remember MOID1 MOID2 SAFE3 TAILETY3
       equivalent SAFE4 TAILETY4 (b,d,e,k,q,-),
       where SAFE3 HEAD3 TAILETY3 develops from SAFE1 MOID1 (c)
       and SAFE4 HEAD4 TAILETY4 develops from SAFE2 MOID2 (c).

73 q WHETHER SAFE1 EMPTY equivalent SAFE2 EMPTY (b):
       WHETHER true.

73 k WHETHER SAFE1 MOODS1 mode equivalent SAFE2 MOODS2 mode(b):
          WHETHER SAFE1 MOODS1 subset of SAFE2 MOODS2 (l,m,n)
          and SAFE2 MOODS2 subset of SAFE1 MOODS1 (l,m,n)
          and MOODS1 number equals MOODS2 number(o,p).

73 d WHETHER SAFE1 FIELDS1 mode equivalent SAFE2 FIELDS2 mode(b):
       WHETHER SAFE1 FIELDS1 equivalent SAFE2 FIELDS2 (f,g,h,l).

73 e WHETHER SAFE1 PARAMETERS1 yielding MOID1
          equivalent SAFE2 PARAMETERS2 yielding MOID2 (b):
       WHETHER SAFE1 PARAMETERS1
          equivalent SAFE2 PARAMETERS2 (f,g,h,J)
          and SAFE1 MOID1 equivalent SAFE2 MOID2 (b).

73 f WHETHER SAFE1 PARTS1 PART1
          equivalent SAFE2 PARTS2 PART2 (d,e,f):
       WHETHER SAFE1 PARTS1 equivalent SAFE2 PARTS2 (f,g,h,l,J)
          and SAFE1 PART1 equivalent SAFE2 PART2 (l,J).

73 g WHETHER SAFE1 PARTS1 PART1 equivalent SAFE2 PART2 (d,e,f):
       WHETHER false.
73 h WHETHER SAFE1 PART1 equivalent SAFE2 PARTS2 PART2 (d,e,f):
       WHETHER false.

73 l WHETHER SAFE1 MODE1 field TAG1
          equivalent SAFE2 MODE2 field TAG2 (d,f):
       WHETHER (TAG) is (TAG2)
          and SAFE1 MODE1 equivalent SAFE2 MODE2 (b).
73 J WHETHER SAFE1 MODE1 parameter
          equivalent SAFE2 MODE2 parameter(e,f):
       WHETHER SAFE1 MODE1 equivalent SAFE2 MODE2 (b).

73 a OB ÄRT äquivalent ÄRT1 (64b,71n,72c):
        OB Artspeicher ÄRT äquivalent Artspeicher ÄRT1 (b).

73 b OB ARTSPEICH ÄRT äquivalent ARTSPEICH1 ÄRT1 (a,b,d,i,j,n):
        wobei (ARTSPEICH) enthält(Hinweis ÄRT   ÄRT1)
        oder (ARTSPEICH1) enthält(Hinweis ÄRT1   ÄRT) ,
        OB wahr;
        außer (ARTSPEICH) enthält(Hinweis ÄRT   ÄRT1)
        oder (ARTSPEICH1) enthält(Hinweis ÄRT1   ÄRT) ,
        OB (HÄUPT2) ist (HÄUPT3)
        und Hinweis ÄRT   ÄRT1 ARTSPEICH2 HINTER2
        äquivalent ARTSPEICH3 HINTER3 (b,d,e,k,q,-),
        wobei ARTSPEICH2 HÄUPT2   HINTER2
        entstammt ARTSPEICH ÄRT (c)
        und ARTSPEICH3 HÄUPT3   HINTER3
        entstammt ARTSPEICH1 ÄRT1 (c).
73 c OB ARTSPEICH LEER äquivalent ARTSPEICH1 LEER (b):
        OB wahr.

73 k OB ARTSPEICH MÜDSPEICH   Art äquivalent
        ARTSPEICH1 MÜDSPEICH1   Art(b):
        OB ARTSPEICH MÜDSPEICH   Teilmenge
        von ARTSPEICH1 MÜDSPEICH1 (l,m,n)
        und ARTSPEICH1 MÜDSPEICH1   Teilmenge
        von ARTSPEICH MÜDSPEICH (l,m,n)
        und MÜDSPEICH anzahlmäßig gleich MÜDSPEICH1 (o,p).
73 d OB ARTSPEICH KOMPKOMP Art äquivalent
        ARTSPEICH1 KOMPKOMP1 Art(b):
        OB ARTSPEICH KOMPKOMP äquivalent
        ARTSPEICH1 KOMPKOMP1 (f,g,h,i).
73 e OB ARTSPEICH PARPAR ergebend ÄRT
        äquivalent ARTSPEICH1 PARPAR1 ergebend ÄRT1 (b):
        OB ARTSPEICH PARPAR
        äquivalent ARTSPEICH1 PARPAR1
        und ARTSPEICH ÄRT äquivalent ARTSPEICH1 ÄRT1 (b).

73 f OB ARTSPEICH TEILTEIL TEIL
        äquivalent ARTSPEICH1 TEILTEIL1 TEIL1 (d,e,f):
        OB ARTSPEICH TEILTEIL
        äquivalent ARTSPEICH1 TEILTEIL1 (f,g,h,i,j)
        und ARTSPEICH TEIL äquivalent ARTSPEICH1 TEIL1 (i,j).
73 g OB ARTSPEICH TEILTEIL TEIL äquivalent
        ARTSPEICH1 TEIL1 (d,e,f):
        OB falsch.
73 h OB ARTSPEICH TEIL äquivalent
        ARTSPEICH1 TEILTEIL1 TEIL1 (d,e,f):
        OB falsch.

73 i OB ARTSPEICH ART Komponente GRUNDNAME
        äquivalent ARTSPEICH1 ART1 Komponente GRUNDNAME1 (d,f):
        OB (GRUNDNAME) ist (GRUNDNAME1)
        und ARTSPEICH ART äquivalent ARTSPEICH1 ART1 (b).
73 j OB ARTSPEICH ART Parameter
        äquivalent ARTSPEICH1 ART1 Parameter(e,f):
        OB ARTSPEICH ART äquivalent ARTSPEICH1 ART1 (b).

----

73 c WHETHER SAFE2 HEAD TAILETY develops from SAFE1 MOID (b,c):
      where (MOID) is (HEAD TAILETY) ,
        WHETHER (HEAD) shields SAFE1 to SAFE2 (74a,b,c,d,-);
      where (MOID) is (MU definition of MODE) ,
        unless (SAFE1) contains (MU has) ,
        WHETHER SAFE2 HEAD TAILETY develops from
        MU has MODE SAFE1 MODE (c);
      where (MOID) is (MU application)
          and (SAFE1) is (NOTION MU has MODE SAFE3
          and (NOTION) contains(yin)and (NOTION) contains(yang),
        WHETHER SAFE2 HEAD TAILETY develops from SAFE1 MODE (c).

-------   --

74   a WHETHER (NOTION) shields SAFE to SAFE (73c):
        where (NOTION) is (PLAIN) or (NOTION) is (FLEXETY ROWS of)
          or (NOTION) is(union of)or (NOTION) is(void),
        WHETHER true.

74   b WHETHER (PREF) shields SAFE to yin SAFE (73c): WHETHER true.

74   c WHETHER (structured with)shields SAFE to yang SAFE (73c):
        WHETHER true.

74   d WHETHER (procedure with)shields SAFE to yin yang SAFE (73c):
        WHETHER true.

----

32   e WHETHER SORT MOID balances
          SORT1 MOID1 and SORT2 MOID2 (b,33b,34d,h):
        WHETHER SORT balances SORT1 and SORT2 (f)
          and MOID balances MOID1 and MOID2 (g).
32   f WHETHER SORT balances SORT1 and SORT2 (e,522a):
        where (SORT1) is(strong), WHETHER (SORT2) is (SORT) ;
        where (SORT2) is(strong), WHETHER (SORT1) is (SORT) .

32   g WHETHER MOID balances MOID1 and MOID2 (e):
        where (MOID1) is (MOID2) , WHETHER (MOID) is (MOID1) ;
        where (MOID1)is(transient MOID2) ,
          WHETHER (MOID) is (MOID1) ;
        where (MOID2) is(transient MOID1) ,
          WHETHER (MOID) is (MOID2) .

```
73  c OB  ARTSPEICH  HÄUPT    HINTER entstammt ARTSPEICH1  ÄRT   (b,c):
        wobei (ÄRT)  ist (HÄUPT   HINTER) ,
      OB  (HÄUPT)  vergütet ARTSPEICH1 zu ARTSPEICH (74a,b,c,d,-);
        wobei (ÄRT)  ist (NUMART  Vereinbarung von ART) ,
        außer (ARTSPEICH1) enthält  (NUMART bedeutet),
      OB  ARTSPEICH  HÄUPT    HINTER entstammt
      NUMART bedeutet ART  ARTSPEICH1  ART (c);
        wobei (ÄRT)  ist (NUMART  Aufruf)
        und (ARTSPEICH1)
        ist (ALPHAS  NUMART bedeutet ART  ARTSPEICHER2 )
        und (ALPHAS) enthält(prozvrw)und  (ALPHAS) enthält(nprozstr),
      OB  ARTSPEICH  HÄUPT    HINTER entstammt ARTSPEICH1  ART (c),


74  a OB  (ALPHAS) vergütet  ARTSPEICH zu ARTSPEICH (73c):
        wobei (ALPHAS) ist (GRUNDART)
        oder (ALPHAS) ist (FLEXER  REIREI von)
        oder (ALPHAS) ist( Vereinigung von)
        oder (ALPHAS) ist(artleere),
      OB wahr.
74  b OB  (PREIS) vergütet  ARTSPEICH zu prozvrw ARTSPEICH (73c):
      OB wahr.
74  c OB ( Struktur aus)vergütet  ARTSPEICH
        zu nprozstr ARTSPEICH (73c):
      OB wahr.
74  d OB ( Prozedur mit)vergütet  ARTSPEICH
        zu prozvrw nprozstr ARTSPEICH (73c):
      OB wahr.


32  e OB  POS  ÄRT   bestimmt
        POS1  ÄRT1  und POS2  ÄRT2  (b,33b,34d,h):
      OB  POS bestimmt POS1 und POS2 (f)
      und ÄRT  bestimmt ÄRT1  und ÄRT2  (g),
32  f OB  POS bestimmt POS1 und POS2 (e,522a):
        wobei (POS1) ist(stark),
      OB  (POS2) ist (POS) ;
        wobei (POS2) ist(stark),
      OB  (POS1) ist (POS)
32  g OB  ÄRT  bestimmt ÄRT1  und ÄRT2  (e):
        wobei (ÄRT1)  ist (ÄRT2) ,
      OB  (ÄRT)  ist (ÄRT1) ;
        wobei (ÄRT1)  ist(trindexabhängige  ÄRT2) ,
      OB  (ÄRT)  ist (ÄRT1) ;
        wobei (ÄRT2)  ist(trindexabhängige  ÄRT1) ,
      OB  (XRT)  ist (ÄRT2) .
```

```
                    r---------q
47   g WHETHER MOIDS ravels to MOODS (g,46s):
       where (MOIDS) is (MOODS) , WHETHER true;
       where (MOIDS) is (MOODSETY union of MOODS1 mode MOIDSETY) ,
        WHETHER MOODSETY MOODS1 MOIDSETY ravels to MOODS (g).



                    ----------
34   m WHETHER choice using MODE2 may follow choice using MODE1 (I):
       where (MODE1) is (MOOD) , WHETHER (MODE2) is (MODE1) ;
       where (MODE1) begins with (union of),
        WHETHER  (MODE2) begins with (union of).



                    ------
43   c WHETHER  DIGIT1 counts PRIO I(b,c):
       WHETHER  DIGIT2 counts PRIO (c,d),
          where(digit one digit two digit three digit four
          digit five digit six digit seven digit eight digit nine)
          contains (DIGIT2  DIGIT1) ,
43   d WHETHER digit one counts I(b,c): WHETHER true,



                    --
13   g WHETHER  (NOTETY1) is (NOTETY2) :
       WHETHER  (NOTETY1) begins with (NOTETY2) (h,I,J)
          and (NOTETY2) begins with (NOTETY1) (h,I,J).

                    -----------
13   J WHETHER  (ALPHA1 NOTETY1) begins with
          (ALPHA2 NOTETY2) (g,J,m):
       WHETHER  (ALPHA1) coincides with (ALPHA2) in
          (abcdefghiJklmnopqrstuvwxyz)(k,I,-)
          and (NOTETY1) begins with (NOTETY2) (h,I,J).

13   h   WHETHER  (EMPTY) begins with (NOTION) (g,J):
          WHETHER false(h,-),
13   I   WHETHER  (NOTETY) begins with (EMPTY) (g,J):
          WHETHER true(a,-),


                    ---------------    --
13   k   where (ALPHA) coincides with (ALPHA) in (NOTION) (J):
          where true(a).
13   l   unless (ALPHA1) coincides with (ALPHA2) in (NOTION) (J):
          where (NOTION) contains (ALPHA1 NOTETY  ALPHA2) (m)
            or (NOTION) contains (ALPHA2 NOTETY  ALPHA1) (m),
          (hint== NOTION =>abcdefghiJklmnopqrstuvwxyz==)



                    --------
13   m   WHETHER  (ALPHA NOTETY) contains (NOTION) (I,m):
          WHETHER ( ALPHA NOTETY) begins with (NOTION) (J)
            or (NOTETY) contains (NOTION) (m,n).
13   n   WHETHER  (EMPTY) contains (NOTION) (m): WHETHER false(b,-).
```

```
                    ----------

47    a OB  ÄRTSPEICH  Idempotent MÜDSPEICH  (g,46s):
         wobei (ÄRTSPEICH)  ist (MÜDSPEICH)  ,
       OB wahr;
         wobei (ÄRTSPEICH)  ist
          (MÜDSPEICHER   Vereinigung von MÜDSPEICH1   Art ÄRTSPEICHER)
       OB MÜDSPEICHER  MÜDSPEICH1  ÄRTSPEICHER  Idempotent MÜDSPEICH
          (g).


                    ----------------

34    m OB  ART1 - Unterscheidung darf folgen auf
         ART - Unterscheidung(i);
         wobei (ART) ist (MÜD)  ,
       OB  (ART1) ist (ART) ;
         wobei (ART) beginnt mit( Vereinigung von),
       OB  (ART) beginnt mit( Vereinigung von).


                    ------

43    c OB  ZIFFR zählt  RANG I(b,c):
         OB  ZIFFR1 zählt  RANG (c,d),
         wobei( Ziffer eins Ziffer zwei Ziffer drei Ziffer vier
         Ziffer fünf  Ziffer sechs Ziffer sieben Ziffer acht
         Ziffer neun)enthält  (ZIFFR1 ZIFFR) .
43    d  OB  Ziffer eins zählt  I(b,c): OB wahr.


                    ---

13    g OB  (ALPHASER1) ist (ALPHASER2) :
         OB  (ALPHASER1) beginnt mit (ALPHASER2) (h,i,J)
         und (ALPHASER2) beginnt mit (ALPHASER1) (h,i,J).


                    ------------

13    J  OB  (ALPHA1 ALPHASER1) beginnt mit
            (ALPHA2 ALPHASER2) (g,J,m):
         OB  (ALPHA1) gleich (ALPHA2) bezüglich
         (abcdefghijklmnopqrstuvwxyzäöüß
          ABCDEFGHIJKLMNOPQRSTUVWXYZÄÖÜ-)     (k,i,-)
         und (ALPHASER1) beginnt mit (ALPHASER2) (h,i,J).
13    h   OB  (LEER) beginnt mit (ALPHAS) (g,J):
         OB falsch(h,-).
13    i   OB  (ALPHASER) beginnt mit (LEER) (g,J):
         OB wahr(a,-).


                    ------       ----------

13    k   wobei (ALPHA) gleich (ALPHA) bezüglich  (ALPHAS) (J):
         wobei wahr(a).
13    l   außer (ALPHA1) gleich (ALPHA2) bezüglich  (ALPHAS) (J):
         wobei (ALPHAS) enthält  (ALPHA1 ALPHASER  ALPHA2) (m)
         oder (ALPHAS) enthält  (ALPHA2 ALPHASER  ALPHA1) (m).
         ( Hinweis== ALPHAS =>abcdefghijklmnopqrstuvwxyzäöüß
13    l                         ABCDEFGHIJKLMNOPQRSTUVWXYZÄÖÜ-        ==)


                    --------

13    m   OB  (ALPHA ALPHASER) enthält  (ALPHAS) (i,m):
         OB  (ALPHA ALPHASER) beginnt mit (ALPHAS) (J)
         oder (ALPHASER) enthält  (ALPHAS) (m,n).
13    n   OB  (LEER) enthält  (ALPHAS) (m): OB falsch(b,-).
```

73 o WHETHER MOODS1 MOOD1 number equals MOODS2 MOOD2 number(k,o):
       WHETHER   MOODS1 number equals MOODS2 number(o,p,-),
73 p WHETHER   MOOD1 number equals MOOD2 number(k,o): WHETHER true,

541 c WHETHER DECS DEC like PARAMETERS PARAMETER (b,c):
       WHETHER DECS like PARAMETERS (c,d,-)
          and DEC like PARAMETER (d,-),
541 d WHETHER MODE TAG like MODE parameter(b,c): WHETHER true.

531 b WHETHER (transient reference to)is derived from
          (REF to flexible)(a,532a,66a): WHETHER true,

531 c WHETHER (REFETY) is derived from (REFETY) (a,532a,66a):
       WHETHER true,

47 b WHETHER FLEXETY ROWS of MODE1 deflexes to
          ROWS of MODE2 (b,e,46b,521c,62a,71n):
       WHETHER MODE1 deflexes to MODE2 (a,b,c,-),
47 c WHETHER structured with FIELDS1 mode deflexes to
          structured with FIELDS2 mode(b,e,46b,521c,62a,71n):
       WHETHER FIELDS1 deflexes to FIELDS2 (d,e,-),
47 d WHETHER FIELDS1 FIELD1 deflexes to FIELDS2 FIELD2 (c,d):
       WHETHER FIELDS1 deflexes to FIELDS2 (d,e,-)
          and FIELD1 deflexes to FIELD2 (e,-),
47 e   WHETHER MODE1 field TAG deflexes to MODE2 FIELD TAG (c,d):
       WHETHER MODE1 deflexes to MODE2 (a,b,c,-),

47 a WHETHER NONSTOWED deflexes to NONSTOWED (b,e,46b,521c,62a,71n):
       WHETHER true.

```
-------------------------
73  o OB  MÜDSPEICH    MÜD  anzahlmäßig  gleich MÜDSPEICH1    MÜD1   (k,o):
         OB  MÜDSPEICH  anzahlmäßig  gleich MÜDSPEICH1   (o,p,-),
73  p OB  MÜD  anzahlmäßig  gleich MÜD1  (k,o):
         OB wahr.



                   ----------
541 c OB  VSPEICH  VEN entspricht PARPAR  PAR (b,c):
         OB  VSPEICH entspricht PARPAR (c,d,-)
         und VEN entspricht PAR (d,-),
541 d   OB  ART  GRUNDNAME entspricht ART  Parameter(b,c):
         OB wahr.



                         --------------------
531 b OB  (dynamische Verweis auf)entflexibelt von
          (VRW auf flexible)(a,532a,66a):
          OB wahr.
531 c OB   (VRWAUFER) entflexibelt von (VRWALFER) (a,532a,66a):
          OB wahr.



                       -----------------
47  b OB  FLEXER  REIREI von ART entflexibelt zu
          REIREI von ART1 (b,e,46b,521c,62a,71n):
          OB  ART entflexibelt zu ART1 (a,b,c,-).
47  c   OB  Struktur aus KOMPKOMP  Art entflexibelt zu
            Struktur aus KOMPKOMP1  Art(b,e,46b,521c,62a,71n):
            OB  KOMPKOMP entflexibelt zu KCMPKCMP1 (d,e,-).
47  d    OB  KOMPKOMP  KOMP entflexibelt zu KOMPKOMP1  KOMP1 (c,d):
            OB  KOMPKOMP entflexibelt zu KOMPKOMP1 (d,e,-)
            und KOMP entflexibelt zu KOMP1 (e,-).
47  e     OB  ART  Komponente GRUNDNAME entflexibelt zu
            ART1  KOMP  GRUNDNAME (c,d):
            OB  ART entflexibelt zu ART1 (a,b,c,-).
47  a OB  NICHTSTRELD entflexibelt zu NICHTSTRELD (b,e,46b,521c,62a,71n):
          OB wahr.
```

A3.28 Graph of Predicates
====================
(without: and,or)   identified in
                            (48b,542a)
                   .------------+---------.
                   | |
          resides in   independent
            (43d)   (48a,c)
            | |
            | related
            | | with
            | firmly related   incestuous
            | | (46s)
            | | |
            | ============ |
            | "   "   "
            | is firm   deprefs
            | "   to firm
            | "   "
            | unites to------==========----------.
            | (64s,341) |
            | | |
          ============ |
          "   " |
       equivalent subset of |
          "   (46s) |
          "   " |
     .----------============ |
     | | |
     | develops from |
     | | |
     | shields to   balances   ravels to   may follow |
     | | (32b,33b,   (46s)   (341) |
     | | 34d,h,522a) | | |
     | .------------+---------+-----------. |
     | | |
     | is   counts |
     | (*)   (43b) |
     | | | |
     | ===begins=== |
     | "   with   " |
     | "   " |
     | |
  number   coincides   contains   like   is derived deflexes
  equals   with   "   (541b)   from   to
  number   "   "   (531a,532a, (46b,521c,
          =============   66a)   62a)

Explanation: a
-----------   .-+-.   stands for "a is defined by b,c"
                 b   c

                 ==a==
                 "   "   stands for "a,b,c are recursively defined"
                 b   c
                 =====

                 a   stands for "a is independently defined"

              (primary occurrence)

              (*) = (32b,33d,35b,41a,42b,c,44d,f,46e,p,532a,
                      541e,61a,d,66a,91a,e,d, A1b,c,f,h, A341l)

A3.28 Graph der Aussagenformen
================================
```
       (ohne: und,oder)              genannt in
                                      (48b,542a)
                       .----------------+----------------,
                       |                                 |
           gespeichert in               nicht gespeichert in
              (43d)                          (48a,c)
                       |                         |
                       |                     verwandt
                       |                         |                zu fest
                       |                    fest verwandt         verwandt
                       |                         |                 (46s)
                       |                         |                   |
                       |                     ==========              |
                       |                         "                   "
                       |                     konvertiert        entpreist zu
                       |                      fest zu                "
                       |                         "                   "
                       |            vereinigt zu----------==================------------,
                       |               (64s,341)                                        |
                       |                    |                                           |
                   ==============           "                                           |
                        "                   "                                           |
                   äquivalent           Teilmenge von                                   |
                        "                  (46s)                                        |
                        "                   "                                           |
              .----------------==============                                           |
              |             |                                                           |
              |         entstammt                                          darf         |
              |             |                                              folgen       |
              |        vergütet  zu  bestimmt   idempotent                 auf          |
              |             |        (32b,33b,    (46s)                    (341)        |
              |             |        34d,h,522a)    |                        |          |
              |             |--------------+----------------+------------------|         |
              |             |                                                           |
              |            ist          zählt                                           |
              |            (*)          (43b)                                           |
              |             |             |                                             |
              |         ===beginnt==                                                    |
              |            "    mit    "                                                |
              |            "           "                                                |
        anzahlmäßig      gleich      enthält     entspricht    ent/          ent/
          gleich        bezüglich       "          (541b)      flexibelt    flexibelt
                           "            "                        von           zu
                        ==============                         (531a,532a,   (46b,521e,
                                                                  66a)          62a)
```
```
       Erläuterung:           a
       -----------          .-+-.     bedeutet  "a wird durch b,c definiert"
                            b   c

                            ==a==
                            "   "     bedeutet  "a,b,c definieren sich rekursiv"
                            h   c
                            =====

                             a        bedeutet  "a wird unabhängig  definiert"

                           ( Primärvorkommen)

       (*)    =   (32b,33d,35b,41a,42b,c,44d,f,46e,p,532a,
                   541e,61a,d,66a,91a,e,d, A1b,c,f,h, A341l)
```

A4   REPRESENTATIONS OF SYMBOLS
    ================================
    Representations of symbols
and numbers from the Revised Report 9.4.1 .

    symbol   representation

94a   Lettersymbols
    letter a symbol(814c,82k, A346b,942 B)   A
    letter b symbol(814c,82k, A344b,942 B)   B
    letter c symbol(814c,82k, A348a,942 B)   C
    letter d symbol(814c,82k, A342f,942 B)   D
    letter e symbol(812h,814c,82k, A343e,942 B)   E
    letter f symbol(814c,82k, A349a,942 B)   F
    letter g symbol(814c, A34 Aa,942 B)   G
    letter h symbol(814c,942 B)   H
    letter i symbol(814c, A345b,942 B)   I
    letter j symbol(814c,942 B)   J
    letter k symbol(814c, A341f,942 B)   K
    letter l symbol(814c, A341f,942 B)   L
    letter m symbol(814c, A341b,942 B)   M
    letter n symbol(814c, A341b,942 B)   N
    letter o symbol(814c,942 B)   O
    letter p symbol(814c, A341f,942 B)   P
    letter q symbol(814c, A341f,942 B)   Q
    letter r symbol(814c,82c, A347c,942 B)   R
    letter s symbol(814c, A341l,942 B)   S
    letter t symbol(814c,942 B)   T
    letter u symbol(814c,942 B)   U
    letter v symbol(814c,942 B)   V
    letter w symbol(814c,942 B)   W
    letter x symbol(814c, A341f,942 B)   X
    letter y symbol(814c, A341f,942 B)   Y
    letter z symbol(814c, A342d,942 B)   Z

94b   Denotationsymbols
    digit zero symbol(811c,814c,82h,942 C)   0
    digit one symbol(43b,811c,814c,82g,h,942 C)   1
    digit two symbol(43b,811c,814c,82d,i,942 C)   2
    digit three symbol(43b,811c,814c,82i,942 C)   3
    digit four symbol(43b,811c,814c,82e,j,942 C)   4
    digit five symbol(43b,811c,814c,82j,942 C)   5
    digit six symbol(43b,811c,814c,82g,j,942 C)   6
    digit seven symbol(43b,811c,814c,82j,942 C)   7
    digit eight symbol(43b,811c,814c,82f,k,942 C)   8
    digit nine symbol(43b,811c,814c,82k,942 C)   9
    point symbol(812d,814c, A343d)   .
    times ten to the power symbol(812h,814c)   ₁₀
    true symbol(813a)   'TRUE'
    false symbol(813a)   'FALSE'
    quote symbol(814a,83a)   "
    quote image symbol(814b)   ""
    space symbol(814c)   ⨀
    comma symbol(814c)   ,
    empty symbol(815a)   'EMPTY'

94c   Operatorsymbols
    or symbol(942 H)   ∨
    and symbol(942 H)   ∧

A4 DARSTELLUNG VON SYMBOLVOKABELN
=====================================
Darstellung von Symbolvokabeln
und Numerierung aus dem Revised Report 9.4.1 .
Deutsche Übersetzung von H. Feldmann.

Darstellbare Symbolvokabel   Darstellungszeichen

94a   Buchstaben- Symbolvokabeln
    Buchstabe a Symbol(814c,82k, A346b,942 B)   A
    Buchstabe b Symbol(81Jc,82k, A344b,942 B)   B
    Buchstabe c Symbol(814c,82k, A348a,942 B)   C
    Buchstabe d Symbol(814c,82k, A342f,942 B)   D
    Buchstabe e Symbol(812h,814c,82k, A343e,942 B)   E
    Buchstabe f Symbol(814c,82k, A349a,942 B)   F
    Buchstabe g Symbol(814c, A34 Aa,942 B)   G
    Buchstabe h Symbol(814c,942 B)   H
    Buchstabe i Symbol(814c, A345b,942 B)   I
    Buchstabe j Symbol(814c,942 B)   J
    Buchstabe k Symbol(814c, A341f,942 B)   K
    Buchstabe l Symbol(814c, A341f,942 B)   L
    Buchstabe m Symbol(814c, A341b,942 B)   M
    Buchstabe n Symbol(814c, A341b,942 B)   N
    Buchstabe o Symbol(814c,942 B)   O
    Buchstabe p Symbol(814c, A341f,942 B)   P
    Buchstabe q Symbol(814c, A341f,942 B)   Q
    Buchstabe r Symbol(814c,82c, A347c,942 B)   R
    Buchstabe s Symbol(814c, A341l,942 B)   S
    Buchstabe t Symbol(814c,942 B)   T
    Buchstabe u Symbol(814c,942 B)   U
    Buchstabe v Symbol(814c,942 B)   V
    Buchstabe w Symbol(814c,942 B)   W
    Buchstabe x Symbol(814c, A341f,942 B)   X
    Buchstabe y Symbol(814c, A341f,942 B)   Y
    Buchstabe z Symbol(814c,82k, A346b,942 B)   Z

94b   Eigennamen- Symbolvokabeln
    Ziffer null Symbol(811c,314c,82h,942 C)   0
    Ziffer eins Symbol(43b,811c,814c,82g,h,942 C)   1
    Ziffer zwei Symbol(43b,811c,814c,82d,i,942 C)   2
    Ziffer drei Symbol(43b,811c,814c,82i,942 C)   3
    Ziffer vier Symbol(43b,811c,814c,82e,j,942 C)   4
    Ziffer fünf Symbol(43b,811c,814c,82j,942 C)   5
    Ziffer sechs Symbol(43b,811c,814c,82g,j,942 C)   6
    Ziffer sieben Symbol(43b,811c,814c,82j,942 C)   7
    Ziffer acht Symbol(43b,811c,814c,82f,k,942 C)   8
    Ziffer neun Symbol(43b,811c,814c,82k,942 C)   9
    Dezimalpunkt Symbol(812d,814c, A343d)   .
    Exponentzehn Symbol(812h,814c)   "
    wahr Symbol(813a)   'TRUE'
    falsch Symbol(813a)   'FALSE'
    Zeichentextbegrenzer Symbol(814a,83a)   "
    Anführungszeichen Symbol(814b)   ""
    Zwischenraum Symbol(814c)   ⌴
    Komma Symbol(814c)   ,
    Leereigenname Symbol(815a)   'EMPTY'

94c   Operator- Symbolvokabeln
    oder Symbol(942 H)   ∨
    und Symbol(942 H)   ∧

```
94c  ampersand symbol(942 H)                         &
     differs from symbol(942 H)                      ≠
     is less than symbol(942 I)                       <
     is at most symbol(942 H)                         ≤
     is at least symbol(942 H)                        ≥
     is greater than symbol(942 I)                    >
     divided by symbol(942 I)                         /
     over symbol(942 II)                              ÷
     percent symbol(942 H)                            %
     window symbol(942 H)                             □
     floor symbol(942 H)                              ⌊
     ceiling symbol(942 H)                            ⌈
     plus i times symbol(814c,942 H)                  ⊥
     not symbol(942 H)                                ¬
     tilde symbol(942 H)                              ~
     down symbol(942 H)                               ↓
     up symbol(942 H)                                 ↑
     plus symbol(942 H,812J,814c, A342e)             +
     minus symbol(942 H,812J,814c, A342e)            -
     equals symbol(942 I)                             =
     times symbol(942 I)                              ×
     asterisk symbol(942 I)                           *
     assigns to symbol(942 J)                         =:
     becomes symbol(44f,521a,942 J)                   :=

94d      Declarationsymbols
     is defined as symbol(42b,43b,44c,45c)           =
     long symbol(810a,82a)                            'LONG'
     short symbol(810a,82b)                           'SHORT'
     reference to symbol(46c)                         'REF'
     local symbol(523a,b)                             'LOC'
     heap symbol(523a,b)                              'HEAP'
     structure symbol(45d)                            'STRUCT'
     flexible symbol(46g)                             'FLEX'
     procedure symbol(44b,46o)                        'PROC'
     union of symbol(46s)                             'UNION'
     operator symbol(45a)                             'OP'
     priority symbol(43a)                             'PRIO'
     mode symbol(42a)                                 'MODE'

94e      Mode standards
     integral symbol(942 E)                           'INT'
     real symbol(942 F)                               'REAL'
     boolean symbol(942 E)                            'BOOL'
     character symbol(942 E)                          'CHAR'
     format symbol(942 E)                             'FORMAT'
     void symbol(942 F)                               'VOID'
     complex symbol(942 E)                            'COMPL'
     bits symbol(942 E)                               'BITS'
     bytes symbol(942 E)                              'BYTES'
     string symbol(942 E)                             'STRING'
     sema symbol(942 E)                               'SEMA'
     file symbol(942 E)                               'FILE'
     channel symbol(942 E)                            'CHANNEL'

94f      Syntacticsymbols
     bold begin symbol(133d)                          'BEGIN'
     bold end symbol(133d)                            'END'
     brief begin symbol(133d)                         (
     brief end symbol(133d)                           )
```

94c geschnörkeltes und Symbol(942 H)   &
    nicht wertgleich Symbol(942 H)   ≠
    kleiner als Symbol(942 I)   <
    kleiner gleich Symbol(942 H)   ≤
    größer gleich Symbol(942 H)   ≥
    größer als Symbol(942 I)   >
    dividiert durch Symbol(942 I)   /
    ganz dividiert durch Symbol(942 H)   ÷
    Prozent Symbol(942 H)   %
    Element von Symbol(942 H)   ∊
    untere Grenze von Symbol(942 H)   ⌊
    obere Grenze von Symbol(942 H)   ⌈
    Imaginäreinheit Symbol(942 H,814c)   ⊥
    nicht Symbol(942 H)   ¬
    Tilde Symbol(942 H)   ~
    Synchronhinunterzählung von Symbol(942 H)   ↓
    potenziert mit Symbol(942 H)   ↑
    plus Symbol(942 H,812J,814c, A342e)   +
    minus Symbol(942 H,812J,814c, A342e)   −
    wertgleich Symbol(942 I)   =
    mal Symbol(942 I)   ×
    Stern Symbol(942 I)   *
    verwiesen von Symbol(942 J)   =:
    verwiesen auf Symbol(44f,521a,942 J)   :=

94d   Vereinbarungs- Symbolvokabeln
    vereinbart als Symbol(42b,43b,44c,45c)   =
    lang Symbol(810a,82a)   'LONG'
    kurz Symbol(810a,82b)   'SHORT'
    Verweis auf Symbol(46c)   'REF'
    Bereichs- Symbol(523a,b)   'LOC'
    Programm- Symbol(523a,b)   'HEAP'
    Struktur Symbol(46o)   'STRUCT'
    flexible Symbol(46g)   'FLEX'
    Routine Symbol(44b,46o)   'PROC'
    Vereinigung von Symbol(46s)   'UNION'
    Operation Symbol(45a)   'OP'
    Vorrang Symbol(43a)   'PRIO'
    Art Symbol(42a)   'MODE'

94e   Art- Symbolvokabeln
    ganze Symbol(942 E)   'INT'
    reelle Symbol(942 F)   'REAL'
    logische Symbol(942 E)   'BOOL'
    Zeichen Symbol(942 E)   'CHAR'
    Format Symbol(942 E)   'FORMAT'
    artleere Symbol(942 F)   'VOID'
    komplexe Symbol(942 E)   'COMPL'
    Bits Symbol(942 E)   'BITS'
    Bytes Symbol(942 E)   'BYTES'
    Text Symbol(942 E)   'STRING'
    Synchronisierungszähler Symbol(942 E)   'SEMA'
    Datei Symbol(942 E)   'FILE'
    Kanal Symbol(942 E)   'CHANNEL'

94f   Programmgliederungs- Symbolvokabeln
    ausführliche Beginn Symbol(133d)   'BEGIN'
    ausführliche Ende Symbol(133d)   'END'
    knappe Beginn Symbol(133d)   (
    knappe Ende Symbol(133d)   )

```
94f  and also symbol(133c,33b,f,34h,41a,b,46e,l,
         q,t,532b,541e,543b, A348b, A34A c,d)       ,
     go on symbol(32b)                              ;
     completion symbol(32b)                         'EXIT'
     label symbol(32c)                              :
     parallel symbol(33c)                           'PAR'
     open symbol(814c, A348b)                        (
     close symbol(814c, A348b)                       )
     bold if symbol(91a)                            'IF'
     bold then symbol(91b)                          'THEN'
     bold else if symbol(91c)                       'ELIF'
     bold else symbol(91d)                          'ELSE'
     bold fi symbol(91e)                            'FI'
     bold case symbol(91a)                          'CASE'
     bold in symbol(91b)                            'IN'
     bold ouse symbol(91c)   .                      'OUSE'
     bold out symbol(91d)                           'OUT'
     bold esac symbol(91e)                          'ESAC'
     brief if symbol(91a)                            (
     brief then symbol(91b)                          |
     brief else if symbol(91c)                       |:
     brief else symbol(91d)                          |
     brief fi symbol(91e)                            )
     brief case symbol(91a)                          (
     brief in symbol(91b)                            |
     brief ouse Symbol(91c)                          |:
     brief out symbol(91d)                           |
     brief esac symbol(91e)                          )
     colon symbol(34j,k)                             :
     brief sub symbol(133a)                          [
     brief bus symbol(133a)                          ]
     style I sub symbol(133e)                        (
     style I bus symbol(133e)                        )
     up to symbol(46j,k,l,532f)                      :
     at symbol(532g)                                 @      'AT'
     is symbol(522b)                                :=:     'IS'
     is not symbol(522b)                            :≠:    :/=:      'ISNT'
     nil symbol(524a)                                o      'NIL'
     of symbol(531a)                                'OF'
     routine symbol(541a,b)                          :
     go to symbol(544b)                             'GOTO'
     go symbol(544b)                                'GO'
     skip symbol(552a)                               ~       'SKIP'
     formatter symbol( A341a)                        $

94g    Loopsymbols
     bold for symbol(35b)                           'FOR'
     bold from symbol(35d)                          'FROM'
     bold by symbol(35d)                            'BY'
     bold to symbol(35d,544b)                       'TO'
     bold while symbol(35j)                         'WHILE'
     bold do symbol(35h)                            'DO'
     bold od symbol(35h)                            'OD'

94h    Pragmentsymbols
     brief comment symbol(92c)                       ¢
     bold comment symbol(92c)                       'COMMENT'
     style I comment symbol(92c)                    'CO'
     style II comment symbol(92c)                    #
     bold pragmat symbol(92b)                       'PRAGMAT'
     style I pragmat symbol(92b)                    'PR'
```

```
94f  kollaterale Trenner Symbol(133c,33b,f,34h,41a,
       b,46e,l,q,t,532b,541e,543b, A348b, A34A c,d)      ,
     serielle Trenner Symbol(32b)                        ;
     alternative Trenner Symbol(32b)                      'EXIT'
     wird hier vereinbart Symbol(32c)                    :
     synchronisierbare Symbol(33c)                        'PAR'
     Klammer auf Symbol(814c, A348b)                     (
     Klammer zu Symbol(814c, A348b)                      )
     ausführliche   wenn Symbol(91a)                      'IF'
     ausführliche   dann Symbol(91b)                      'THEN'
     ausführliche   sonstwenn Symbol(91c)                 'ELIF'
     ausführliche   sonst Symbol(91d)                     'ELSE'
     ausführliche   nnew Symbol(91e)                      'FI'
     ausführliche   falls Symbol(91a)                     'CASE'
     ausführliche   ein Symbol(91b)                       'IN'
     ausführliche   ausfalls Symbol(91c)                  'OUSE'
     ausführliche   aus Symbol(91d)                       'OUT'
     ausführliche   silaf Symbol(91e)                     'ESAC'
     knappe wenn Symbol(91a)                             (
     knappe dann Symbol(91b)                             |
     knappe sonstwenn Symbol(91c)                        |:
     knappe sonst Symbol(91d)                            |
     knappe nnew Symbol(91e)                             )
     knappe falls Symbol(91a)                            (
     knappe ein Symbol(91b)                              |
     knappe ausfalls Symbol(91c)                         |:
     knappe aus Symbol(91d)                              |
     knappe silaf Symbol(91e)                            )
     Spezifikation Symbol(34j,k)                         :
     knappe tief Symbol(133e)                            [
     knappe felt Symbol(133e)                            ]
     Still I tief Symbol(133e)                           (
     Still I felt Symbol(133e)                           )
     von bis Symbol(46j,k,l,532f)                        :
     gesetzt auf Symbol(532g)                            @        'AT'
     gleicher Verweis wie Symbol(522b)                   :=:      'IS'
     nicht gleicher Verweis wie Symbol(522b)             :≠:      :/=:      'ISNT'
     Leerverweis Symbol(524a)                            o        'NIL'
     aufgerufen aus Symbol(531a)                         'UF'
     Prozedurtext Symbol(541a,b)                         :
     springe bis Symbol(544b)                            'GOTO'
     springe Symbol(544b)                                'GO'
     Leerklausel Symbol(552a)                            ~        'SKIP'
     Formattextbegrenzer Symbol( A341a)                  $

94g      Schleifen- Symbolvokabeln
     ausführliche   für Symbol(35b)                       'FOR'
     ausführliche   von Symbol(35d)                       'FROM'
     ausführliche   um Symbol(35d)                        'BY'
     ausführliche   bis Symbol(35d,544b)                  'TO'
     ausführliche   solange Symbol(35g)                   'WHILE'
     ausführliche   tu Symbol(35h)                        'DO'
     ausführliche   ut Symbol(35h)                        'OD'

94h      Kompragmentar- Symbolvokabeln
     knappe Kommentar- Begrenzer Symbol(92c)             ¢
     ausführliche  Kommentar- Begrenzer Symbol(92c)       'COMMENT'
     Still I Kommentar- Begrenzer Symbol(92c)             'CO'
     Still II Kommentar- Begrenzer Symbol(92c)           #
     ausführliche  Pragmentar- Begrenzer Symbol(92b       'PRAGMAT'
     Still I Pragmentar- Begrenzer Symbol(92b)            'PR'
```

A4.4   Zusatzregeln zur Darstellung von NAME Symbol
===
      Im Revised Report sind (vielleicht aus Ersparnisgründen)
keine Hyperregeln zur Zerlegung von " NAME Symbol" (48a,b,c,d)
in einzelne darstellbare Symbolvokabeln ,sondern statt dessen
verbale Zusatzregeln angegeben.
      In diesem Skriptum werden die betreffenden verbalen
Zusatzregeln Hyperregel-ähnlich formuliert:

a) Ist NAME gleich GRUNDNAME gleich BZ1 ''' BZN
   (bestehend aus BUCHSTABEn bzw. ZIFFRn BZ),so gilt:

GRUNDNAME Symbol: BZ1 Symbol, ''' , BZN Symbol.

   Beispiel: K2R
   ----

b) Ist NAME gleich 'GRUNDNAME' gleich 'BZ1 ''' BZN'
   (wie a) nur "ausführliche GRUNDNAME " statt " GRUNDNAME ",
   wobei "ausführlich" das Begrenzen durch Apostroph bedeutet),
   so gilt:

'GRUNDNAME' Symbol: ' , BZ1 Symbol, ''' , BZN Symbol, ' .

   Beispiel: 'NAT'
   ----

c) Ist NAME gleich WEITWEITER STANDÄRT gleich W ''' W STANDÄRT
   (bestehend aus lauter "lang" W bzw. lauter "kurz" W)
   und WEITWEITER nicht gleich LEER ,
   so gilt:

W'''W STANDÄRT   Symbol: W Symbol,''', W Symbol, STANDÄRT   Symbol.

   Beispiel: 'LONG''LONG''REAL'
   ----

d) Ist NAME gleich DYANFANG VERWEISER
   und VERWEISER nicht gleich LEER , so gilt:

DYANFANG VERWEISER Symbol: DYANFANG Symbol, VERWEISER Symbol,
   cum verwiesen auf Symbol: verwiesen auf Symbol,
   cum verwiesen von Symbol: verwiesen von Symbol.

   Beispiel: x:=
   ----

e) Ist NAME gleich DYANF cum DOP   ,so gilt:

DYANF cum DOP Symbol: DYANF Symbol, DOP Symbol.

   Beispiel: ¬=

L LITERATURVERZEICHNIS
============================

Buchliteratur zu Revised ALGOL 68
----

[74] A. Learner, A. J. Powell: " An Introduction to ALGOL 68 through
          Problems", Macmillan: London, 1974.

[74] S. G.van der Meulen, P. Kühling: " Programmieren in ALGOL 68" ,
          I." Einführung in die Sprache", de Gruyter: Berlin,
          New York, 228 S., 1974.

[74] G. Stiller: " ALGOL 68 - Begriffe und Ausdrucksmittel",
          Oldenbourg: München, Wien, 164 S., 1974.

[74] P. M. Woodward, S. G. Bond: " ALGOL 68- R Users Guide",
          Division of Computing and Software Research,
          Royal Radar Establishment, Her Majesty's Stationery
          Office: London, 99 pp., 1974.

[75] Control Data: " ALGOL 68 Version I Reference Manual, Cyber 170
          Series, Cyber 70 Series Models 72,73,74,
          6000 Series Computer Systems ", HOLHNL-01 Revision
          A, CDC services: J. C. van Markenlaan 5, PO Box
          111, Rijkswijk (Z. H.), the Nederlands, ca 80 pp.,
          Copyright 1975.

[75] A.van Wijngaarden et al.: " Revised Report on the Algorithmic
          Language ALGOL 68" ,
          Acta Informatica 5(1-3), pp 1-236, 1975.

[76] K. H. Bachmann: " Die Programmiersprachen PASCAL und ALGOL 68",
          Akademie - Verlag: Berlin, 1976.

[76] G. Stiller: " ALGOL 68 - Datenorganisation",
          Oldenbourg: München, Wien, 1976.

[77] S. R. Bourne, A. D. Birrell, I. Walker: " ALGOL 68 Reference
          manual", Computer Laboratory, University of
          Cambridge,ca 100 pp., up today.

[77] W. J. Hansen, H. Boom: " The Report on the Standard Hardware
          Representation for ALGOL 68", 1975 accepted by IFIP,
          ALGOL - Bull.40 and SIGPLAN Notices 1977, 19pp.

[77] C. H. Lindsey, S. G.van der Meulen: " Informal Introduction to
          ALGOL 68", Rev. Edition, N. Holland: London,
          New York, Oxford, 361pp.

[77] B. Mailloux et al.: " ALGOL 68 checkout compiler, pre-release
          version, Manual", chion corporation, P. O. Box 4942,
          South Edmonton, Alberta, Canada, in preparation.

[77] S. G.van der Meulen, P. Kühling: " Programmieren in ALGOL 68" ,
          II. " Sprachdefinition, Transput und spezielle
          Anwendungen", de Gruyter: Berlin, New York,
          220 S., 1977.

[77] F. G. Pagan: " Praktische Einführung in ALGOL 68" (engl. Original
          1976), Oldenbourg: München, Wien, 222 S., 1977.

Eine Auswahl von Algorithmen- und Aufgabensammlungen
----

[69] D. E. Knuth: " The Art of Computer Programming", Vol. 1:
      " Fundamental Algorithms", Addison- Wesley:
      Reading, Massachusetts, 634 pp., 1969.

[71] D. E. Knuth: " The Art of Computer Programming", Vol. 2:
      " Seminumerical Algorithms", Addison - Wesley:
      Reading, Massacusetts, 624 pp., 1971.

[72] O. J. Dahl, E. W. Dijkstra, A. R. Hoare: " Structured Programming",
      Academic Press: London, 220 pp.,1972.

[72] H. A. Maurer, M. R. Williams: " A Collection of Programming
      Problems and Techniques", Prentice - Hall:
      Englewood Cliffs, New Yersey, 256 pp., 1972.

[72] L. Collatz, J. Albrecht (Hrg.): " Aufgaben aus der Angewandten
      Mathematik I", Vieweg: Braunschweig, 141 S., 1972.

[73] L. Collatz, J. Albrecht (Hrg.): " Aufgaben aus der Angewandten
      Mathematik II ", Vieweg: Braunschweig, 141 S., 1973.

[73] D. E. Knuth: " The Art of Computer Programming", Vol. 3:
      " Sorting and Searching", Addison - Wesley:
      Reading, Massachusetts, 722 pp., 1972.

[74] H. A. Maurer: " Datenstrukturen und Programmierverfahren",
      Teubner Studienbücher Informatik: Stuttgart,
      222 S.,1974.

[75] N. Wirth: " Algorithmen und Datenstrukturen",
      Teubner Studienbücher: Stuttgart, 376 S., 1975.

[75] F. L. Bauer, R. Gnatz, U. Hill: " Informatik, Aufgaben und
      Lösungen", Erster Teil, Springer: Heidelberger
      Taschenbücher, Berlin, Heidelberg, New York,
      166 S., 1975.

[76] F. L. Bauer, R. Gnatz, U. Hill: " Informatik, Aufgaben und
      Lösungen", Zweiter Teil, Springer: Heidelberger
      Taschenbücher, Berlin, Heidelberg, New York,
      173 S., 1976.

[77] E. Denert, R. Franck: " Datenstrukturen",
      Bibliographisches Institut - Wissenschaftsverlag:
      Mannheim, Wien, Zürich, 362 S., 1977.

I ALPHABETISCHER INDEX
========================

Dieser Index enthält alphabetisch geordnet alle in den Kapiteln 0-7 des Skriptums verwendeten Begriffe in Deutsch, alle Metazeichen aus dem Anhang 2 in Deutsch und Englisch und alle wichtigen Hypervokabeln aus dem Anhang 3 in Deutsch und Englisch.

Die Standard- Operationen, - Funktionen etc., z. B. + , sind übersichtlich geordnet in den Kapiteln 8-9 und die darstellbaren Symbolvokabeln und ihre Darstellungszeichen, z. B. 'BEGIN' , sind übersichtlich geordnet im Anhang 4 aufgelistet und brauchten deshalb in diesen Index nicht aufgenommen zu werden.
Nur die wichtigsten Standard - Operationen und - Funktionen wie z. B. 'ENTIER' oder READ und die wichtigsten Darstellungs- zeichen wie z. B. 'LOC' oder 'STRING' sind im Index enthalten.

Ernst Henze und Horst H. Homuth

Einführung in die Informationstheorie

4., durchgesehene Auflage 1974. IV, 84 Seiten. DIN C 5 (uni-text/Studienbuch) Paperback

Diese in das umfangreiche Gebiet der Informationstheorie einführende Darstellung befaßt sich mit den Grundlagen der (mathematischen) Theorie der Nachrichtenübertragung; die Darstellung lehnt sich an bekannte grundlegende Arbeiten von Shannon, McMillan, Feinstein, Chintschin u.a. an. Die hier benötigten mathematischen Grundlagen — insbesondere Teile der Wahrscheinlichkeitstheorie — werden sehr knapp zusammengestellt; der Leser sollte in der Lage sein, aus der Literatur zitierte wichtige Sätze wie etwa den Birkhoffschen Ergodensatz zu verstehen.
Die einzelnen Komponenten eines Nachrichtenübertragungssystems werden nacheinander behandelt: Die Nachrichtenquelle — dabei wird insbesondere auch auf den Begriff der Entropie eingegangen —, der Kanal und der Codierer. Während die Betrachtungen über den Kanal mit dem Satz von Feinstein abschließen, wird der Codierer (d.h. der Codebegriff) im Zusammenhang mit den in dieser Darstellung wichtigsten Sätzen, nämlich den beiden Sätzen von Shannon, besprochen. Einzelheiten der Codierung werden in diesem Band allerdings nicht behandelt.

Ernst Henze und Horst H. Homuth

Einführung in die Codierungstheorie

1974. 91 Seiten. DIN C 5 (uni-text/Studienbuch) Paperback

Dieses Buch bringt eine Einführung in ein spezielles, an Bedeutung aber immer stärker zunehmendes Gebiet der Informationstheorie. Unter einer Codierung versteht man die Überführung einer Nachricht in eine andere, hier genauer: eines Wortes in ein anderes. Das Ziel der Codierung ist einmal die Verringerung des Übertragungsaufwandes, d.h. das Erreichen einer möglichst kurzen mittleren Codewortlänge und andererseits die Entwicklung von Codes, die es gestatten, gewisse Übertragungsfehler zu erkennen und ggf. auch zu korrigieren. Man nennt diese Zweige der Theorie statistische bzw. algebraische Codierungstheorie. Außer diesen Teilen wird noch — wenn auch sehr knapp — eine Einführung in die Problemstellung der Kryptologie (Theorie der Geheimschrift) gebracht. Vorausgesetzt werden nur einige Grundkenntnisse aus der Wahrscheinlichkeitstheorie und aus der Algebra.